企業
戰略管理

主　編　宋寶莉　黃　雷
副主編　牟紹波　余傳英　蔣鑫泉　張　俊

崧燁文化

前 言

企業戰略管理理論在企業管理理論領域中出現較晚，但戰略思想的歷史悠久，中國的《孫子兵法》以及西方的許多經典著作都體現了戰略管理思想的精髓，在今天仍然具有重要的學術價值和應用價值。

企業戰略管理的必要性源於企業生存、競爭和持續發展的壓力以及企業管理的客觀需要：企業面臨的環境更加複雜多變，競爭更加激烈，多元化經營帶來的困惑，國際化經營越來越普遍，企業成功關鍵因素不斷發生變化，企業規模日益壯大，等等。企業管理的很多問題若不能上升到戰略的高度去把握，就會失去解決的方向。戰略管理理論提供了一整套思考和解決這些基本問題的方法和程序。

企業戰略管理的教材不少，但每本教材的側重對象和著重點不同。本書編寫的初衷是向學生傳授企業戰略管理基本理論知識，為其進一步深入研究打下基礎，也為其畢業后深入戰略管理實踐提供理論基礎。因此，本書的內容通俗易懂、深入淺出，適合高等院校工商管理類各專業本科生學習使用，也可作為MBA教材以及企業管理人員培訓與自學使用。

本書由西華大學宋寶莉和黃雷擔任主編，徐武明擔任主審。全書分為12章，第1、第2章由宋寶莉編寫，第3章由蔣鑫泉、楊雯睿編寫，第4章由蔣鑫泉、許娜、杜靜編寫，第5章由余傳英編寫，第6章由黃雷、牟紹波、許娜、楊洋、劉歡編寫，第7章由王映玥、楊雯睿、簡相伍編寫，第8章由張俊、許娜、陳明月編寫，第9章由余傳英、楊雯睿、範柳編寫，第10章由徐武明編寫，第11章由黃雷、牟紹波、楊雯睿、干佳穎、王懷玉編寫，第12章由黃雷、牟紹波、許娜、鄭呆奇、劉歡、王懷玉編寫。全書由西華大學宋寶莉統稿。

編者

目 錄

1 戰略管理導論 …………………………………………………… (1)
　1.1 戰略研究歷程 …………………………………………… (3)
　1.2 戰略的含義與特徵 ……………………………………… (9)
　1.3 企業戰略管理 …………………………………………… (16)
　本章小結 ……………………………………………………… (22)

2 企業使命、願景與戰略目標 …………………………………… (23)
　2.1 企業使命 ………………………………………………… (25)
　2.2 企業願景 ………………………………………………… (28)
　2.3 企業戰略目標 …………………………………………… (30)
　本章小結 ……………………………………………………… (34)

3 企業外部環境分析 ……………………………………………… (35)
　3.1 宏觀環境分析 …………………………………………… (36)
　3.2 產業結構狀況分析 ……………………………………… (41)
　本章小結 ……………………………………………………… (50)

4 企業內部環境分析 ……………………………………………… (51)
　4.1 企業資源與能力分析 …………………………………… (52)
　4.2 企業核心能力分析 ……………………………………… (58)
　4.3 企業戰略內部環境分析方法 …………………………… (66)
　本章小結 ……………………………………………………… (70)

5 公司戰略 ………………………………………………………… (72)
　5.1 成長型戰略 ……………………………………………… (78)

1

5.2　穩定型戰略 ……………………………………………………（85）
　5.3　緊縮型戰略 ……………………………………………………（85）
　本章小結 ……………………………………………………………（86）

6　合作戰略 ……………………………………………………………（88）
　6.1　併購戰略 ………………………………………………………（89）
　6.2　聯盟戰略 ………………………………………………………（95）
　6.3　集群化發展戰略 ………………………………………………（99）
　6.4　虛擬經營戰略 …………………………………………………（101）
　本章小結 ……………………………………………………………（106）

7　國際化戰略 …………………………………………………………（108）
　7.1　全球產業環境與國家競爭優勢 ………………………………（109）
　7.2　企業國際化經營戰略的選擇 …………………………………（113）
　7.3　國際市場進入方式 ……………………………………………（115）
　7.4　國際戰略聯盟 …………………………………………………（118）
　本章小結 ……………………………………………………………（120）

8　競爭戰略 ……………………………………………………………（121）
　8.1　基本競爭戰略 …………………………………………………（123）
　8.2　競爭戰略輪盤模型 ……………………………………………（128）
　本章小結 ……………………………………………………………（131）

9　行業競爭戰略 ………………………………………………………（132）
　9.1　新興行業的競爭戰略 …………………………………………（133）
　9.2　成長期行業的戰略選擇 ………………………………………（135）
　9.3　成熟行業的戰略選擇 …………………………………………（136）
　9.3　衰退產業的競爭戰略 …………………………………………（137）

本章小結 ……………………………………………………………（139）

10　戰略評價及戰略選擇 …………………………………………………（140）
　　10.1　BCG 分析法及其改進模型 ……………………………………（141）
　　10.2　通用矩陣模型 ……………………………………………………（144）
　　10.3　逐步推移法 ………………………………………………………（147）
　　10.4　SWOT 分析法 ……………………………………………………（148）
　　10.5　SPACE 矩陣分析法 ……………………………………………（150）
　　10.6　戰略評價的方法 …………………………………………………（154）
　　本章小結 ………………………………………………………………（156）

11　戰略實施 ………………………………………………………………（157）
　　11.1　戰略實施概述 ……………………………………………………（158）
　　11.2　組織結構與戰略實施 ……………………………………………（162）
　　11.3　公司治理與戰略實施 ……………………………………………（172）
　　11.4　企業文化與戰略實施 ……………………………………………（175）
　　本章小結 ………………………………………………………………（179）

12　戰略控制與戰略變革 …………………………………………………（180）
　　12.1　戰略控制 …………………………………………………………（181）
　　12.2　戰略控制的工具——平衡計分卡 ………………………………（185）
　　12.3　戰略變革 …………………………………………………………（187）
　　本章小結 ………………………………………………………………（190）

3

1 戰略管理導論

學習目標：

1. 知曉戰略的研究歷程；
2. 掌握戰略及戰略管理的含義與特徵；
3. 明確戰略管理的過程、任務及層次。

案例導讀

海底撈的成功

四川海底撈餐飲股份有限公司（以下簡稱「海底撈」）成立於1994年，是一家以經營川味火鍋為主，融匯各地火鍋特色於一體的大型跨省直營餐飲民營企業。公司始終秉承「服務至上、顧客至上」的理念，以創新為核心，改變傳統的標準化、單一化服務，提倡個性化的特色服務，致力於為顧客提供「貼心、溫心、舒心」的服務；在管理上，倡導雙手改變命運的價值觀，為員工創建公平公正的工作環境，實施人性化和親情化的管理模式，不斷地提升員工價值感。

經過二十多年的發展，公司已在全國16個城市設立了75家直營店，在北京、上海、西安和鄭州設立了四個大型物流配送基地，以「採購規模化、生產機械化、倉儲標準化、配送現代化」為宗旨，形成了集採購、加工、倉儲、配送為一體的大型物流供應體系。位於成都的原料生產基地，其產品已通過HACCP認證、QS認證和ISO國際質量管理體系認證。堅持「綠色、無公害、一次性」的選料和底料熬製原則，嚴把原料關、配料關。

「海底撈」成功的秘訣在於其出色的戰略管理。

一、與眾不同的內外部行銷

外部行銷方面：在海底撈用餐，消費價格算中上；但是走進餐廳，服務員會為坐在等待區、等叫號排隊的顧客送上免費水果、飲料、零食，以及撲克牌、跳棋之類的桌面遊戲，供大家打發時間；餐廳還主動提供免費上網、美甲、手部護理、擦皮鞋等服務。用餐時，除了給客人眼鏡布、手機袋，長髮女性送上橡皮筋、孕婦送靠墊、嬰兒還提供嬰兒座椅、老人有輪椅，加上不停地換毛巾、甚至剝蝦殼外，連上廁所都有專人替顧客開水龍頭，顧客也許還會意外收到餐廳贈送的鮮花、冰淇淋、果盤等。同時，海底撈還仿效麥當勞、必勝客等西式快餐，推出24小時營業、火鍋外送服務、網上訂餐及「海底撈」大學培訓等噱頭十足的服務。

內部行銷方面：海底撈將「人情管理」運用到了極致。除了高額獎金利誘，三分

之一員工來自老闆張勇的老家四川；店長、老闆身先士卒，尊重員工，更重要的是，企業為員工提供各類獎勵，內部提供晉升制度、設立學校讓員工子女免費就學、給員工父母「發工資」、建立愛心基金扶助員工家屬就醫等激勵，這些都大幅提高員工的忠誠度。一線員工也被授予據說兩百元人民幣以下的權限，可以為顧客免單、送菜、打折及贈送小禮物等，這些都是其他地方大廳經理才有的授權。

海底撈從不考核各分店的營業額、獲利率，考核標準只有員工滿意度和顧客滿意度，以及員工的創意服務點子。海底撈通過這樣的策略，在外部吸引了大量顧客，而在內部又激發了員工的積極性，進而通過員工與顧客的互動，滿足了消費者沒有被滿足的「隱性需求」，為顧客提供「貼心、溫心、舒心」的服務，使「小火鍋做成大市場」，取得了巨大的成功！

二、特殊的「4S」服務

（1）滿意（Satisfaction）。海底撈每 150 個顧客就有 130 個回頭客，超高的顧客滿意度來源於海底撈近乎偏執的為顧客服務的理念，「預先考慮顧客需求」「質量好壞由顧客說了算」「盡可能為顧客提供方便」「滿足顧客的尊榮感和自我價值感」，等等。

（2）微笑（Smile）。在海底撈任何一本員工手冊中，你都會看到微笑應該是露 6 顆牙齒還是露 8 顆牙齒的標準。但是在任何一家海底撈門店，你都無法忘懷每一個員工發自內心的微笑。海底撈為員工構築的「幸福三角區」——「安全感」「方向感」和「成就感」，鑄就了海底撈每一位員工的微笑曲線。

（3）速度（Speed）。海底撈的傳菜員又稱「飛虎隊」，有人不解，為什麼要一路小跑？不就是送個菜，晚幾分鐘有什麼了不起？一位在海底撈工作的一位服務員說出了一個再簡單不過的道理：「客人在門外等著給海底撈送錢，他們是跑著撿錢呢！讓上桌的客人快點吃完，外面等坐的人才能吃上呀！」這個「飛虎隊」速度，成為海底撈獨有一道風景線。

（4）待客貼心（Service）。每一家海底撈專門的泊車服務生，主動代客泊車；每一家海底撈女服務員都會為長頭髮的顧客扎起頭髮，夾住劉海，防止頭髮捶到湯鍋裡；每一家海底撈都會為戴眼鏡的朋友提供擦鏡布；每一家海底撈的顧客手機都會被放入小塑料袋以防油膩；每一家海底撈的服務員，在顧客餐後都會奉上口香糖，並微笑道別。凡此種種，海底撈的待客之道可謂「顧客就是上帝」。

加之，海底撈在火鍋口味、菜餚新鮮、后臺成本、集中配送等方面的努力，使競爭對手難以企及、難以模仿。於是，海底撈特有的競爭優勢最終造就了其成功的商業模式。海底撈成功地運用了一條服務利潤鏈，把競爭的優勢轉化為企業盈利：企業對員工好→員工有干勁→員工對顧客好→客戶體驗良好→顧客再次消費和口碑推廣→企業獲利。

企業的利潤是由顧客的忠誠度決定的，忠誠的顧客（也是老顧客）可以給企業帶來超常的利潤空間；顧客忠誠度是靠顧客滿意度取得的，企業提供的服務價值決定了顧客滿意度；最後，企業內部員工的滿意度和忠誠度決定了服務價值。簡而言之，顧客的滿意度最終是由員工的滿意度決定的。這就是海底撈成功的秘訣：

（1）通過較高的人力資源投入，提升員工的滿意度。在其他成本與同業公司相當

的情況下，海底撈公司的單位成本略高，但員工的滿意度更高。

（2）通過較高的員工滿意度，提升顧客滿意度，帶來顧客忠誠度，進而獲取大量的回頭客。顧客滿意度上升使顧客感受的消費者剩餘較其他同業為高，使顧客願意為這種服務支付中高端的價格。

（3）公司通過較高的員工滿意度和顧客滿意度，使顧客樂意地支付了中高端的價格，儘管人工成本較高，但還是可以獲得比同業高的利潤。

資料來源：根據百度文庫改編。

獨到的戰略思維、出色的管理使「海底撈」獲得了成功，公司、消費者、員工三者都實現了價值增值。現實中，不同的企業會經歷不同的興衰成敗。激烈的市場競爭和企業管理實踐的發展，使得企業經營者不得不從戰略上思考和把握企業的經營活動，確定企業發展的長期目標，進行資源整合形成企業的競爭優勢，選擇機動靈活的企業競爭策略。企業管理的所有問題，若不首先上升到戰略的高度去把握，便會失去解決的方向。

戰略管理不同於其他學科，它可以說是企業管理所有學科的綜合，涵蓋了所有的內容，但又不取代其他學科，而是從戰略的高度把握企業的經營理念、業務定位、發展方向和目標、資源配置和經營活動方式等。戰略管理決定企業的發展方向，決定企業的生死存亡。

1.1 戰略研究歷程[①]

「戰略」作為一舶來語，本是軍事學中的術語。英語中的「strategy」（戰略）來源於希臘語中的「strategia」，意為「將軍」，其意思是「對資源的有效使用加以規劃以摧毀敵人」。著名的德國軍事學家克勞塞維茨在《戰爭論》中認為「戰略就是為了達到戰爭目的而對戰鬥的運用」，「戰略必須為整個軍事行動規定一個適應戰爭目的的目標，也就是擬訂戰爭計劃」。在這裡，克勞塞維茨把戰略看作是指導戰爭的規劃、指導方針。

戰略無處不在、無時不在，大可用於國家，小可用於個人。系統的戰略思想可追溯到 2500 年前的《孫子兵法》，現代企業戰略管理思想出現於 20 世紀 60 年代的美國。

1.1.1 20 世紀 60 年代，戰略規劃理論誕生

最初的戰略思想是戰略規劃，在戰略規劃出現之前，預算是企業最重要的應對長期發展的一種手段，長期預算、趨勢分析、差距分析等方法在當時較為流行。

20 世紀 60 年代初期，安東尼、安索夫和安德魯斯奠定了戰略規劃的基礎，他們重點闡述了如何把商業機會與公司資源有效地結合起來，並論述了戰略規劃的作用。三

[①] 周三多，鄒統釺. 戰略管理思想史 [M]. 上海：復旦大學出版社，2003：1-15.

者的研究構成戰略思想的「三安範式」（Anthony-Ansoff-Andrews Paradigm）。1978年，在匹兹堡大學戰略規劃研討會上，「三安範式」得到了普遍的認同。1979年，申德爾（Dan E. Schendel）和霍弗（C. W. Hofer）出版了《戰略管理》一書，將「三安方式」向世界傳播開來。1960—1970年，規劃思想占據著戰略的核心地位，出現了戰略管理的三部開創性著作：錢德勒的《戰略與結構》於1962年出版，安索夫的《公司戰略》和安德魯斯的《商業政策：原理與案例》於1965年出版。

當時的戰略規劃包括四步：

第一，研究外部環境條件和趨勢及公司內部的獨特的能力（Distinctive Competence）；外部環境包括社區、國家與世界政治、經濟、社會與技術等對公司經營有影響的相關因素；內部能力包括公司的財務、管理以及組織方面的能力及公司的聲譽和歷史。

第二步，研究外部機遇與風險及內部公司資源的優勢與劣勢並且把他們結合起來；

第三步，通過評估決定機遇與資源的最佳匹配；

第四步，做出戰略選擇。

這一階段的戰略分析工具，最具代表性的有倫德等人的 SWOT 分析。此外，波士頓管理顧問公司完成了兩大發現：經驗曲線與成長—份額矩陣。經驗曲線發現，隨著市場份額擴大、產量增加，由於勞動熟練程度提高會導致生產成本下降。「每當經驗翻一番，增值成本就會下降 20%～30%」；成長—份額矩陣將企業的產品或市場根據目前的狀況與未來的發展潛力進行分類，區分出瘦狗、現金牛、明星與問號業務，為企業決策提供依據。后來通用電器公司在成長—份額矩陣的基礎上又提出了以市場吸引力與企業優勢為變量的 GE 矩陣，這兩種矩陣目前成為戰略的基礎分析工具。

但是，傳統的戰略規劃是一個單向過程，沒有考慮到環境在不斷變化，規劃也應該不斷調整。因此，安索夫在發現了這個致命弱點之後，提出了戰略管理的概念，並建立了自己的戰略決策過程，重點研究企業成長的範圍與方向。安索夫認為，戰略為五種選擇提供「共同思路（Common Threads）」：產品與市場範圍、成長方向、競爭優勢、協同、自產還是購買。他把環境、市場定位與內部資源能力置於戰略的核心位置。

1.1.2　20世紀70年代，環境適應理論橫行

20世紀60年代后期與20世紀70年代早期，戰略規劃與長期規劃在戰略領域扮演著重要角色，這主要是源於把第二次世界大戰中戰爭計劃的經驗應用到公司中，並取得了很好的效果。似乎一切都在意料之中，一切都在掌控之下。但是，1973年的石油危機開始動搖戰略規劃的壟斷地位，企業發現戰略規劃無法應對現實中普遍出現的環境巨變與激烈的國際競爭，最根本的一點是未來無法預測，現實的戰略往往是不斷試錯的結果。戰略規劃開始向戰略管理演變。

20世紀70年代是環境適應學派的時代，戰略家越來越把環境的不確定性作為戰略研究的重要內容，更多地關注企業如何適應環境。激烈的國際競爭和不確定性使戰略研究引進了腳本分析，通過假設各種不同的市場環境，從而設計出各種不同的對策來應付這些變化。從而，管理不確定性成為企業的核心能力。

這一階段，代表性的思想有：林德布羅姆的「摸著石頭過河」、全因（J. B. Quinn）的「邏輯漸進主義」以及明茨伯格（H. Mintzberg）和沃特斯（J. Waters）的「應急戰略」。他們均把戰略看成是意外的產物，是企業應對環境變化所採取應急對策的總結。吉爾斯（William Giles）研究了殼牌公司的經驗，提出戰略規劃是一個學習的過程，戰略規劃理論把環境適應思想納入自身的體系之中。

1.1.3　20世紀80年代，產業組織理論和通用戰略研究

20世紀70年代末期及至20世紀80年代初期，世界經濟形態發生了大的變化：市場結構越來越集中，產業組織的力量超越政治、經濟環境的力量；大企業在行業內形成壟斷，自由競爭轉向壟斷競爭；產業資本密集、技術密集導致行業進入障礙加大；成功的企業大多來自有吸引力的行業。基於以上因素，戰略學家紛紛從適應環境的戰略分析框架中跳出來，轉向尋找有吸引力的產業，從成本和產品差異化上來尋找競爭優勢，出現了S（結構）-C（行為）-P（績效）、PIMS（市場結構—戰略+策略—績效+競爭地位）及波特的競爭戰略理論為代表的戰略新範式。

這個時期的研究在於三個方面：

第一，戰略與績效的關係。有三股勢力：第一股集中在哈佛，秉承錢德勒的傳統，致力於檢驗企業成長與多元化戰略的命題；錢德勒學派的學者更深入地研究了企業成長戰略、組織形式與經營業績之間的關係。賴格利對多元化作了分類，魯梅爾特（R. P. Rumelt）對多元化類型、組織結構對經營業績的影響做了深入的研究。第二股在普渡大學，重點研究業務戰略，始於對釀酒廠的研究。對美國釀酒業的研究是希望發現戰略與經營業績之間的關係，尤其要解釋經營業績與戰略及環境的關係，認為業績是戰略與環境的函數。研究由哈滕（K. J. Hatten）、申德爾和庫伯（A. C. Cooper）主持。通過研究發現，環境很重要，一個相對於競爭者的好戰略必然導致好的經營業績。研究還發現，同一產業內，企業的戰略和業績存在很大的不同，這導致了后來對戰略團體的研究以及用競爭優勢來解釋經營業績的差異。第三股也誕生在哈佛，以波特為首從產業組織的角度研究競爭戰略和競爭優勢。

第二，通用戰略與競爭優勢。20世紀80年代初，波特通過對美國、歐洲和日本製造業的實踐提出了自己的競爭戰略理論學說，認為企業要通過產業結構的分析來選擇有吸引力的產業，然後通過價值鏈上的有利環節，利用成本領先或差異化戰略來取得競爭優勢。在整個20世紀80年代，波特的著作《競爭戰略》《競爭優勢》，這對戰略管理的理論和實踐產生了深遠的影響。另一部分學者認為，戰略的實施能力同樣重要的競爭優勢來源，麥肯錫公司首次提出了戰略實施與組織發展的構架，即「7S」構架，說明了要成功地實施戰略與實現組織變革的必需的要素。其假設是組織的變化需要組織技能與共享價值觀的變化。這「7S」是：戰略、技能、共享價值觀、結構、系統體制、員工、風格。隨著研究的不斷深入，人們越來越認識到有更多的競爭優勢的來源，如質量、速度、快速的週轉能力、高度的創新能力等。越來越多的學者認為，維持競爭優勢的持續性依賴於組織的學習能力。

第三，戰略過程與動態戰略。后來的研究發現，沒有任何一個戰略過程或戰略能

力能單獨形成永久的競爭優勢，企業必須不斷地改變其戰略資源與能力以便適應環境的千變萬化。人們研究的重點由過去的尋找成功的驅動力轉向研究如何使企業變化能力的最大化，即明茨伯格認為戰略家應該由原來的規劃者、戰略制定者轉變為戰略的發現者，知識的創造者及變化的催化劑，戰略規劃應該用戰略思考來替代。環境變化迅速，過多的分析反而會貽誤戰機，因此，要迅速分析可能的機遇，消除可能的風險，重點研究關鍵問題，迅速分析並形成行動方案，不要等一切都明確後才行動，但隨時準備變更行動方案。成功的企業是擅長創新的企業，是不斷學習，不斷變化的企業。

1.1.4　20世紀90年代，資源基礎論和核心能力學說流行

波特的思想是對美國及日本20世紀70年代製造業的實踐的總結，但是隨著時間的推移，局限越來越明顯，許多產業現象難以解釋，如同行業的企業間的經營業績的差異遠遠大於行業間的平均利潤差異。20世紀90年代初，美國西南航空公司在其他同行大虧損的時候卻保持了利潤的持續增長，這說明市場結構並不是企業經營業績的決定因素。西南航空公司賴以競爭的資源是一種看不見的資源，如友善、風趣、實惠，這是一種綜合的資源，是其他航空公司所無法模仿的。

20世紀90年代，企業經營環境的最大特點是：第一，競爭的全球化。國家競爭越來越激烈，國家的邊界變得越來越模糊，信息網路的發達使行業界限模糊。第二，產品的生命週期大大縮短，產品過時加速，創新成為競爭的主題。第三，顧客需求的個性化和差異化，多品種少批量成為重要的生產戰略，即時生產、靈捷製造成為企業新的生產方式，時間和速度成為新的競爭手段。這時人們發現，競爭無常規，沒有通用戰略，競爭優勢是比競爭對手更為成功的因素，而且這些因素無法被競爭者模仿。這些因素包括：組織的資源與能力、戰略實施的卓越能力、戰略、時間與創新等。一部分學者認為資源與能力是競爭優勢的主要來源，公司的戰略依賴於公司最優秀的方面而非外部環境，戰略家的工作是尋找公司的能有別於其他競爭者的資源與能力。它們包括：

（1）能提高公司競爭力的成本優勢，如企業生產能力、加工技術、購買原材料的渠道等；

（2）能用於不同用途的因素，如市場行銷經歷、銷售渠道、品牌等；

（3）能阻止競爭者進入的門檻因素，如專利、市場份額等；

（4）對公司討價還價能力有影響的因素，如企業規模、財力等。

企業對資源和能力的分析包括以下五個步驟：

（1）對公司的資源分類，評估其優勢與缺陷；

（2）分析公司的能力，如何能使公司比競爭者更有效；

（3）評價資源與能力的潛力，尤其是在保持長期競爭優勢方面確定其競爭優勢；

（4）選擇能最好地匹配公司的資源、能力與外部環境的機遇，制定相關戰略；

（5）找出資源差距，投資強化提高公司的資源條件，然後回到第一步，進入第二循環。

資源基礎論者認為即使一個企業在缺乏吸引力、缺乏好機遇也有較大經營風險的

行業中經營，它也可以依賴它的內部獨特資源與能力贏得競爭優勢。關鍵是企業必須擁有對顧客有價值、稀缺的、對手難以模仿的資源與能力。資源基礎論的假定是：

（1）每個企業都是一組獨特的資源與能力的組合，這些獨特的能力與資源是企業戰略的基礎也是企業回報的基本源泉，資源的差異是競爭優勢的基礎；

（2）隨著時間的推移企業擁有不同的資源，培養獨特的能力，從而同一行業的企業不可能擁有相同的戰略相關資源與能力；

（3）資源在企業之間缺乏流動性；

（4）資源是企業生產過程的投入，包括：設備、員工的技能、專利、優秀的經理人員等。

資源基礎論的進步主要在於企業不只是利用現有的資源與能力而且要有意識地培育獨特的能力。

1990年普拉哈拉德（C. K. Prahalad）和哈默爾（G. Hamel）發表《公司核心能力》一文，奠定了核心能力理論基礎，也使他們名聞四海。核心能力是組織中的累積性學識，特別是運用企業資源的獨特能力，核心能力的重要特點是其他組織難以模仿，因為其具很強的隱匿性，競爭對手感到難以言表，即只可意會不可言傳；它是人與物，人與人關聯的複合體，它是長期累積的產物，包括許多不可逆轉的專用投資。核心能力理論強調，現實中企業的戰略應該做到：選擇有吸引力的行業，同時培養別人無法模仿的核心能力。

1.1.5 戰略創新及學派分野

20世紀末，伴隨著經濟全球化、技術信息化與知識經濟時代的到來，企業界出現了一系列的戰略創新。

（1）大規模定制

20世紀初，大規模生產在美國誕生，標準化成為時尚，成本領先成為主要的競爭戰略。但是，隨著消費者追求個性化時代的到來，「one size fits all」的時代已經過去了，互聯網和信息技術的發展，促使大規模定制應運而生。即對定制的產品和服務進行個別的大規模的生產，它以個性化客戶為中心，以靈活性和快速反應實現產品和服務的定制化。

大規模定制的特點是：

①以個性化客戶為中心。大規模生產中，客戶處於價值鏈的最末端，生產出來什麼就賣什麼。而在大規模定制中，客戶位於價值鏈的最前端，圍繞客戶的需求來生產產品，其實質是生產者和客戶共同定義和生產產品；

②以靈活性和快速反應實現產品或服務的定制化；

③電腦、網路、電子商務等信息技術是新戰略的技術基礎，使製造商與客戶和供應商形成一種新的關係；

④注重整個過程的效率，而非局限於生產效率。

（2）時機競爭

1988年斯托爾克在《哈佛商業評論》上發表論文《時間——下一個競爭優勢的源

泉》，他把時間作為企業競爭優勢的源泉，認為過去企業靠降低成本和產品多元化來競爭，而現在，時間與速度成為重要的競爭優勢來源。在設計、製造、銷售與創新上爭時間、搶速度，對顧客的需求迅速反應。縮短產品週期、縮短產品生產時間等時間管理成為重要的競爭手段。

（3）歸核化

歸核化是指企業通過減少業務活動範圍以集中經營核心業務的過程，主要通過剝離的方式實行企業的重組。美國大企業20世紀50年代起實行的多元化戰略在20世紀70年代達到高峰，20世紀80年代進入戰略轉換期，由於經濟不景氣，許多企業實施歸核化戰略。歐洲大企業的這種戰略轉換比美國晚5～8年，20世紀90年代中期才陸續實施歸核化戰略。在亞洲，韓國大企業在金融危機中的1998年才開始實施歸核化戰略。歸核化戰略的要旨是：

①把公司的業務歸攏到最具競爭優勢的行業上；

②把經營重點放在核心行業價值鏈上自己優勢最大的環節上；

③強調核心能力的培育、維護和發展，重視戰略性外包這種新興的戰略手段。最早實施歸核化戰略的代表者是美國通用電氣公司。

（4）虛擬組織

為了提高對市場機遇的反應，越來越多的企業採取非股權安排方式的核心虛擬企業形式。根據核心能力分工原則，企業只經營其核心能力擅長的業務，把邊沿業務外包，形成勞動社會大分工。企業快速形成，一旦使命完成立即解體。通過契約的方式形成臨時利益共同體。特許經營、委託管理、戰略聯盟等就是這種虛擬企業的代表組合方式。

（5）競合

競合即「競爭」與「合作」，在競爭對手之間構成合作關係。越來越多的戰略聯盟就體現了這一點。採取雙勝共贏的原則，相互合作，而非開展你死我活的競爭。

（6）學習型組織

學習型組織是一種「本地化」（Localness）的扁平組織，決策權往下層移動，盡最大可能讓當地決策者面對所有的課題，包括處理企業成長與持續經營之間的兩難困境，通過學習來控制。提高企業對顧客需求變化作出反應的靈敏度。學習型組織發展它的員工，使它的員工熱衷於並且有能力適應環境與變革自身。學習型組織具有共同的願景，相互公開溝通，當與企業相衝突時，員工會把個人與部門的利益放在一邊。

縱觀戰略研究的發展歷程，20世紀70年代到20世紀80年代戰略研究沒有突破性進展，原因在於，20世紀70年代和20世紀80年代，戰略研究過於空泛，缺乏可操作性。它只是給人們一種啟發，要規劃未來，要適應環境。20世紀80年代日本的崛起也確實把人們的注意力引向操作層面。日本通過TQM、及時存貨、靈捷製造、成本控制等戰術性的經營效率改進在市場競爭中節節勝利，使人們對戰略迷失了方向。人們認為，戰略並非是真正重要的東西——你只是必須以更低的成本生產出比競爭對手更優質的產品，然後不懈地改進那個產品。還有人認為在一個變化的世界裡，不該有戰略。企業經營圍繞著變化、速度、動態反應和重新創造自身等方面轉，事物如此快速變動，

稍有停頓企業就承受不起。如果有戰略，那就是僵化和不善變通，等到戰略制定完畢也就過時了。

20世紀90年代戰略的復興是由於人們認識到企業的成功根源於企業獨特的資源，而這些資源需要企業在內部長期培養才能形成。選擇與培養獨特資源與核心能力就是戰略過程。尤其是波特一再強調，戰略不是經營效率而是從事不同的活動或以不同方式從事相同的活動；哈默爾又強調要打破遊戲規則，要開創新行業，人們這才逐步把戰略重新放在經營的核心地位。

由於人們對戰略的本質沒有達成共識，所以存在各種戰略管理流派。明茨伯格在《戰略歷程——縱覽戰略管理學派》一書中，將戰略管理分為十大學派，分別是：

（1）設計學派，認為戰略是一個有意識的、深思熟慮的思維過程，是首席執行官有意識的但非正式的構想過程。

（2）計劃學派，將戰略形成看作是一個正式的過程，是一個受控制的、有意識的、規範化的過程。

（3）定位學派，戰略的形成是一個受控的、有意識的過程，組織應該在深思熟慮之后制定出全面的戰略並清楚地表達出來。而且，在既定的產業中，只有少數可供選擇的戰略，即通用戰略。

（4）企業家學派，企業戰略不是集體智慧的結晶，而是領導者個人思考出來的產物。具有戰略洞察力的企業家是企業成功的關鍵。

（5）認知學派，戰略形成過程是一個精神活動過程，是戰略決策者認知的基本過程。這不僅是一個理性思維的過程，還包括一定的非理性思維。

（6）學習學派，戰略形成是一個應急的過程。組織環境具有複雜性和難以預測的特性，戰略的制定首先必須採取不斷學習的過程，學習以應急的方式進行。

（7）權力學派，把戰略看作是一個協商的過程。戰略制定是一個在相互衝突的個人、集團以及聯盟之間討價還價、相互控制和折中妥協的過程。

（8）文化學派，戰略形成是社會交互的過程；個人通過文化潛移默化適應過程。文化學派的研究主要集中在文化對決策風格的影響、克服對戰略變革的阻礙、建立企業主導價值觀和解決文化衝突等方面。

（9）環境學派，該學派將戰略管理完全變成了一種被動的過程。

（10）結構學派，融合了其他學派的觀點，提供了一種調和不同學派的方式。該學派認為：組織可被描述為某種穩定結構；這種結構可被偶然因素影響向另一結構飛躍；結構轉變有某種週期；戰略最后採取的模式都是依自己的時間和情形出現。

1.2 戰略的含義與特徵

1.2.1 戰略的含義

彼得·德魯克在《管理的實踐》（1954）一書中對企業管理的戰略的定義是：「戰

略就是管理者找出企業所擁有的資源並在此基礎上決定企業應該做什麼。」德魯克的戰略定義強調了企業經營者必須識別和找出自己所擁有的資源是什麼，並根據自身的資源特點來確定企業的經營方向。

錢德勒（Aifred Chandler）在《戰略與結構》（1962）給企業管理的戰略下了一個定義：「確定企業基本長期目標，選擇行動途徑和為實現這些目標進行資源分配。」錢德勒的企業管理的戰略定義包含了幾層意思：一是確定企業的長期目標，二是選擇實現目標的途徑和方法，三是進行資源配置。錢德勒認為戰略是組織與環境之間的紐帶，戰略通過對組織環境的分析來確定組織的發展方向，使組織與環境要求相一致，組織對戰略的跟隨就保證了組織與環境的匹配。

安德魯斯在其著作《公司戰略概念》中提出企業總體戰略是一種決策模式，它決定和揭示了企業的目的和目標，提出實現目的的重大方針和計劃，確定企業應該從事的經營業務，明確企業的經濟類型與人文組織的類型，以及決定企業應對員工、顧客和社會做出的經濟的和非經濟的貢獻。

加拿大麥吉爾大學的明茲伯格把人們對戰略的各種定義概括為五個「P」：

（1）戰略是策略（Ploy）。這種對戰略的理解，是把戰略等同與具體的謀略或計謀。在管理學界，人們通常把戰略和策略混為一談，有時從全局層面上來理解和使用戰略這一術語，有時從局部層面上來理解和使用戰略這一術語，而且多數人是把戰略視為企業進行市場競爭的計謀與謀略。然而，把戰略與策略相混，把戰略上的策劃和成功當成策略上的策劃和成功，在管理實踐上將造成重大的損失。這一點我們將在後面「戰略與策略的關係」中進行具體的說明。

（2）戰略是計劃（Plan）。明茲伯格指出戰略是一種有意識的有預謀的活動，一種處理某種局勢的方針。依據這個定義，戰略具有兩個本質屬性：一是前導性，戰略是在企業發展經營活動之前制定的，以備使用；二是主觀性，戰略是有意識、有目的來制定的，更多地反應了人們對未來行動的主觀願望。在戰略策劃中，包含著計劃的內容，但決不等於計劃本身。

（3）戰略是模式（Pattern）。明茲伯格認為戰略是一種模式，它反應企業的一系列行動。這就是說無論企業是否事先對戰略有所考慮，只要有具體的經營行為，就是企業的戰略。這種對戰略的理解，是把戰略等同於企業經營活動的模式。在戰略策劃中，包括了對企業經營模式的策劃和設計，一個戰略的成功實施必然包含著有效的經營模式的運作。但是，戰略包含著更為廣闊的內容，不僅僅是經營管理模式的問題。

（4）戰略是定位（Position）。戰略定位是指選擇企業在市場競爭中有利於自身生存和發展的位置，是企業在自身環境和利益之間所確定的位置。戰略策劃必須找到有利於企業生存和發展的市場定位，但是戰略定位問題只是戰略策劃中的一個問題。

（5）戰略是觀念（Perspetive）。把戰略看成一種觀念，它體現組織中人們對客觀世界固有的認識方式，它是一種抽象的概念，但可以通過一定的方式被企業成員擁有和共享，從而變成一種集體意識並可能成為組織成員保持一致的思想基礎。這種對戰略的理解，是把戰略等同於理念。戰略的策劃和制定，必須要有適當的戰略理念作為指導，但是，戰略決非僅是一種精神現象，它是企業具體行動的方案和規劃，具有切

實的可操作的物質內容。

綜上所述，應把戰略理解為上述五個「P」的集合，或比較接近對戰略觀念的理解，如果僅從其中某一個「P」的角度來理解或界定戰略的定義，則是不全面的。

有些學者還將戰略定義為決策、計劃、指導思想。根據上面的討論，本書對企業管理的戰略概念擬作出以下的界定：戰略是指企業制定的對將來一定時期內全局性的經營活動的理念、目標以及資源和力量的總體部署與規劃。它包括以下含義：

第一，戰略不是臨時的權益之計，其在一定歷史時期具有穩定性；

第二，戰略不是對企業局部活動的反應與策劃，而是對企業全局性活動的反應與策劃，即使是局部性的問題，也是涉及全局，必須提升到全局的高度來處理的問題；

第三，戰略的內容包括戰略理念、戰略定位、戰略使命、戰略目標、資源配置和能力整合等；

第四，戰略是企業的總部署、總規劃。

1.2.2 企業戰略的特點

（1）全局性。戰略問題統籌全局，總括整體。戰略研究，著眼於帶有全局規律性的問題。戰略規劃，是對根本目標的確立，對總體力量的部署，是全局性的指導方案。

（2）長期性。戰略計劃、戰略部署、戰略方針都帶有長期性，在一定的歷史時期起著指導作用，只要沒有發生重大的意外事件，戰略計劃、部署、方案的基本內容是不會修改或終止執行的。

（3）穩定性。戰略具有全局性、長期性，在總體戰略目標沒有完成之前是不會發生變化的。儘管在執行過程中，由於客觀形勢的變化會對其中的個別內容進行調整，但戰略的宗旨、方針和基本內容不會發生重大的變化，除非客觀形勢發生了巨大變化，或戰略的制定者與執行者發生了重大變動，才會對戰略進行重大的調整。

（4）指導性。戰略的作用在於對企業的經營活動進行指導，提供總體的指導方案，規範企業運行的方向和經營模式。企業任何具體策略的制定、具體計劃的執行，都不能脫離總體戰略方案的指導，都要為完成總體的戰略目標服務。

1.2.3 戰略的功能

從上面戰略的內容和特點中可以看出，制定出正確科學合理的戰略對企業的發展有著重要意義。具體說來，戰略具有以下功能：

（1）提高企業和企業經營者參加市場競爭和推進企業發展的自覺性

戰略的制定過程是企業決策者對市場變化的形勢、企業自身發展狀況的研究和把握過程，戰略的內容反應了企業決策者對上述情況和發展趨勢的認識與把握程度。科學的戰略是對企業自身實力和市場競爭情況的正確反應，是對企業經營與運行狀態客觀規律的科學反應。因此，戰略在指導企業運作和發展時，可以提高企業領導者和員工的自覺性，克服盲目性，使企業能夠按照事物的發展規律和具體客觀情況進行部署、規劃，制定適宜的策略去開展各種經營活動。

(2）保證企業和企業決策者始終能夠保持明確的前進方向

戰略具有很強的指導功能，它可以使企業決策者在複雜多變的市場競爭中始終保持清醒的頭腦，按照既定的目標前進，不至於在變幻莫測的市場競爭中和繁瑣的日常事務中迷失方向。

（3）對具體策略、計劃進行指導、評估和監控

企業任何具體的策略、計劃、部署的制定都是在戰略總體規劃的指導下進行的，只有遵循戰略宗旨規定的總方針與總規劃，各種具體的策略、計劃、部署才能實現結構耦合、功能互補，為完成戰略總目標採取步調一致的行動。戰略目標和戰略規劃對具體的策略、計劃及其實施結果還可以進行評估，幫助企業決策者對策略、計劃進行擇優選擇。戰略規劃還可以對策略、計劃實施的具體情況進行監控，校正那些偏離戰略目標的策略和計劃，保證企業按照既定目標運行。

（4）對企業資源進行有效的整合和部署

戰略制定的過程，也是對企業資源進行有效整合和部署的過程。企業內外的各種資源原本是離散狀態的，經過戰略規劃的實施，將使其實現有機組合和功能互補，進而提高企業的綜合優勢和競爭實力。

1.2.4 戰略與策略

戰略與策略是相對的，只有對策略進行較深入的研究，並將戰略與策略加以比較以後，我們才能真正懂得戰略的根本屬性。

（1）策略的定義

策略與戰略相比，是對企業管理實踐低一個層面的抽象和概括。具體來說，我們可以這樣來界定策略：策略是指企業在戰略規劃指導下制定的各種具體的、局部的、短期的運作目標、行動方案和操作方法。

上述策略的定義包含了以下幾層意思：

第一，策略是對企業管理實踐局部性活動的反應和策劃。

第二，策略是短期的，帶有暫時性和多變性的特色。

第三，策略是企業經營更加微觀和具體的目標與操作方案和方法。

（2）策略的特點

策略不同於戰略，策略的特點是：

①局部性

策略反應企業經營運作的局部活動情況，著眼於局部的資源和力量部署，具體的工作安排和暫時的或短期的應對措施。策略不能脫離總體戰略的指導和部署，它是總體戰略的一個具體執行部分。策略的這種局部性與執行性表現為在長時期的戰略部署中它只是其中的一個短期時間段，在總體的戰略部署範圍內它只是其中的一個具體的操作部分。

②暫時性

策略是企業短時期內的行動方案和計劃，隨著形勢的不斷變化要及時進行調整，因此，任何策略都具有暫時性的特徵。策略的這種暫時性，在信息時代的市場競爭中，

尤其顯得突出。企業戰略的威力，就是借助策略的這種暫時性和內容不斷更新與調整，得到充實與提高。企業如果認識不到策略的這種暫時性特徵，企圖將其長期化、固定化，那麼在變化迅速的市場競爭中就會遭受失敗。

③靈活性

策略必須根據現實情況的具體特點來制定，必須根據形勢的變化隨時進行調整，具有很大的機動性和靈活性，企業必須學會在複雜變化的市場競爭中巧妙地運用各種策略使自己在競爭中處於優勢，贏得顧客的信任。當然，策略的靈活性不等於放棄總體的戰略目標，動搖自己的總體發展方向，那種不顧戰略所確定的總體方向的靈活性是一種投機性的靈活性，是得不到好結果的。

④操作性

策略比戰略更加具體，更具可操作性。策略的內容不能只是一些空洞的原則、價值性的論證，它的內容設計應該是十分具體，切實可行。所確定的運作方式必須切合實際，組織形式必須適合企業進行高效的工作，各種政策必須有利於調動廣大員工的積極性，經營方法必須使企業實現盈利的目標。

（3）策略的功能

靈活巧妙的運作策略，對於實現戰略目標有著重要意義。企業只有正確的戰略，而沒有靈活巧妙的策略相配合是無法實現自己的戰略目標的。具體來說：

①策略使戰略總體目標得以實現

戰略目標必須靠策略的具體運作來實現，具體的策略目標的完成才能使戰略的總體目標得以實現。

②策略使戰略規劃具體化

策略是對戰略總體規劃的階段性計劃實施的謀劃，是對戰略總體方案實現途徑的選擇，戰略的總體規劃必須通過具體的策略謀劃才能得到落實。

③策略使戰略方案獲得實現的具體的運行方法和工具

策略是為實現戰略總體方案而選擇的若干方法和工具的集合，只有選擇到適合的方法和工具時，企業戰略才會找到具體實現的途徑。

④策略使戰略能夠及時迅速地適應市場的變化

戰略是比較穩定的、長期的，策略是靈活的、短暫的，市場的變化是瞬息的、隨時的，穩定的戰略必須借助靈活的策略來適應隨時變化的市場環境，以保證戰略的生命力和適應性。

⑤策略是戰略實現自身價值的具體手段

戰略的制定和實施，都有自己具體的盈利目標。具體利潤的獲得，必須借助於具體的策略謀劃，包括價格策略、品牌策略、銷售策略等的謀劃。

總之，策略支撐戰略、落實戰略、實現戰略。

（4）戰略和策略的相互關係

①戰略與策略的區別

A. 從空間屬性上來看，戰略是全局、整體，策略是局部、部分。戰略和策略反應和策劃的對象在空間範圍上是不同的，比如對企業的整個行銷活動的把握和策劃是關

係企業全局性的戰略性策劃，而對某一次促銷活動的謀劃，則是策略性策劃。

　　B. 從發展態勢上來看，戰略是長期的、穩定的，策略是短期的、靈活的；

　　C. 從企業經營的作用上來看，戰略是指導工作的總目標、總規劃、總方針，策略是具體的工作部署、運作方式；

　　D. 從管理實踐的特性來看，戰略具有一般性、普遍性、指導性，策略具有具體性、執行性、可操作性。

　②戰略和策略的聯繫

　　戰略指導策略，策略為戰略服務。戰略目標沒有具體的策略去實現只能是一種空想，策略離開戰略的指導又是盲目的，兩者相輔相成，不可分離。

　③戰略與策略的關係體現在具體的管理實踐中，必須注意正確處理好以下幾個關係：

　　A. 在企業發展的目標上，正確處理長遠利益與暫時利益之間的關係，整體利益與局部利益之間的關係。戰略代表著長遠利益、整體利益，策略代表著暫時利益、局部利益，企業在發展上必須著眼於長遠利益和整體利益，不能為一時的利益、局部利益而犧牲長遠和整體利益，但也不能不考慮眼前利益和局部利益。正確的做法是在堅持長遠利益和整體利益前提下，適當地考慮眼前利益和局部利益。堅持長遠利益和整體利益，可以使企業在市場競爭中不至於迷失方向，可以保證戰略總體目標的實現；照顧眼前利益和局部利益可以為完成戰略目標累積條件，滿足企業的眼前需要，有利於調動員工的積極性。

　　B. 在企業的日常經營活動中，恰當處理戰略成功與策略成功之間的關係。戰略成功是全局的成功，策略成功是局部的成功，在現實的市場競爭中，企業要為取得戰略上的成功傾盡全力去奮鬥。但是，戰略上的成功必須通過策略上的成功來累積，因此，為了戰略上的成功就必須腳踏實地地去為取得每個策略上的成功而奮鬥，否則，戰略上的成功將是一句空話。不過，有時策略上的成功並不一定就會對戰略取勝有利，甚至可能有害。這就要求企業在運用策略時必須要服從戰略的要求，按照戰略總體規劃的要求去運用各種策略，決不可因一時的勝利、局部的成功而沾沾自喜，忘記了根本戰略目標。

　　C. 在企業具體的運作方式上，正確處理原則性與靈活性之間的關係，堅持原則性與靈活性的統一。戰略總目標、規劃體現了企業行為活動的原則性，策略體現了企業行為活動的靈活性。企業在市場競爭中必須堅持原則性，不能背棄戰略規定的總體發展方向，輕易動搖實現戰略目標的決心。但也不能不注意企業運作的靈活性。堅持原則性使企業不至於迷失方向，有利於堅定員工的鬥爭意志和必勝信心；注意靈活性有利於原則的實現，有利於戰略目標的完成。排斥靈活性的原則性是僵化的教條主義，背棄原則性的靈活性是典型的實用主義的投機行為。

　　企業能夠在現實的市場競爭實踐中正確處理戰略與策略之間的關係，對於企業的健康發展有著重要意義。現實的市場競爭是非常複雜的，競爭對手的策略運用也是千變萬化的，企業只有處理好上述幾個關係，才能充分發揮自己的智慧，運用巧妙的策略去取得市場競爭的勝利。

具體策略的內容是非常豐富的，具體策略的運用更是千變萬化。比如中國古代的《戰國策》就是一本對各種鬥爭策略進行研究的專著，而「三十六計」則是鬥爭策略的經驗總結。在中國現代史上，毛澤東在領導中國革命鬥爭中形成的豐富的策略思想更是我們的豐富寶庫。上述策略儘管是運用在戰爭和政治鬥爭中的，但是，在今天的商戰中也多有可借鑑的地方。值得注意的是，策略不等於權術，權術具有欺騙性和投機性，往往會嚴重損害企業的形象，使企業喪失信譽，把企業推向災難的深淵。

1.2.5 戰略的層次

（1）公司戰略

公司戰略是企業的戰略總綱，是最高管理層指導和控制企業一切行為的最高行動綱領。從企業經營發展的方向到各經營單位之間的協調以及資源的充分利用到整個企業的價值觀念、企業文化的建立，都是公司戰略的內容。

公司戰略主要是回答企業應該在哪些經營領域進行生產經營，因此，經營範圍和資源配置是公司戰略中主要的構成要素。公司戰略主要有發展戰略、穩定戰略、收縮戰略。

企業公司戰略與企業的組織形態有著密切的關係。當企業的組織形態簡單，經營業務和目標單一時，企業公司戰略就是該項經營業務的戰略，即經營單位戰略。當企業的組織形態為了適應環境的需要而趨向複雜化，經營業務和目標也多元化時，企業的總體戰略也相應複雜化。不過，戰略是根據企業環境變化的需要提出來的，它對組織形態也有反作用，會要求企業組織形態在一定的時期做出相應的變化。

（2）事業部戰略

事業部戰略是公司戰略之下的子戰略，主要涉及如何在特定的細分市場上進行競爭。

公司戰略涉及組織的整體決策，而事業部戰略則是更關心公司整體內的某個事業部門單位，即它的重點是要提高一個戰略經營單位在它所從事的行業中，或某一個特定的細分市場中所提供的產品和服務的可持續競爭優勢，以實現事業部單位利潤最大化。

事業部戰略的目的有兩個：一是使企業某一個特定的經營領域取得較好的經營業績，努力尋找建立可持續的競爭優勢。二是對那些影響企業競爭成敗的市場因素的變化作出正確的規劃。

具體說來，事業部戰略主要側重以下幾個方面：怎樣貫徹企業使命、事業部單位發展的機會和威脅分析、事業部單位發展的內部微觀條件分析、確定事業部單位發展的總體目標和要求、確定事業部單位戰略的戰略重點、戰略階段和戰略實施。

（3）職能層戰略

職能層戰略是為貫徹、實施和支持公司戰略與事業部戰略而在企業特定的職能管理部門制定的戰略。職能層次戰略的重點是提高企業資源的利用效率，使企業資源利用效率最大化和成本最小化。

與上述兩種戰略相比，職能層戰略更詳細、具體、更具可操作性，是由一系列詳

細的方案和計劃構成的，涉及企業經營管理的所有領域，包括財務、生產、銷售、研究與開發、公共關係、採購、儲運、人事等各部門。

從戰略管理的角度而言，職能層戰略的側重點在於以下幾個方面：第一，怎樣貫徹事業部發展的戰略目標；第二，職能目標的論證及其細分化，如發展規模、生產能力、主導產品與品種目標、質量目標、技術進步目標、市場佔有率與銷售增長率、職工素質目標、效益和效率目標等；第三，確定職能戰略的戰略重點、戰略階段和主要戰略措施；第四，戰略實施中的風險分析和應變系統設計。

上述三個層次的戰略共同構成了企業戰略體系。制定公司戰略是企業高層管理者的主要職責，制定事業部戰略是企業事業部領導層的主要職責，制定職能層戰略是企業各職能部門主管們的主要職責。實際工作中，這三個層次的戰略制定與實施必須由各級管理者相互協商、緊密配合。在一個企業內部，企業戰略的各個層次之間是相互聯繫、相互配合的關係。任何戰略層次的失誤，以及戰略層次的相互脫節，都會導致延緩企業實現預期戰略目標的進程。當企業戰略的三個層次相互配合、密切協調，以及每一層次內各部門間相互銜接、有效配合時，就能大大地增強企業凝聚力，也就能最為有效地貫徹與實施企業戰略。三個層次戰略的比較如表1-1所示。

表1-1　　　　　　　　　　三個層次戰略的比較

	戰略層次		
	總體戰略	事業部戰略	職能部門戰略
性質	觀念型	中間	執行型
明確程度	抽象	中間	確切
可衡量程度	以判斷評價為主	半定量化	通常可定量
頻率	定期或不定期	定期或不定期	定期
時期	長期	中期	短期
所起作用	開創性	中等	改善增補性
承擔的風險	較大	中等	較小
盈利能力	大	中	小
代價	較大	中等	較小
資源	部分具備	部分具備	基本具備

1.3　企業戰略管理

1.3.1　戰略管理的含義及特徵

（1）戰略管理的含義

早期的學者對戰略管理的認識是從戰略的概念構建開始的。但隨著認識的深入，學者們逐漸意識到戰略管理與戰略是有區別的。安索夫所提出來的戰略概念演變過程

最能說明這兩者的區別。安索夫最初提出了戰略的概念，認為戰略是貫穿於企業經營與產品及市場之間的一條共同主線，包括產品與市場範圍、增長向量、競爭優勢和協同作用四個要素。在這個定義中，安索夫把戰略視為一個方案。但他隨後提出了戰略管理的概念，更傾向於把戰略管理視為一個過程，而且是一個根據實施的情況不斷修正目標與方案的動態過程。

因此從概念上進行區分，可以認為戰略是一個靜態的概念，是戰略管理的對象；而戰略管理則是對戰略的管理過程，是組織制定、實施和評價使組織達到其目標的、跨功能決策的藝術和方法。具體講，戰略管理是包括戰略的制定、戰略的實施、戰略的評價三個部分構成的企業管理過程以及相應的方法和技術。

（2）戰略管理的特徵

首先，戰略管理不是職能管理，是一種高層次管理。很多學者將戰略管理作為一種職能管理，認為戰略管理像財務管理一樣是由特定部門如戰略規劃部所負責的一種企業日常管理工作。這是一種不全面的看法，其實質是將戰略管理僅僅視為一種規劃，這種看法已不能反應戰略管理科學發展的現實和企業戰略管理實踐的實際情況。戰略管理並不是由某一固定的部門負責的日常工作，而是由企業高層管理者負責的對企業長期發展或事關全局問題的掌控和運作。

其次，戰略管理是一種系統管理，整體性管理。與其他職能管理只負責企業某一方面事務的情況不同，戰略管理是對整個企業所有事物的系統管理。當然這並不意味著戰略管理就替代了所有的其他管理。但戰略管理涵蓋了企業管理的所有方面，在服務於企業整體目標的宗旨下進行整體的協調和配置，是對企業整個系統的管理。

再次，戰略管理統率其他管理。如果說將戰略管理看作是整個企業的「憲法管理」的話，那麼其他管理可以視為在「憲法」框架下的各個「法律」。其他管理將服務和戰略管理保持一致，任何與企業的戰略管理相矛盾的其他管理活動都是不可接受的。

最後，戰略管理是動態性管理。企業戰略管理的目標就是使企業內部因素與企業的外部環境相適應，而企業的外部環境因素是不斷變化的，因此，戰略管理活動也要適當進行調整。

1.3.2　戰略管理的邊界

（1）戰略管理與企業戰略

企業戰略是一種「謀劃或方案」，而戰略管理則是對企業戰略的一種管理，也就是對「謀劃或方案」的制定、實施與控制。

（2）戰略管理與經營管理

戰略管理與經營管理既有區別又有聯繫。兩者的區別是：①戰略管理面臨的是動盪的環境，而經營管理面臨的是相對穩定的而環境；②戰略管理重視企業整體性的綜合管理，經營管理重視企業職能性業務管理；③戰略管理追求企業長期生存、發展以及核心能力的提高，經營管理則常常把著眼點放在短期經營成果和利益上；④戰略管理是一種「預應式」管理。高層管理者要具有戰略的思想和眼光，要洞察和預測外部環境，提前做出反應。而經營管理是一種「因應式」管理，只是對某種環境事變做出

臨時的反應，往往不能及時捕捉和利用外部環境變化造成的機會，也難以及時避開危險。兩者的聯繫是：①經營管理是戰略管理的基礎；②有效的經營管理是實施企業戰略管理的重要前提條件；③企業戰略管理為經營管理提供了實施框架。

1.3.3　企業戰略管理構成要素

一般說來，企業戰略由以下四個要素組成，即產品和市場範圍、增長向量、競爭優勢和協同作用。這些要素也是進行企業戰略管理的重要依據。安索夫認為這四個要素可以產生合力，成為企業共同經營的主線。有了這條主線，企業內外的人員都能夠充分瞭解企業經營的方向和產生作用的力量，從而揚長避短、發揮優勢。

（1）產品和市場範圍

產品和市場範圍說明企業屬於什麼特定行業和領域，企業在所處行業中產品與市場的地位是否佔有優勢。對於大多數企業來說，應該根據自己所處的行業、自己的產品和市場來確定經營範圍。

專欄：

以市場界定經營範圍的方式優於以產品界定經營範圍的方式。企業要著眼於顧客滿意程度，而非產品製造程序。產品的壽命是短暫的，而基本需要與顧客群體則是永恆的。比如，未來石油儲量可能會耗盡，像殼牌這樣的大公司就把自己定義為「提供能源服務的公司」，而不僅僅是一個石油公司，這樣即使未來有一天石油產量枯竭，殼牌能迅速地轉向其他能源，如太陽能、風能、核能等的生產經營。

資料來源：方欣. 企業戰略管理［M］. 北京：科學出版社，2008.

（2）資源配置

資源配置是指企業過去和目前資源和技能組合的水平和模式。資源配置的優劣狀況會極大地影響企業實現自己目標的程度。因此，資源配置又被視為形成企業核心競爭力的基礎。

資源配置是企業現實生產經營活動的支撐點。企業只有採用其他企業很難模仿的方法，取得並運用適當的資源，形成獨具特色的技能，才能在市場競爭中佔據主動。

（3）競爭優勢

競爭優勢是指企業通過其資源配置的模式與經營範圍的正確決策，所形成的與其競爭對手不同的市場競爭地位。競爭優勢說明了企業所尋求的，表明企業某一產品與市場組合的特殊屬性，憑藉這種屬性可以給企業帶來強有力的競爭地位。

競爭優勢既可以來自於企業產品和市場的地位，也可以來自企業對特殊資源的正確運用。具體來說，競爭優勢的獲得可以通過三種途徑：第一，通過兼併方式，謀求並擴張企業的競爭優勢；第二，進行新產品開發並搶在對手之前將產品投放市場；第三，保持或提高競爭對手的進入壁壘，如利用專利和技術壁壘等。

（4）協同作用

協同作用是指企業從資源配置和經營範圍的決策中所能發現的各類共同努力的效

果，即分力整體大於各分力簡單相加之和。在企業管理中，企業總體資源的收益要大於部分資源收益之和，即「1+1>2」的效果。一般來說，企業的協同作用可以分為四類：第一，投資協同。投資協同作用產生於企業內各經營單位聯合利用企業的設備、共同的原材料儲備、共同研究開發的新產品，以及分享企業專用的工具和專有的技術。第二，生產協同。生產協同作用產生於充分地利用已有的人員和設備，共享由經驗曲線形成的優勢。第三，銷售協同。銷售協同作用產生於企業使用共同的銷售渠道、銷售機構和推銷手段來實現產品銷售活動。老產品能為新產品引路，新產品又能為老產品開拓市場。第四，管理協同。管理協同的作用不能通過簡單的定量公式明確地表示出來，它卻是一種相當重要的協同作用。

1.3.4 戰略管理的原則

（1）因應環境原則

成功的企業管理重視的是企業與其所處的外部環境的互動關係，其目的是使企業能夠適應、利用甚至影響環境的變化。企業的存在和發展在很大程度上受其內外部環境因素的影響。這些因素的影響有些是起間接作用的，如政治、法律、經濟、技術和社會文化因素，有些是直接影響企業活動的，如政府、顧客、供應者、借貸人、股東、職工、競爭者以及其他與企業利益相關的團體。

企業戰略管理要求企業必須隨時監視和掃描內外部環境的振蕩變化，分析機會與威脅的存在方式和影響程度。企業戰略管理就是要使企業高層管理者在制定和實施企業戰略的過程中清楚地瞭解有哪些內外部因素會影響企業，這些影響發生的方式、性質和程度是什麼，以便制定新的戰略或及時對企業現行戰略進行調整。

（2）全過程管理原則

戰略管理是全過程管理，戰略的制定、實施、控制和評價是一個完整的過程，忽視其中的任何一個階段都不能獲得良好的戰略管理效果。企業戰略管理中，切忌以下問題：企業戰略制定以後就放在一邊；戰略實施過程中，一遇到麻煩或問題就擱淺；實施戰略的時間過長或超過預算；實施過程中忽視內外部環境的變化。

（3）整體最優原則

戰略管理不是強調企業某一個戰略經營單位或某一個職能部門的重要性，而是通過制定企業的宗旨、目標、戰略和決策來協調各部門、單位的活動，形成合力。

因此，戰略管理過程中：整體總是比部分更受重視，如何使各個部門有機結合而產生出整體的優化是戰略管理的主要目的；任何部分的調整都必須考慮它可能給整體帶來的影響；為了實現整體目標，各個部分都有其獨特不可或缺的功能和作用；部分的性質和功能是由其整體中的位置決定的。

（4）全員參與原則

企業戰略管理是全員參與的過程，不僅要求高層管理者進行決策，也需要中下層管理者和全體職工的參與和支持。企業戰略制定過程的戰略分析、戰略評價和選擇主要是高層管理者的工作和責任，但這些分析決策離不開中下層管理者的信息輸入和基層職工的合理建議。而且，企業戰略確定以後，是否能夠成功實施很大程度上取決於

企業中層及全體職工的理解、支持和全心全意的投入。

（5）反饋修正原則

企業戰略的時間跨度一般在 3~10 年，企業戰略的實施過程不會一帆風順，環境的變化往往會打亂企業的戰略部署，只有不斷地跟蹤反饋才能確保企業戰略活動的適應性。從某種意義上說，對現行戰略管理的評價和控制又是新一輪企業戰略管理的開始。

1.3.5 企業戰略管理的過程

從動態的、邏輯的、情景依賴的角度看，企業戰略管理過程包括：確立企業使命與目標、企業內外部環境分析、企業戰略制定、戰略評價與戰略選擇、戰略實施、戰略控制與變革六個階段，如圖 1-1 所示。

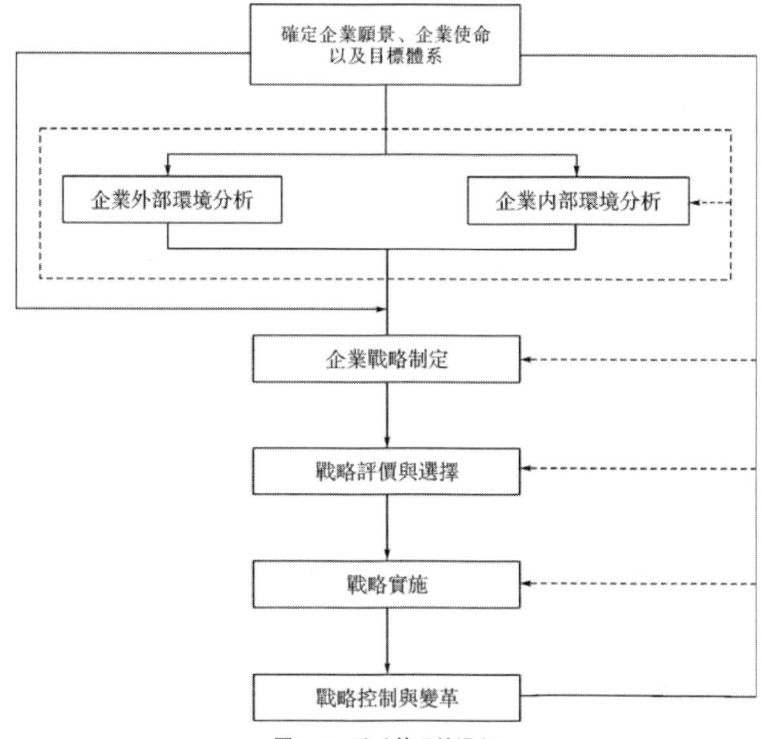

圖 1-1　戰略管理的過程

（1）確定企業使命、願景與戰略目標

確定企業使命、願景和戰略目標是戰略管理過程的起點，也是企業戰略管理最重要的環節和最困難的工作。需要明確界定企業應該從事什麼業務、顧客是誰、要向顧客提供什麼樣的產品和服務，同時還要制定與之相配套的系列性目標。企業使命的表述必須把企業的性質、特點和目的描述清楚，界定的範圍既不能過寬也不能過窄，界定範圍過寬的企業使命會包羅萬象而使企業發展失去重點和方向，界定範圍過窄的企

業使命會限制企業的發展。

（2）企業內外部環境分析

企業內外部環境分析又叫做戰略態勢分析，一是對企業所處的外部環境的準確分析，二是對企業自身內部資源能力的準確分析。通過戰略態勢分析，有利於企業準確認識環境中的機會和威脅、自身的優勢和劣勢，為戰略制定、戰略實施提供依據。

（3）企業戰略制定

企業戰略制定是在企業內外部環境分析的基礎上，制定出可供選擇的戰略方案。戰略制定過程中所要決策的問題包括：企業要進入哪些新的業務領域；企業需要放棄哪些業務；資源需要如何有效配置；是否需要擴大經營規模；是否需要採取多元化經營；是否需要採取併購行動；如何防止潛在的惡意接管；是否需要展開跨國經營在；等等。

（4）戰略評價與戰略選擇

戰略評價與戰略選擇是對若干種類的戰略利用戰略評價分析工具分別進行評估，而后做出選擇的過程。戰略評價分析工具有：波士頓矩陣（BCG矩陣）、通用矩陣（GE矩陣）、逐步推移法、SWOT分析法、戰略地位與行動評價矩陣（SPACE矩陣），等等。

（5）戰略實施

戰略實施是戰略管理的行動階段，已經制定的戰略無論多好，若不能實施，也不會有實際意義。戰略實施最主要的是要做到將戰略目標分解到每個組織單元甚至個人，要使他們真正瞭解和認同自己在企業戰略中的位置，並積極主動地付諸行動。企業中的每個單元都必須回答這樣的問題，「在企業戰略中我們的責任是什麼」「為實施企業戰略中屬於我們責任的部分，我們必須做什麼」以及「我們能將工作做得多好」戰略實施是對企業的一種挑戰，它要求激勵整個企業的管理者和員工以一種追尋事業成功的態度來為實現已明確的目標去奮鬥。戰略實施是戰略管理過程中難度最大的階段，它的成功與否取決於管理者對員工的激勵能力和對資源的配置能力，這最能體現管理者的管理藝術，也是對管理者最大的考驗。

戰略實施活動包括建立適應戰略需要的組織結構、培育支持戰略實施的企業文化、配備合適的人力資源、有效調配各種資源、科學制定企業預算、建立有效的信息溝通渠道以保證戰略實施等。

（6）戰略控制與變革

由於企業內外部環境處在不斷的運動變化中，因此要保證戰略目標的順利達成，戰略管理者就必須隨時掌控戰略進程信息，對企業戰略進行動態的調整，當環境發生巨大變化時，還要適時地進行戰略變革。

戰略控制與變革是戰略管理週期的結尾，也是戰略管理新週期的開始，隨著公司內外部環境的變化和出現進一步改善公司的觀點和思維，公司管理者必須思考：未來的發展究竟是繼續保留從前的企業使命、目標體系、戰略以及戰略實施方案，還是對它們進行修訂呢？因此，戰略管理是一個不斷循環、沒有終點的過程。

本章小結

1. 對戰略的研究經歷了五個階段：戰略規劃理論的誕生、環境適應理論的橫行、產業組織與通用戰略研究、資源基礎論與核心能力學說流行、戰略創新與學派分野。

2. 戰略是指企業制定的對將來一定時期內全局性的經營活動的理念、目標以及資源和力量的總體部署與規劃。戰略具有全局性、長期性、穩定性、指導性等特點，戰略分為公司戰略、事業部戰略、職能層戰略三個層次。

3. 企業戰略管理是企業組織制定、實施和評價使組織達到其目標的、跨功能決策的藝術和方法。企業戰略管理的構成要素包括：產品和市場範圍、資源配置、競爭優勢、協同作用；戰略管理的原則是因應環境原則、全過程管理原則、整體最優原則、全員參與原則、反饋修正原則；戰略管理的過程包括確立企業使命與目標、企業內外部環境分析、企業戰略制定、戰略評價與戰略選擇、戰略實施、戰略控制與變革六個階段。

思考題

1. 戰略研究各個階段的思想主旨是什麼？
2. 戰略的含義、特點是什麼？戰略分為哪些層次？
3. 什麼是戰略管理？戰略管理的原則是什麼？
4. 戰略管理的過程包括哪些？

2　企業使命、願景與戰略目標

學習目標：

1. 理解並掌握企業使命的重要性及內涵；
2. 瞭解企業使命確立的基本要求和使命陳述要素；
3. 領會企業願景的內涵與構成；
4. 明確企業戰略目標體系的類型。

案例導讀

願景及使命——企業經久不衰的真諦

企業願景（使命）可以喚起人們的一種希望；改變成員和組織間的關係；形成強大的驅動力；有效地協調各經營單位之間的關係，是企業經久不衰的真諦。

福特公司20世紀初的願景（使命）：工薪階層都可以買得起車，以便「在上帝賜予的廣袤大地上自由徜徉」。

正是依據此願景（使命），福特發明並大力推廣流水線革命，使單車生產週期從1908年的12個小時，降低到1913年的93分鐘，1925年更是減少到15秒！同時，福特把T型車的售價由1909年的900美元，降低到1914年的440美元、1924年的290美元！此外，1914年，美國非熟練工人的日工資一般為1美元，熟練工人日工資為2.5美元，而福特卻付給工人5美元的日工資。從而奠定了福特公司當時汽車霸主。

在成功地實現了「汽車大眾化」之後，老福特開始沾沾自喜、故步自封。當人們對創造奇跡的T型車黑顏色一成不變抱怨不已時，老福特如此讓步：「汽車是什麼顏色都可以，只要它是黑的。」當自己的兒子帶人開發出V6發動機而要取代傳統的4缸發動機後，老福特到現場繞了幾圈，親手掄起錘子砸個稀爛。老對手通用汽車公司則借機崛起，在20世紀30年代一躍而成為世界第一汽車製造商，把福特公司甩到了身後。面對落后的企業願景（使命）對企業發展的阻礙，福特該採取行動了。

跨入了汽車發展的新時期，福特公司適時地把「比利潤更加重視人和產品，追求品質改善，員工參與，顧客滿足」作為其願景並開始為願景建立徹底的實行體制。

（1）在全公司實施統計的質量管理制度，甚至要求負責人關閉生產不合格產品的生產線。

（2）通過「QI」計劃，將之擴大到零部件供應商。根據品質等級評價和是否實施統計質量管理來選擇供貨商。同時，給商品供應商提供品質教學和技術支持，由此持續地提高質量水平。

（3）制訂員工參與計劃，使現場的員工成為品質改善的核心成員。

　　（4）要求管理者支持現場員工參與計劃，並將之反應到升遷評價之中。

　　（5）引進衛星電視廣播系統，讓員工比從電視或新聞報導更早瞭解公司新聞，從而強化一體感。

　　（6）為了將員工的成果反應到企業的成果中，在汽車行業最先採用利潤分配製度。

　　（7）瞭解顧客需求，讓最高經營者參加與顧客的直接對話，以提高顧客的滿足感。

　　（8）收集顧客對零售商服務質量的評價，並根據評價結果選出最佳銷售商，以會長名義給予表彰。

　　隨著企業的發展，福特汽車公司將自己定位為一個在汽車及汽車相關產品和服務以及其他新興工業如航天、通信、金融服務等領域中的全球性的領導者。其使命就是「要不斷地提高我們的產品和服務以滿足客戶的需求，同時我們作為一家企業要繁榮發展以及給我們的股東和所有者提供合理的回報」。在此指導下福特提出了如下方針：

　　（1）質量第一：為使顧客滿意，我們的產品和服務的質量是必須優先考慮的問題。

　　（2）客戶是我們工作的核心：我們的工作要時刻把客戶牢記心中，要提供比競爭對手更好的產品和服務。

　　（3）持續的改進是我們成功的關鍵：我們必須出色地完成我們所做的每一件事——我們的產品、我們產品的安全性和價值、我們的服務；人際關係；我們的競爭力和我們的盈利水平。

　　（4）職工參與是我們生存的方式：我們是一個團體，必須互相信任和尊敬。

　　（5）分銷商和供應商是我們的夥伴：公司必須與供應商、分銷商和其他合作夥伴保持互利關係。

　　（6）絕不在形象上妥協：在全球的公司的所作所為必須遵循對社會負責、注重優良形象、為社會作貢獻的方式。對男女職工一視同仁，反對種族及信仰歧視。

　　資料來源：網路資料整理。

　　福特公司的發展告訴我們，企業使命和願景對企業的具有重要的指向作用。它還能夠使企業改進勞資關係，促使企業不斷研發新產品，提高企業經營管理的質量和效率。縱覽那些基業長青的公司，都保持著穩定不變的核心價值觀和核心目的，並以此作為核心不變的動力和法則來不斷地適應著變化的外部世界，塑造了令人敬仰的企業文化和偉大的實業。德魯克指出，建立一個明確的企業使命應成為戰略家的首要責任。任何一個企業的使命都是不可度量的，而是對態度、願景和方向的描述。企業使命為企業發展指明了方向，是企業戰略制定的前提和基礎。

　　第1章學習了戰略及戰略管理的基本內容，從本章開始進入戰略管理過程，而戰略管理過程的第一個環節是企業使命、願景與戰略目標的陳述。使命在戰略管理中具有起點地位，它提供了戰略制定的框架和背景。企業採用何種戰略，實際上要從根本上體現企業存在的理由，並朝著企業設定的10~30年的願景目標而努力奮鬥。管理大師德魯克曾經說過：一個企業不是由它的名字、章程和公司條例來定義，而是由它的任務來定義，企業只有具備了明確的任務和目的，才可能制定明確和現實的企業目標。

企業使命的重要性可見一斑。因此，企業在制定戰略之前，首先要明確企業從事什麼業務；其價值觀與行為規範為何；所追求的宗旨是什麼；願景目標如何；規劃期戰略目標是什麼。

2.1　企業使命

2.1.1　企業使命的內涵

使命（Mission），按照《現代漢語辭典》的解釋，就是責任。這種責任是重大的、歷史的、沉澱在血脈之中的。使命是人（不管是自然人還是法人）的存在與否對於其關係人和社會所產生的價值貢獻。具體來講，企業使命是指企業戰略管理者確定的企業生產經營的總方向、總目的、總特徵和總體指導思想。它反應了企業管理者的價值觀和企業力求為自己樹立的形象，揭示了本企業與同行的其他企業在目標上的差異，界定了企業的主要產品和服務範圍，以及企業試圖去滿足的顧客需求。

企業使命是企業的一種根本的、崇高的責任和任務，是對企業目標的構想。換言之，企業使命是企業之所以存在的理由與價值追求。一方面，它是企業「存在理由」的宣言；另一方面，它是企業的價值設計，反應和體現企業的宗旨、核心價值觀和未來方向，企業使命是企業生存的基石。

專欄：著名公司使命

蘋果電腦公司的使命：蘋果公司致力於為全球140多個國家的學生、教育工作者、設計人員、科學家、工程師、商務人士和消費者提供最先進的個人計算機產品和支持。

盛道包裝集團使命：把一流的產品獻給用戶，把永不滿足留給自己，用信心、高技術和競爭力造福於社會，成為中國傑出、全球知名的包裝商。品質至上、奉獻美好使我們擁有未來！

松下公司使命：作為工業組織的一個成員，努力改善和提高人們的社會生活水平，要使家用電器像「自來水」那樣廉價和充足。

2.1.2　企業使命的特徵

（1）導向性

企業使命對企業的生存發展具有導向作用。在確定企業使命時，應確切定義企業，明確說明企業的目標，體現企業的差異化特點，它可以作為評價現實及將來企業各種活動的基準。其重點是樹立發展方向，提供激勵，樹立形象，建立基調和宗旨，指導企業排除某些風險，促進企業成長。

（2）激勵性

企業使命既要表達股東的意志和訴求，又要反應員工的長遠憧憬。有效的企業使命，能夠高屋建瓴，體現企業上下乃至利益相關者的共同利益，能夠喚起員工對企業

的忠誠和熱情,並樂於為之奉獻,認為值得為其付出。使命有利於提高企業的聲譽、強化企業對客戶的吸引力,促進資源所有者的支持,使企業員工產生光榮感、自豪感,從而更加自覺地為實現企業戰略目標而努力工作。

(3) 穩定性

在確立企業使命之前,要群策群力、集思廣益,不可草率行事。但作為企業長遠追求的戰略使命一經確定,不得輕易改動,要維護它的嚴肅性和權威性,使之具有相對的穩定性,不能因為企業內外部環境的變化而隨時變化。除非企業內外環境發生重大變革,企業使命不得不作相應的調整和修正。

經營實踐中正反兩方面的實踐表明,那些基業長青、持續發展的企業,能夠始終堅持其使命,哪怕是在企業最困難的時候,也毫不動搖;反之,那些曇花一現的短壽企業,在使命問題上缺乏定力,漂浮搖擺,他們奉行機會主義哲學,隨波逐流,不能堅守使命,甚或背離初衷,其結果是風光一時,卻不能持續經營。

2.1.2 企業使命的重要性

(1) 為企業的發展指明了方向。企業使命從總體上指引企業的經營方向和發展道路,為企業成員理解企業的各種活動提供依據,確保企業內部對企業目標達成共識;企業使命還能為企業樹立良好的企業形象使企業獲得外部支持。

(2) 企業使命是企業戰略制定的前提,是戰略方案制訂和選擇的依據。企業在制定戰略過程中要根據其使命來確定自己的基本方針、戰略活動的關鍵領域及行動順序等。

(3) 企業使命是企業戰略行動的基礎,是有效分配和使用企業資源的基礎,為企業戰略的實施提供激勵。有了明確的使命,企業才能把有限的資源分配在能實現企業使命的經營事業和管理活動中,而且,企業使命能夠為企業明確經營方向、樹立企業形象、營造企業文化,進而為戰略的實施提供激勵。企業管理要以企業使命為依據,為實現使命而服務。企業使命還能對全體員工的行為起規範作用,規範員工的職業道德、工作作風和發展軌跡。企業使命為社會各界監督企業的活動也起到作用,企業的利益相關者都會以使命為標準對企業實施有效的監督,同時也會促進企業履行自己的使命。

2.1.3 企業使命的構成

企業的使命總體來說包括企業哲學和企業宗旨。企業哲學是企業的價值觀、態度、信念和行為準則,它由企業經營活動中的指導思想、基本觀點和行為準則構成。企業宗旨是企業現在和將來應該從事什麼樣的活動,以及應該成為什麼性質的企業或組織類型的陳述。具體來看,企業使命一般包括以下幾個方面:

(1) 企業經營理念。企業經營理念是指企業的基本哲理、信念、價值觀和抱負,是企業的行動準則,對企業的各種行為具有指導和約束作用,企業可以據此對自己的行為進行自我控制。

(2) 企業目的。企業所要達到的目標是多元性的,有經濟目的、社會目的和其他

目的。從時態上講，企業有當前目的和未來目的。在戰略決策中，企業不能只注重短期目標，而忽視其長期為之奮鬥的目標。在日益激烈變化的市場環境中，企業只有真正關注其長期增長與發展方向，才能長治久安。

（3）企業經營範圍。企業的性質和任務，是由企業的經營範圍決定的。企業的經營範圍涉及三方面的內容：企業經營業務、市場、採用的技術，也就是回答企業是什麼、客戶是誰、客戶需求的價值是什麼等問題。企業經營者應密切關注外界因素的變化，使企業的經營範圍適應社會需求的發展變化。

（4）企業的定位。定位決定地位，佈局決定結局。企業在競爭中，要根據自己擁有的資源，以及所提供產品和服務的市場，客觀地評價自身的優劣條件，進行準確的定位，包括產業定位、市場定位、競爭定位等，這些都是企業確定競爭原則和策略的前提。

（5）公眾形象。企業的公眾形象和市場對企業的整體印象，是企業的表現與特徵在公眾心目中的反應和評價，它取決於滿足公眾對企業期望的程度，以及承擔社會責任的程度。因此，企業要在公眾中樹立起良好的形象，不僅要創造價值、遵紀守法、誠實經營，還應努力滿足公眾期望，盡到自己的社會責任。

（6）利益群體。與企業相關的利益群體，在企業內部有董事會、股東、管理者與職工；在企業外部有客戶、競爭者、供應者、批發商、零售商、銀行、行業協會、政府機構和一般公眾等。企業在從事生產經營活動時，必須充分關切企業內外這些群體的利益訴求，並盡量滿足他們的合理要求。

2.1.4 企業使命陳述

為了使企業的使命能夠清楚明確地傳達給組織內外的相關人士，要進行企業使命陳述。使命陳述（Mission Statement）是對組織壓倒一切的目標的概括性陳述，它可以被理解為對組織存在的理由的表述。如果組織內部或者利益相關者之間對組織的使命上存在重大分歧，那麼在確定組織戰略方向時將會遇到一些真正棘手的問題。

企業使命陳述的主要目的是表達目前企業做什麼，因此，企業使命不一定是越長越好，只要能清楚地表述企業的「有所為，有所不為」便是一個好的使命宣言。不同企業的使命會有一定的差異，有效的使命陳述一般包括以下九個要素：

（1）客戶（Customer）：誰是企業的客戶、他們在哪裡。
（2）產品或服務（Products or Service）：企業的主要產品或服務是什麼。
（3）市場（Markets）：企業在哪些地理和市場範圍競爭。
（4）生存、增長和盈利（Survival, Growth and Profitability）：企業是否努力實現業務的增長和良好的財務狀況。
（5）員工（Employees）：企業是否視員工為寶貴的資產；企業應該如何看待員工。
（6）觀念（Philosophy）：企業用來指引成員的基本價值觀、信念和道德傾向是什麼。
（7）技術（Technology）：企業的生產技術如何，是否是最新的。
（8）公眾形象（Public Image）：企業試圖塑造的大眾形象如何；企業是否對社會、

社區和環境負責。

(9) 自我認知 (Self-concept)：什麼是企業的獨特能力和主要競爭優勢。

成功的企業都有自己明確的使命。

2.2 企業願景

早在20世紀70年代，管理學者就認識到企業使命的確立是企業戰略管理過程的一個重要環節。20世紀80年代后期，尤其是進入20世紀90年代以後，企業經營環境的挑戰使得戰略管理理論研究的重點開始由傳統的經營宗旨制定轉向願景驅動式管理。20世紀90年代的戰略管理理論更加注重強調核心價值觀與宏觀願景目標對企業變革和長期發展的激勵作用。更加注重戰略的未來導向和長期效果，這被視為20世紀90年代以後戰略管理理論發展的一個主流趨勢。如今，人們也更加認識到，願景可以成為企業成功的重要推動力量和持續競爭優勢的重要支撐，同時也是企業戰略變革的重要內生變量。

2.2.1 企業願景的內涵

願景 (Vision) 是對企業未來樂觀而又充滿希望的陳述，是企業為之奮鬥的意願，是「願望」和「遠景」的結合體。願景體現企業的核心價值觀和戰略使命，並為企業發展提供動力。彼得．德魯克認為，企業要思考三個問題：我們的企業是什麼；我們的企業將是什麼；我們的企業應該是什麼；這三個問題集中起來體現了企業的願景。

企業願景明確界定企業在未來是什麼樣子，對其「願望」的描述主要是從企業對社會的影響力、貢獻力，在市場或行業中的排位，以及與企業利益相關群體之間的經濟關係來陳述的。

企業發展過程中，儘管經營實踐活動總是根據外部市場環境和內部情況的變化而不斷地進行調適，但其核心價值觀或核心經營理念卻應當始終堅守。一個有效的願景，其邏輯結構應包括兩個主要成分：企業的核心經營理念和生動的未來前景。

(1) 企業的核心經營理念

「核心經營理念」界定了我們的主張是什麼以及我們為什麼存在。在企業成長、分權、實行產品多元化、全球擴展的過程中，核心經營理念是一種自始至終把組織聚合起來的粘合劑。事實上，核心經營理念表達了組織長期保持競爭優勢的基本原則，超越了產品或行業的壽命週期、技術突破和管理嬗變，具有經久不衰的特徵，是組織得以持續經營的基礎，對企業戰略具有持久而重大的影響。核心經營理念實際上就是企業的使命。

(2) 生動的未來前景

生動的未來前景是組織渴望創造、渴望實現的東西，是需要經過明顯的變革與發展、花大力氣才能獲得的東西。生動的未來前景包括兩個部分：其一是若干年（通常是10~30年）后可實現的終極目標，如在某件事上做得最好，或在某個方面做得最好

或者成為最大；其二是對實現目標后生動、形象、獨特的描述。因此它是有形的、激動人心的、令人向往的、鼓舞士氣的，且又是易於理解、無須解釋的。

目標遠大的公司經常使用未來展望作為促進進步的一種特別有效的手段。一個有效的發展藍圖具有強大的吸引力，人們會不由自主地被它吸引，並全力以赴地為之奮鬥。此外，成功企業的願景，即超越企業發展的現狀卻又不過分。因為不切實際的目標並不能說服企業的員工為之奮鬥，反而會挫傷大家的積極性。

2.2.2 建立企業願景的意義

願景是企業制定戰略不可或缺的因素。願景幫助企業管理者審視企業發展的方向，以解答問題的方式明確企業發展的方針。一個精心構思、恰當表述的企業願景，將為企業帶來如下作用：

（1）團結。企業願景可以加強員工對企業的歸屬感和認同感；同時，被企業全體成員接受的願景，還能起到激勵員工工作熱情和團隊協作的作用，使之能夠更好地實現企業的整體目標。

（2）激勵。一個美好的願景不僅能夠激發人們強大的凝聚力和向心力，還能產生偉大的感召力，激發員工挖掘內在的潛力。願景和現實之間的張力，可以為企業提供寶貴的動力和活力，這是每個企業都孜孜以求的。同時，願景向企業提供新機會的方向，使企業認識到未來機會，根據願景制定戰略，並為企業培養和強化核心能力提供指導。

（3）合作。願景是企業和合作夥伴建立聯繫的有力工具，是企業與外部利益集團進行交流的最好形式之一，它使外部利益集團能瞭解企業發展的設想和努力的方向，因而能更實際的支持企業的活動。

國內外企業願景和使命介紹如表 2-1 所示。

表 2-1　　　　　　　　　　　國內外企業願景、使命介紹

	願景	使命（宗旨）
花旗集團	一家擁有最高道德行為標準、可以信賴、致力於社區服務的公司	致力於為消費者提供各種金融服務
中國移動	成為卓越品質的創造者	創無限通信世界 做信息社會棟梁
華電集團	建設以電為主的國內一流能源集團	創造更大的經濟、社會、人文價值
大唐集團	成為國際一流的能源企業	提供清潔電力，點亮美好生活
華為公司	豐富人們的溝通和生活	聚焦客戶關注的挑戰和壓力，提供有競爭力的通信解決方案和服務，持續為客戶創造最大價值
中國石化	「建設具有較強國際競爭力的跨國能源化工公司」——我們以建設世界一流企業為目標	「發展企業、貢獻國家、回報股東、服務社會、造福員工」——尊重並維護利益相關者的權利

2.2.3 建立企業願景應該遵循的基本原則

願景是企業發展的階段性理想，是企業期望達到的中長期戰略目標與發展藍圖。隨著時間的推移以及企業內外部環境條件的變化，企業進入新的發展階段，企業願景也需要重新設定，以新的目標引導企業走向新的成功。企業願景的建立要突出「五個超越」：超越現有資源、超越內部優勢、超越企業現金財務局限、超越既定關鍵技能的局限、超越企業內部成功的程序規則。具體來說，企業願景應遵循以下基本原則：

（1）宏偉

一個願景要能夠激動人心，不能是普通的和平凡的，而必須具有神奇色彩。要能夠超越人們所設想的「常態」水準，體現出一定的英雄主義精神。大多數人是為了一種意義而活著，並追求自我實現。遠大的組織願景一旦實現，便意味著組織中個人的一種自我實現。因此，願景規劃的真正意義在於，通過確立一種組織自我實現的願景，將它轉化為組織中每個人自我實現的願景。而要達到自我實現，願景必須宏偉。

（2）振奮

表達願景的語言必須振奮、熱烈、能夠感染人。人是有感情的動物，只有用熱烈的語言才能激發起人們的情感力量，它應當鼓舞人心。共同願景越令人振奮，就越能激勵員工，影響他們的行為。願景規化給人鼓勵，它為人們滿足重要需求、實現夢想增添了希望。

（3）清晰

願景還必須清晰、逼真、生動。願景是一種生動的景象描述，如果不清晰，人們就無法在心目中建立一種直覺形象，鼓舞和引導的作用也難以發揮。例如，亨利·福特的「使汽車大眾化」，就非常形象生動。福特還進一步表達了他的願景，「我要為大眾生產一種汽車，它的價格如此之低，不會有人因為薪水不高而無法擁有它，人們可以和家人一起在上帝賜予的廣闊無垠的大自然裡陶醉於快樂的時光。」

（4）可實現

願景「宏偉」的原則並不意味著願景的規劃必須十分誇張。相反，只有可實現的「宏偉」才有意義。因為願景不是單純為了激發想像力，而是激發堅定的信念，願景如果不能被認為是可實現的，就不可能有堅定信念的產生。

2.3　企業戰略目標

在確定了使命和願景之後，企業要著手建立自己的戰略目標。戰略目標是企業使命的具體化，是企業追求的較大目標。戰略目標指明公司的未來業務和公司前進的方向，可為公司提出一個長期的發展方向，使整個組織對一切行動都有一種目標感。企業使命比較抽象，而戰略目標比較具體。戰略目標是連結戰略理念和特定戰略的關鍵紐帶。在制定企業戰略之前，首先要明確組織的戰略目標，在此基礎上才能更大程度實現其目標，最終達到實現企業使命和最大程度實現企業願景。

2.3.1 戰略目標的含義

企業的戰略目標就是根據企業使命，戰略理念和經營方針而規定的在一定期限內應當取得的預期成果。戰略目標包括一定期間內必須達到一定水準的經營目標。戰略目標突出的是與戰略業績有關的結果領域，它包括：提高公司的市場份額；擁有比競爭者更短的從設計到市場的週期；公司產品的質量比競爭對手更高；和關鍵的競爭對手相比，公司的總成本更低；產品線比競爭對手更寬或者更有吸引力；在顧客心目中擁有比競爭對手更強大的形象；卓越的顧客服務；地理覆蓋面比競爭對手更廣；被公眾認為是技術和產品創新方面的領導者；顧客滿意度水平比競爭對手更高。

正確合理的戰略目標，對企業的經營具有重大的引導作用，它是企業制定戰略的基本依據和出發點。基於涉及時間的長短，企業的戰略目標可以分為中長期和短期目標；基於所涉及的範圍，戰略目標又可以分為總體戰略目標和經營單位戰略目標。

企業願景與戰略目標都是對企業未來期望的描述，但兩者的差異是明顯的，表現為：

（1）目的不同

企業願景是為了使企業的所有利益相關者都知曉「我們將成為什麼」的前景，是對組織成員的一種承諾，使人們向往實現目標後的利益；然而，戰略目標更多的時候帶有指令性色彩，他明確告訴成員某一項戰略決策在什麼時間能夠達到什麼樣的結果。

（2）影響度不同

企業願景根植於企業使命之中，能夠喚起企業利益相關群體的期望。願景讓大家明瞭，他們的所作所為不僅僅是向客戶提供產品或服務，追求的也不僅僅是經濟目標，而是追求比利潤或其他經濟指標更高遠、更宏大的目標，使大家能夠從中體會到工作的意義和價值。

2.3.2 戰略目標的特點

企業戰略目標需要根據企業願景選定目標參數，簡要說明需要在什麼時間、以怎樣的代價、有哪些人員完成哪些工作並取得怎樣的結果。這樣才能為企業的有序經營指明方向，為業績評估與資源配置提供標準和依據。

戰略目標是企業戰略意圖的具體體現，因而是設定的而不是推算出來的。但是，設定並不意味著隨意。為了使戰略目標真正發揮應有的作用，它應具備以下特徵：

（1）可測量性

戰略目標應該是具體的、可度量和可檢測的。因此，戰略目標應盡量用數據表達，盡量有明確的時限，具體說明將在何時達到何種結果。如三年內占領電腦行業35%的市場份額等。量化的戰略目標具有便於分解為目標體系、便於檢查評價控制、便於動員激勵員工等好處。

當然，也有很多目標難以數量化。一般的，時間跨度越長、戰略層次越高的目標，越具有模糊性，也就越難以量化。對於這樣的目標，應當盡可能對要達到的程度做準確的界定。一方面，明確實現目標的時間；另一方面，說明工作的特點。只有這樣，

戰略目標才會變得具體而有實際意義。

(2) 可操作性

當制定企業戰略目標時，必須從實際出發，在全面分析企業內外部環境的基礎上，判斷企業經過努力所能達到的程度。戰略目標必須是引領性和可行性的有機結合，既不能脫離實際將目標定的過高，也不可把目標定的太低，要在可行性和挑戰性之間建立平衡。過高的目標讓人感到不切實際，難以讓員工接受，還會挫傷員工的積極性，使組織成員失去信心，甚至導致企業資源的浪費；反之，過低的目標會使組織滋生惰性，使企業的優勢資源失去活性。此外，若目標不具有挑戰性，則容易被員工忽視，非但不能起到激勵引領的作用，更嚴重的是可能導致市場機會尤其是重大戰略機會的喪失。

(3) 系統性

戰略目標是企業的整體目標。企業是在開放環境下運行的組織，戰略目標的制定必須建立在實事求是地對內外部環境進行分析和預測的基礎上，應該根據整體目標的要求，制定出一些列相應的分目標。這些分目標之間，以及分目標和總目標之間，應該具有內在的相關性，並形成一個完整的、相互配套的目標體系。

從時間上看，企業發展的不同階段都會有不同的戰略目標，戰略目標起著承上啟下的作用。一方面，是對核心價值觀、願景和使命的具體化細化和量化；另一方面又指導經營目標。換言之，經營目標必須服從並體現戰略目標。戰略目標對企業有很多益處，包括指明方向、促進協同、幫助評價、明確重點、降低不確定性、減少衝突、激勵員工，以及有助於資源配置和戰略實施中的方案設計等。

2.3.3　戰略目標的內容

戰略目標是企業使命和願景的具體體現，其主要內容包括：在行業中的領先地位、企業規模、競爭能力、技術能力、市場份額、銷售收入和盈利增長率、投資收益率以及企業形象等。

戰略目標是多元的，既包括經濟目標，也包括非經濟目標。這裡，非經濟目標主要涉及：商譽、客戶滿意度、員工忠誠度、企業受尊敬程度、對產業、民族的貢獻度、與社區、行業、公眾、環境、生態的和諧度、業界影響力、創新能力、核心競爭力、可持續發展能力、機會份額（而不是市場份額）、戰略柔性、員工生涯規劃（學習與成長）等。德魯克在《管理實踐》中提出了八個關鍵領域的目標：市場方面的目標，技術改進和發展方面的目標，提高生產力方面的目標，物資和金融資源方面的目標，利潤方面的目標，人力資源方面的目標，職工積極性發揮方面的目標。

戰略目標會因企業使命的不同而不同，決策者應從以下幾個方面考慮企業戰略目標的內容。

(1) 獲利能力

任何企業在其長期生產經營中，都追求一種滿意的利潤水平，企業一般都有自己明確的利潤目標。企業戰略的成效，首先表現為企業的盈利水平，通常以利潤、資產報酬率、所有者權益報酬率、每股平均收益、銷售利潤率等指標來表示。

(2) 市場競爭地位

大多數企業喜歡根據其銷售總量或市場佔有率來評價自己在增長和獲利方面的能力。可以說，市場競爭地位是衡量業績好壞的一個重要標準。企業在市場競爭中相對地位的提高，是企業戰略追求的重要目標。常用的指標有市場佔有率、總銷售收入、產品質量名次、企業形象地位等。

(3) 生產能力

在市場環境相對有利的前提下，企業提高單位產出水平是增強獲利能力的一種方法。為此，企業在設定生產能力的目標時，需要改進投入和產出關係，制定出每單位投入所能生產的產品或提供服務的數量；同時，企業還可以根據降低成本的要求，制定生產能力目標。提高生產效率是企業又一個重要的戰略指標。常用指標有投入產出比率、年產量、單位產品成本等。

(4) 財務狀況

財務狀況是企業經營實力和運行能力的綜合表現，通常以資本總量、資本構成、新增股份、現金流量、流動資本、紅利償付、固定資產、資金週轉率等指標來表示。

(5) 產品結構

合理的產品結構是企業生存發展的重要基礎。常用指標有新產品的銷售額占企業總銷售收入的比率、新產品開發數、淘汰產品數等。

(6) 技術水平

在知識經濟時代，技術作為重要的生產力因素，對經濟增長的貢獻日益突出。企業的技術水平，關係到企業在市場中的競爭地位，進而關係到企業的戰略選擇。因此，許多企業把技術領先作為自己長期追求的目標。企業在戰略目標中，常常規定在戰略期內企業技術水平的改善和提高。常用指標有技術創新項目的個數、專利數量、國產化率等。

(7) 人力資源發展

企業發展的推動力量來自企業的人力資源，人力資源水平的高低取決於企業職工素質的高低。因此，人力資源開發已成為企業戰略必須列入的目標。常用指標有戰略期內培訓費用的多少、培訓人員數量、技術人員比率、高水平技術人員的增加率、職工技術水平的提高率等。

(8) 企業發展

企業在戰略期內的成長與發展，是企業戰略的重要目標。常用指標有生產規模的擴大率、生產能力的增加率、生產自動化水平的提高率、節能減排水平、可持續發展能力、品牌、商譽、影響力等。

(9) 職工福利

員工對企業的忠誠度與組織承諾是企業競爭能力的重要因素。在長期計劃中，高層管理者應當奉行「以人為本」的核心理念，充分考慮員工的利益訴求和價值體現，將改善員工生活、提高福利待遇作為企業戰略目標的重要組成部分。常用指標有員工薪酬在同行業中的競爭力、人均工資水平的提高率、員工健康狀況、員工滿意度、人員流動比率等。

(10) 社會責任

現代意義上的企業，必須認識到自己肩負的社會責任。社會責任要求企業承擔有利於社會長遠目標的義務，而不僅僅是履行法律和經濟意義上的義務。社會責任反應企業對社會的貢獻狀況，常用指標有環境保護、節約能源措施、對社會和社區各項事業的支持等。

企業並不一定在以上所有領域、所有方面都制定目標，戰略目標也並不局限於以上十個方面。企業決策者應找出對本企業發展最關鍵的指標作為企業的戰略目標。

本章小結

1. 企業使命是指企業戰略管理者確定的企業生產經營的總方向、總目的、總特徵和總體指導思想。企業使命具有導向性、激勵性、穩定性的特徵；企業使命為企業指明了發展方向、企業使命是企業戰略制定的前提、是企業戰略行動的基礎。企業使命一般包括：企業經營理念、企業目的、企業經營範圍、企業定位、公眾形象、利益群體等。

2. 企業願景是對企業未來樂觀而又充滿希望的陳述，是企業為之奮鬥的意願，是「願望」和「遠景」的結合體。企業願景包括企業的核心經營理念和生動的未來前景；企業願景能夠為企業帶來團結、激勵、合作等作用；建立企業願景應該遵循宏偉、振奮、清晰和可實現的原則。

3. 企業的戰略目標就是根據企業使命、戰略理念和經營方針而規定的在一定期限內應當取得的預期成果。企業戰略目標具有可測量性、可操作性、系統性等特點。戰略目標的內容包括：獲利能力、市場競爭地位、生產能力、財務狀況等方面。

思考題

1. 企業使命的樹立有何意義？企業使命陳述一般包括哪些要素？
2. 企業願景的內涵及意義是什麼？建立企業願景應遵循的原則是什麼？
3. 什麼是企業的戰略目標？企業戰略目標有何特點？其內容是什麼？

3 企業外部環境分析

學習目標：

1. 掌握 PEST 模型來分析模型，並會用它分析宏觀環境中的各種影響因素；
2. 會分析行業生命週期不同階段的特點；
3. 利用波特的五因素模型識別競爭力量來源；
4. 理解戰略集團的概念以及意義。

案例導讀

星巴克的宏觀環境分析

企業的宏觀環境給企業帶來了發展機會，同時也帶來了挑戰，它對於企業的戰略決策具有很大影響。一個成功的企業需要不斷地調整自己以適應環境，對環境中尚未滿足的需要和趨勢做出反應並創造出新的盈利模式，因此，對環境進行分析以把握環境中出現的機會對企業的發展至關重要。下面我們將對星巴克所處的宏觀環境進行分析。

一、政治環境（Polity）

政治環境包括一個國家的國際關係、社會制度、執政黨的性質、政府的方針、政策、法令等幾個方面。

第一，作為美國企業的星巴克在中國的經營必然受到中美關係的影響。如果中美的關係長期發展不好，那麼星巴克不可能在中國有很好的發展。隨著中國經濟以及綜合國力的上升，美國已逐漸改變了對中國的態度，從長遠的發展來看，中美關係將不斷改善，合作發展的前景廣闊，這為星巴克在中國的擴張奠定了很好的國際關係背景。中國是國際貿易組織的成員國，這為星巴克的經營創造了有利的條件，可以在國際貿易組織的體制下更好地降低經營成本，為其帶來更好的利潤回報。

第二，中國的法律體系正在走向完善。中國在專利保護、打擊不正當競爭以及保護消費者權益等方面的制度正在不斷完善。這為星巴克的發展創造了很好的法律保障。

二、經濟環境（Economic）

第一，中國還處於發展中國家的起飛階段，經濟發展迅速，國民收入以及居民可支配收入都在提高，居民的消費水平也在提高，這給星巴克創造了一個不斷增長的市場。

第二，政府正在啟動一系列政策來刺激國內的消費，消費重新成為帶動經濟發展的重要因素。消費的不斷增長以及國家拉動內需政策的實施給給星巴克的發展帶來了

巨大的潛在目標市場。

三、社會環境（Social）

任何企業都處於一定的社會環境之中，一個企業的經營活動也必然受到社會環境的影響與制約。社會環境是指在一種社會形態下形成的價值觀念、道德規範、風俗習慣等的總和。

第一，中國有著悠久的歷史文化，深受儒家文化的薰陶，這種文化也深深影響著中國人的為人處事以及道德價值觀，強調人與人之間的「和諧」。星巴克的核心價值在於為人們帶來人性的善和至誠的相親相熟，所以它強調環境與咖啡同樣重要，這種追求人際關係和諧的價值觀，容易被長期受儒家文化影響的中國人接受。

第二，中國從近代以來就開始接受西方文化，形成了強大的文化包容性，特別是中國在改革開放以後，中國和西方的交流就更多，尤其是年輕人追求西方的生活方式，這種文化的開放性以及對西方文化的嚮往使代表著美國文化的星巴克更易讓我們接受。

四、技術環境（Technology）

第一，與咖啡相關的技術在中國還是比較落後的，無論是咖啡豆的烘焙技術還是咖啡成品的過濾技術，這都為掌握先進咖啡技術的星巴克贏得了很好的優勢，為其在中國宣傳咖啡文化打下了良好的技術基礎。

第二，星巴克充分運用了 IT 技術為顧客提供更好的體驗行銷。店面裡無線數據接口不僅為顧客提供了方便，而且借助網路很好地宣傳了自己的咖啡文化。

資料來源：http://www.chinavalue.net/Wiki/ShowContent.aspx?TitleID=437214
http://zhidao.baidu.com/question/304015874.html

外部環境分析對企業的成功至關重要。星巴克正是因為深入透澈地分析了自身所處的環境，並把握住了環境中所出現的發展機會而獲得成功的。企業外部環境分析是企業戰略管理的基礎，只有充分認識影響企業戰略的政治、經濟、社會、科技等外部環境的基礎上，企業才能制訂出能有效應對外部環境不確定性的戰略方案。企業的外部環境是指存在於企業外部的、影響企業經營活動及其發展的各種客觀因素與力量的總和。企業外部環境分析，分為宏觀環境分析和產業環境分析。其中，產業環境分析重點包括行業生命週期分析、產業結構分析和戰略群組分析。

3.1 宏觀環境分析

一般來說，宏觀環境因素可以分為四類：政治與法律環境、經濟環境、社會文化環境和技術環境，即 PEST（Political, Economic, Social, Technology）。這四方面因素與企業的生存發展有著密切的聯繫，並對企業產生重大影響。對企業宏觀環境進行分析，就是要對上述因素進行調查分析，預測其發展趨勢，掌握其發展動向。

3.1.1 宏觀環境分析的內容

（1）政治與法律環境

政治與法律環境是指一個國家或地區的政治制度、體制、方針政策、法律法規等。這些因素常常制約、影響企業的經營行為，尤其是影響企業較長期的投資行為。它規定了企業可以做什麼、不可以做什麼，同時也保護企業的合法權益和合理競爭，促進公平交易。

政治環境的主要分析要素包括國內的政治環境和國際的政治環境。國內的政治環境包括政治制度、政黨和政黨制度、政治性團體、黨和國家的方針政策、政治氣氛。國際政治環境主要包括國際政治局勢、國際關係、目標國的國內政治環境。比如，改革開放的政策對中國經濟和企業發展的意義非常明顯，加快西部大開發的政策，鼓勵了國內企業向西部投資，同時也吸引國外資本前來投資。即使在市場經濟較為發達的國家，政府對市場和企業的干預似乎也有增無減，比如在最低工資限制、勞動保護、社會福利等方面的干預。

法律環境的主要分析因素為：①法律規範，特別是和企業經營密切相關的經濟法律法規，如《公司法》《中外合資經營企業法》《合同法》《專利法》《商標法》《稅法》《企業破產法》等。②國家司法執法機關。在中國主要有法院、檢察院、公安機關以及各種行政執法機關。與企業關係較為密切的行政執法機關有工商行政管理機關、稅務機關、物價管理機關、計量管理機關、技術質量管理機關、專利機關、環境保護管理機關、政府審計機關。此外，還有一些臨時性的行政執法機關，如各級政府的財政、稅收、物價檢查組織等。③企業的法律意識。企業的法律意識是法律觀、法律感和法律思想的總稱，是企業對法律制度的認識和評價。企業的法律意識，最終都會物化為一定性質的法律行為，並造成一定的行為后果，從而構成每個企業不得不面對的法律環境。④國際法所規定的國際法律環境和目標國的國內法律環境。法律法規既保護企業的正當權益，同時也監督和制約了企業的行為，比如，美國的反托拉斯法案，中國的《反不正當競爭法》等。

（2）經濟環境

所謂經濟環境是指構成企業生存和發展的社會經濟狀況和國家經濟政策。社會經濟狀況包括經濟要素的性質、水平、結構、變動趨勢等多方面的內容，涉及國家、社會、市場及自然等多個領域。國家經濟政策是國家履行經濟管理職能，調控國家宏觀經濟水平和結構，實施國家經濟發展戰略的指導方針，對企業經濟環境有著重要的影響。企業的經濟環境主要由社會經濟結構、經濟發展水平、經濟體制和宏觀經濟政策四個要素構成。

社會經濟結構指國民經濟中不同的經濟成分、不同的產業部門和社會再生產各個方面在組成國民經濟整體時相互的適應性、量的比例及排列關聯的狀況。社會經濟結構主要包括五個方面，即產業結構、分配結構、交換結構、消費結構、技術結構，其中最重要的是產業結構。經濟發展水平是指一個國家經濟發展的規模、速度和所達到的水準。反應一個國家經濟發展水平的常用指標有國內生產總值、國民收入、人均國

民收入、經濟發展速度、經濟增長速度等。經濟體制是指國家經濟組織的形式。經濟體制規定了國家與企業、企業與企業、企業與各經濟部門的關係，並通過一定的管理手段和方法，調控或影響社會經濟流動的範圍、內容和方式等。經濟政策是指國家、政黨制定的一定時期國家經濟發展目標實現的戰略與策略，它包括綜合性的全國經濟發展戰略和產業政策、國民收入分配政策、價格政策、物資流通政策、金融貨幣政策、勞動工資政策、對外貿易政策等。

因此，企業的經濟環境分析就是要對以上的各個要素進行分析，運用各種指標，準確地分析宏觀經濟環境對企業的影響，從而制定出正確的企業經營戰略。需要強調的是，宏觀經濟環境往往是通過微觀經濟環境具體地對企業發生作用。所以，企業對宏觀經濟環境的感覺和認知在時間和空間上存在一定距離，由此造成的結果是當宏觀經濟環境條件發生的變化已逐步被企業經營者覺察時，可能早已錯過良機，甚至某種不利的經濟形勢早已「兵臨城下」，使企業只能被動應付。比如，中國改革開放初期，有的企業抓住了機遇，而有的企業則在等待政府政策的進一步明晰而喪失了發展的機會。

(3) 社會文化環境

社會文化環境包括一個國家或地區的社會性質、人們共享的價值觀、人口狀況、教育程度、風俗習慣和宗教信仰等各個方面。從影響企業戰略制定的角度來看，社會文化環境可分解為文化、人口兩個方面。

人口因素對企業戰略的制定有重大影響。人口總數直接影響著社會生產總規模；人口的地理分佈影響著企業的廠址選擇；人口的性別比例和年齡結構在一定程度上決定了社會需求結構，進而影響社會供給結構和企業生產；人口的教育文化水平直接影響著企業的人力資源狀況；家庭戶數及其結構的變化與耐用消費品的需求和變化趨勢密切相關，因而也就影響到耐用消費品的生產規模等。對人口因素的分析可以使用以下一些變量：離婚率、出生和死亡率、人口的平均壽命、人口的年齡和地區分佈、人口在民族和性別上的比例變化、人口和地區在教育水平和生活方式上的差異等。比如，目前許多國家人口趨於老齡化，中國的這種趨向也非常明顯，老年人市場正在逐步擴大，老年人的消費能力也在逐漸增強，因此，企業應當認真研究老年市場。

文化環境對企業的影響是間接的、潛在的和持久的，文化的基本要素包括哲學、宗教、語言與文字、文學藝術等，它們共同構築成文化系統，對企業文化有重大的影響。哲學是文化的核心部分，在整個文化中起著主導作用。中國的傳統哲學基本上由宇宙論、本體論、知識論、歷史哲學及人生論（道德哲學）五個方面構成，它們以各種微妙的方式滲透到文化的各個方面，發揮著強大的作用。宗教作為文化的一個側面，在長期發展過程中與傳統文化有密切的聯繫，在中國文化中，宗教所占的地位並不像西方那樣顯著，宗教情緒也不像西方那樣強烈，但其作用仍不可忽視。語言文字和文化藝術是文化的具體表現，是社會現實生活的反應，它對企業職工的心理、人生觀、價值觀、性格、道德及審美觀點的影響及導向是不容忽視的。

(4) 技術環境

技術環境指企業所在的地區或國家的技術水平、技術政策、新產品開發的能力以

及技術發展動向等。一個企業不但要關注那些引起時代革命性變化的發明，而且還要關注與企業生產有關的新技術、新工藝、新材料的出現和發展趨勢及應用前景。像經濟環境一樣，技術環境變化對企業的生產和銷售活動有直接而重大的影響，尤其是在面臨原料、能源嚴重短缺的今天，技術往往成為決定人類命運和社會進步的關鍵所在。同時，技術水平及其產業化程度高低也是衡量一個國家和地區綜合力量和發展水平的重要標志，如美國高技術產業在國內生產總值中的比重已經超過60%。與經濟因素不同的是，技術是一種創造性破壞因素；或者說，當一種新技術給某一行業或某些企業帶來增長機會的同時，可能對另一行業形成巨大的威脅。例如，晶體管的發明和生產嚴重危害了真空管行業；電視的出現使電影業受到沉重打擊；高性能塑料和陶瓷材料的研製與開發嚴重削弱了鋼鐵業的獲利能力；等等。

技術的發明和進步不僅影響行業的生存和發展，而且也影響多數企業具體的生產和銷售活動，因此世界上成功的企業無一不對新技術的採用予以極大的重視。技術的變革在為企業提供機遇的同時，也可能對它形成威脅，因此，技術進步對企業來說是一把雙刃劍。一方面，技術進步為企業創造了機遇。表現在：第一，新技術的出現使得企業可以開拓新的市場和新的經營範圍；第二，技術進步可能使得企業通過利用新的生產方法、新的生產工藝、新材料等多種途徑生產出高質量、高性能的產品，同時也可能使得產品成本大大降低。另一方面，新技術的出現也使企業面臨新的挑戰。技術進步使社會對企業產品和服務的需求發生重大變化，技術進步對某一個企業形成了機遇，也可能會對另一個企業形成威脅，一項新技術的出現有時會形成一個新工業部門，但同時也會摧毀另一個落後的工業部門。如日本的電子手錶工業嚴重威脅了瑞士手錶王國的地位；化工行業提供了新型的化纖織品，奪走了傳統棉毛織品行業很大的一塊市場；在中國城鎮，液化氣、管道天然氣的日益普及將使家用煤製品行業受到很大的衝擊。所以企業在選擇戰略方向時，必須考慮現有的技術環境及其變化趨勢。一個國家經濟增長的快慢，受技術創新的數量與程度的影響，一個企業盈利情況也與研究、開發費用密切相關。當今世界跨國公司發展的一個重要特徵是增加了研究與開發費用的投入，在世界一些著名企業如通用汽車公司、沃爾瑪公司、奔馳公司、西門子公司等，都可以看到這一趨勢。

技術環境是企業決定戰略方向時需要考慮的問題。技術創新是當代企業最主要的職能戰略之一，它在一定程度上決定了企業的戰略方向與生存能力，技術進步必將成為未來企業制勝的一大法寶，只有那些形成了以企業為中心的技術創新體系、高度重視技術開發投入的產業，才能積極尋找到新的市場，開拓出新的市場。

3.1.2　企業宏觀環境分析方法

一般來說，宏觀環境分析可以按照以下步驟展開：

（1）掃描

掃描即確定分析範圍。環境分析第一步的任務是對所研究問題的有關領域進行掃描式觀察，試圖發現可能影響到未來的變化徵兆或事件。對一般環境因素的敏感性分析也屬於掃描的一部分。從時間的角度看，掃描的範圍不僅要包括近年來發生的變化，

也應該包括那些很早以前發生的、然而對今後還會發生影響的變化。以技術環境研究為例，如果一項在20年以前取得的技術成果還未過時，這一事件就應該被納入分析人員的視野。

（2）監測

監測即觀察分析過去和現在所發生的變化及其規律與趨勢。這一步驟的任務是對掃描分析中發現的變化進行連續監測，從中識別出變化的規律或是持續性的發展趨勢。讓我們繼續前面的技術環境例子。這項20年以前問世的技術成果可能一直被不斷改善、在不斷發展，並且在改進的過程中又遇到了新問題，那麼持續改善的內容有哪些？這些內容之間的相互聯繫預示著什麼？尚未克服的困難又有哪些？這些問題都應該通過監測分析來回答。

（3）預測

預測即對事物在未來可能的變化做出推斷。在人們已經準確地認識到事物發展規律的前提下，描述出事物的未來形態不算困難，只可惜這樣的情況並不多見。在更多的情況下，為制定戰略決策而進行的預測是通過綜合各種專家意見得出的，預測的結果也並不唯一，而是要列舉出各種可能發生的變化，甚至包括一些沒有先例的變化。

（4）評估

在做出預測之後，還要評估事物未來的變化對企業會產生哪些影響。一般說來，任何事物對企業的影響都是雙重的，既存在有利的一面，也存在不利的一面。比如顧客需求的變化可能使企業的市場空間迅速擴大，而這又會吸引更多的企業加入競爭者的行列。從某種意義上講，機遇和威脅只是同一事物的兩個方面，當我們認識到事物的全部影響時，威脅也會被轉化成為發展的機遇。

如果只是片面地看到事物的變化的有利一面，那麼機遇也不過是一個誘人的陷阱而已。外部因素評價矩陣（External Factor Evaluation Matrix，簡稱EFE矩陣）提供了一種很好的評估方法。外部因素評價矩陣是一種對外部環境進行分析的工具，其做法是從機會和威脅兩個方面找出影響企業未來發展的關鍵因素，根據各個因素影響程度的大小確定加權係數，再按企業對各關鍵因素的有效反應程度對各關鍵因素進行評分，最後算出企業的總加權分數。通過EFE矩陣，企業就可以把自己所面臨的機會與威脅匯總來描述出企業的全部吸引力。

EFE矩陣建立步驟如下：

（1）列出在外部分析過程中確認的關鍵因素。因素總數在10~20個之間；因素包括影響企業和所在產業的各種機會與威脅；首先列舉機會，然後列舉威脅；盡量具體，可能時採用百分比、比率和對比數字。

（2）賦予每個因素以權重。數值由0（不重要）到1（非常重要）；權重反應該因素對於企業在產業中取得成功的影響的相對大小；機會往往比威脅得到更高的權重，但當威脅因素特別嚴重時也可得到高權重。確定權重的方法：對成功的和不成功的競爭者進行比較，以及通過集體討論而達成共識；所有因素的權重總和必須等於1。

（3）按照企業現行戰略對關鍵因素的有效反應程度為各關鍵因素進行評分，分值範圍1~4。4代表反應很好，3代表反應超過平均水平，2代表反應為平均水平，1代

表反應很差。評分反應了企業現行戰略的有效性，因此它是以公司為基準的。步驟 2 的權重是以行業為基準的。

（4）用每個因素的權重乘以它的評分，即得到每個因素的加權分數。

（5）將所有因素的加權分數相加，以得到企業的總加權分數。無論 EFE 矩陣包含多少因素，總加權分數的範圍都是從最低的 1.0 到最高的 4.0，平均分為 2.5。高於 2.5 則說明企業對外部影響因素能做出反應。EFE 矩陣應包含 10~20 個關鍵因素，因素數不影響總加權分數的範圍，因為權重總和永遠等於 1。EFE 矩陣的應用如表 3-1 所示。

表 3-1　　　　某移動增值服務公司外部因素評價矩陣分析

關鍵外部因素	權重	評分	加權分數
機會			
1. 移動增值服務市場增長迅速	0.10	3	0.30
2. 年輕人不斷增加的消費能力	0.05	4	0.20
3. 人們花在交通、參加會議等上的時間增加	0.10	2	0.20
4. 3G 網路將提供更多市場空間	0.05	1	0.05
5. 內容提供商大量湧入	0.05	2	0.10
6. 納斯達克上市提供了更多的資金支持	0.10	4	0.40
威脅			
1. 移動營運商的產業鏈延伸	0.20	2	0.40
2. 內容提供商的產業鏈延伸	0.05	3	0.15
3. 社會輿論對資費陷阱和不良信息的反感	0.15	2	0.30
4. 技術發展導致的技術門檻降低	0.10	1	0.10
5. 海外上市導致的管理成本上升	0.05	3	0.15
總計	1.00		2.35

從表 3-1 可以看出，該企業的總加權得分為 2.35，低於 2.5 的平均分，這說明，該公司在利用機會，抵消外部威脅不良影響方面，並不是做得最好。

3.2　產業結構狀況分析

3.2.1　產業生命週期分析

當企業創造了某種新的產品或服務並能夠滿足一部分顧客的需要的時候，市場就產生了。在這裡，我們將對某種產品或服務有購買慾望的顧客的集合稱之為市場。與此同時，為市場提供相同或相似產品或服務的產業也誕生了。因此，與市場相對應，

我們將提供某種相同或相似產品或服務的企業的集合稱之為產業或行業。

一個企業是否有長期發展的前景，同它所處的產業或行業的性質關係很大。處於快速發展的行業，對任何企業都有吸引力；反之，處於衰退期的行業，企業發展就會舉步維艱。如煤炭行業處於生命週期的衰退與調整期，企業選擇投資於該行業，如果沒有對關鍵技術、關鍵流程或是產品進行一定的技術改造與創新，那麼企業很可能因為整個行業的不景氣而失敗。

各產業的發展都有其固有的特點和特別的制約因素，但無論哪個產業都有一些較為明顯的約束條件制約並影響著其產業的發展。第一是市場需求，沒有顧客，一切都是空談。市場需求具有多樣性、變遷性、層次性等特點。隨著經濟發展和人民生活水平的提高，需求可能從無到有、從少到多，也可能下降乃至消失，因而對企業產生約束力和推動力。第二是資源狀況，一個產業無論其市場需求如何強烈，它的產量總是會依靠和受制於一定的資源供給能力。不同的產業對資源的依賴程度不同，勞動密集型產業會從勞動力缺乏的國家和地區轉移出去，資本密集型企業在資金缺乏的國家就很難發展。

對產業性質進行分析的常用方法是產業生命週期分析法，該方法的目的是認識這個產業正處於生命週期的哪個階段，主要標志是需求情況。同產品生命週期相類似，產業生命週期分為四個階段，即投入期、成長期、成熟期及衰退期（圖3-1），每個生命週期階段的特點如表3-2所示。

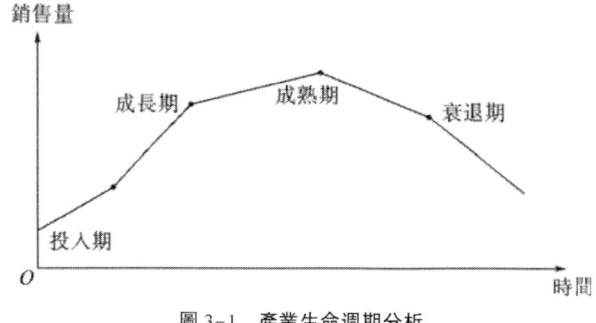

圖3-1 產業生命週期分析

（1）投入期

銷售增長緩慢，產品設計尚未定型，生產能力過剩，競爭較少，風險較大，企業利潤很低，甚至處於失衡狀態。

（2）成長期

顧客認知迅速提高，購買踴躍，銷售大增。產品形成差別化趨勢，滿足顧客的差異性要求，生產能力出現不足，競爭形成，但企業應付風險的能力增強，利潤呈加速度增加。

（3）成熟期

重複購買成為重要特徵，銷售趨向飽和，產品設計缺乏變化，生產能力開始過剩，對於現有的企業風險較小，利潤不再增長，甚至開始回落。

（4）衰退期

销售明显下降，生产能力严重过剩，竞争激烈程度由于某些企业的退出而趋缓，企业可能面临一些难以预测的风险，利润大幅度下降。

企业只有瞭解所处产业的生命週期阶段及其特点，才能做出相应的战略决策，如进入、维持还是从产业中撤退。

表 3-2　　　　　　　　　　　　行业生命週期阶段的特点[1]

阶段	投入期	成长期	成熟期	衰退期
销量				
市场发展	缓慢	迅速	下降	亏损
市场结构	零乱	竞争对手增多	竞争激烈，对手成为寡头	取决于衰退的性质，或形成寡头或出现垄断
产品系列	种类繁多，无标准化	种类减少，标准化程度增加	产品种类大幅度减少	产品差异度小
财务含义	起动成本高，回本无保障	增长带来利润，但大部分利润用于再投资	带来巨额利润，再投资减少，形成现金来源	采取适当的战略保持现金来源
现金使用或来源	大量使用现金	趋于保本	重要的现金来源	现金来源（如果战略不适当可能需要大量现金）
产品含义	一次性或批量生产，未能流水生产大量生产	经验曲线上升成本下降	强调降低成本，高效率	行业生产能力下降
研究和开发	大量用于产品和生产过程	对产品的研究减少，继续生产过程研究	很少，只有必要时进行	除非生产过程或重振产品有此需要，否则无支出

3.3.2　产业竞争结构分析

战略大师迈克·波特特别重视产业结构对企业的重要作用，他认为决定企业盈利能力的首要的和根本的因素是产业吸引力，有五种基本的竞争力量影响着产业结构，并据此提出了分析行业结构的「五因素模型」（图3-2）。

（1）买方讨价还价能力

买方对行业的影响主要取决于其讨价还价的能力，影响这种能力的因素主要有：

①行业内企业产品的差别化程度。如果行业内企业的产品是差别化的，那么行业内企业在与买方的交易中就占有优势；反之，如果行业产品是标准化或差别很小的，那么买方在交易中就占有优势，而且会使行业产品价格下降。

②买方对价格的敏感程度。如果客户对价格很敏感，那么客户就会对行业形成较大的成本压力。在以下几种情况下，客户可能会对价格很敏感：A. 涉及的原材料对客

---

[1] 揭筱纹，张黎明. 战略管理 [M]. 北京：清华大学出版社，2006.

一個行業內主導競爭的力量

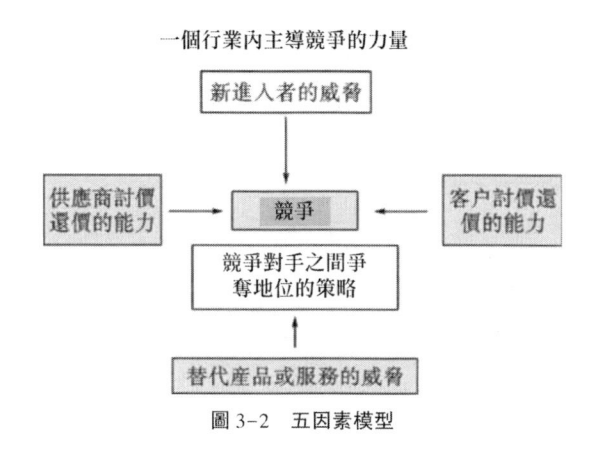

圖 3-2　五因素模型

戶產品成本的比例很大；B. 涉及的原材料對客戶產品的整體質量無關緊要；C. 客戶的邊際利潤已經很低。

③買方擁有行業內企業成本結果信息的程度。客戶擁有供應商成本的信息越準確，客戶的討價還價能力越強。一些大的客戶強烈要求獲得供應商的成本數據。當供應商的生產成本下降後，客戶也要求同比例地減價。

④買方行業與供應商行業的集中程度。如果買方行業的集中程度大，供方只能將產品賣給很少幾個客戶，此外別無市場，那麼買方就擁有較大的談判優勢；反之，供方的行業很集中，買方除了可以在少數幾家供方企業買到這種產品外，別無選擇，那麼供方就會比較主動。

⑤買方的採購量的大小。像沃爾瑪這樣的大型連鎖超市具有很強的砍價能力，它們往往可以不按商業慣例行事。例如，生產商願意為 15 天內付款的超市提供折扣，這是一項商業慣例。然而由於沃爾瑪的採購量很大，常常是大多數供應商銷售量的一半，使得供應商不得不接受沃爾瑪 30 天后付款卻仍然享受 2% 的折扣的待遇，而且折扣額是以總票額（包括運輸費等）為基數，而不是以淨票額為基數。也正是由於這種有點霸道的做法，一些生產商會盡量避免與連鎖店打交道。

⑥買方的轉換成本。如果買方因為轉向購買替代品而產生的轉換成本很小，買方對行業內企業的壓力就比較大，反之，買方就比較容易被行業內企業「套牢」。

⑦購買者后向一體化的可能性。后向一體化即購買者也開始從事原材料的製造和銷售，也就是說，進入供應商的經營領域。啤酒和軟飲料生產廠商通過威脅要採取后向一體化戰略如從事「易拉罐」的生產，這就會從「易拉罐」生產廠商那裡取得一系列優惠條件。

(2) 供方討價還價的能力

供應者對本行業的競爭壓力表現在要求提高原材料或其他供應品的價格，減少緊缺資源的供應或降低供應品的質量等。總之，供應者希望提高其討價還價的能力，從行業中牟取更多的利潤。供應者對企業的影響主要取決於以下七個因素：

①供應者的集中程度和本行業的集中程度。如果供應者集中程度較高，即本行業

原材料的供應完全由少數幾家公司控制，而本行業集中程度卻較差，少數幾家公司供給行業中眾多分散的企業，則供應者通常會在價格、質量和供應條件上對購買者施加較大的壓力，如石油輸出國組織（Organization of Petroleu Exporting Countris，OPEC）對全世界石油價格及產量的協調與壟斷，對各國石油供應的影響極大。

②供應品的可替代程度。若存在著合適的可替代品，即使供應者再強大，它們的競爭能力也會受到牽制。如改革開放初期，中國當時不會生產彩電，當時國外進口彩電價格較高，現在中國製造的彩電質量好，價格便宜，中國彩電企業競爭實力增強，國外彩電企業的競爭能力因而受到牽制。

③本行業對於供應者的重要性。如果本行業是供應者的重要用戶，供應者的命運將和本行業息息相關，則來自供應者的壓力就會減少；反之，則供應者會對本行業施加較大的壓力。例如，長虹集團有一大批家電零配件供應商，由於長虹集團所用零配件批量大，長虹集團是這批家電零配件供應商的重要用戶，其供應商的命運與長虹集團的命運息息相關，因而這批供應商對長虹集團的威脅就會減少，甚至長虹集團向這批零配件供應商賒帳，這些零配件供應商也不會跑掉。

④供應品對本行業生產的重要性。如果供應品對本行業的生產起關鍵性作用，則供應者會提高其討價還價的能力，例如，鋁錠是鋁型材廠、鋁箔廠的重要原材料，鋁錠的價格直接影響到鋁型材及鋁箔的成本。

⑤供應品的特色和轉變費用。如果供應品具有特色並且轉變費用很大時，則供應者討價還價能力就會增強，會對本行業施加較大的壓力。例如，中國電腦裝配生產中使用的芯片是美國英特爾公司的，CPU也是從美國進口的，因此，中國電腦製造業是處在世界電腦產業末端，當芯片及CPU技術換代時會對中國電腦製造業發展產生重大影響。

⑥供應者前向一體化的可能性。如果供應者有可能前向一體化，這樣就更增強了它們對本行業的競爭壓力。例如，如果煉鋁廠不僅生產鋁錠，也生產鋁型材和鋁箔，則鋁型材行業及鋁箔行業中的企業就會受到更大的競爭壓力。

⑦本行業內的企業后向一體化的可能性。如果本行業內的企業有可能后向一體化，這樣就降低了他們對供應者的依賴程度，從而減弱了供應者對本行業的競爭壓力。例如，如果葡萄酒廠不僅生產葡萄酒而且還要種葡萄，有屬於自己的葡萄園；煉鋼廠不僅生產鋼，而且還有自己的煉鐵廠，以供給煉鋼所用的鑄鐵，這樣做當然就減弱了供應者對本行業的競爭壓力。

（3）替代品威脅

替代品給行業產品的價格定了一個上限。因為當一種產品的相對價格高於替代品的相對價格時，人們就轉向購買替代品。例如，零售商店不僅同其他零售商店競爭，而且還同網路商店競爭。因此，管理者必須密切關注那些質量有所改進的或價格有所下降的替代品。放松管制和科技進步為一大批替代品從傳統產品那裡搶奪市場份額提供了可乘之機。例如，金融業的放松管制使很多原來只能由銀行從事的業務變成可以有許多非銀行機構來經營。同樣，激光照排技術的發展產生了傳統鉛印版本書籍的替代品，現在圖書再也沒有鉛印版本的了。

（4）潛在進入者的威脅

潛在進入者是來自行業外的第四種影響力量，也是最敏感的影響力量是潛在的入侵者。一般而言，當行業具有較高的投資回報時，就會吸引很多的潛在加入者。新加入者的競爭會導致整個行業內平均利潤的下降，除非行業市場正處在迅速擴張的時期。

潛在進入者是否會真的採取行動入侵到行業中來，取決於入侵者對行業障礙的認識，包括進入障礙和退出障礙。進入障礙就是企業為進入某一個新行業所要克服的困難（或風險）；退出障礙就是企業要退出某一個行業所要承擔的損失。究竟能否阻止新加入者的入侵，主要取決於進入與退出障礙的高低。進入障礙主要包括：

①行業內企業的規模經濟性。規模經濟性指的是由於大規模生產經營而形成的成本優勢，通常情況下，老企業比新加入企業的規模大，這將給那些產量低、成本高的新加入企業進入該行業造成很大的障礙。例如，一家新公司想加入造紙行業是非常困難的。因為造紙企業要想實現高效生產，必須達到一定的產量要求，對一個剛起步的造紙企業來說，很難達到這個產量，這勢必使之處於高成本的劣勢中。

②學習或經驗效應。學習效應，亦稱學習或經驗曲線效應，指的是由於重複做某件事（某項活動）次數的增加，人們可以從中找到（學到）更加具有效率的做事方法，從而可以降低成本。這些成本下降主要來自於員工對工作的改進、生產佈局的合理化、專門設備和工藝的開發、經營管理的控制等方面。學習效應對以知識為基礎的企業更為重要。規模經濟與學習效應時常同時發生，但從管理的角度看，兩者具有本質的差別，不能混為一談。規模經濟性指的是某一時刻的產量對成本的影響狀態，而學習效應指的是產量的累積量對成本的影響狀態。

③行業內企業已經建立起一些與規模無關的其他優勢。這些優勢與企業的規模大小沒有關係，包括：行業內企業擁有專有（或專利）技術，已占據最佳的地理位置，已控制了最佳或主要的原材料來源，已形成了較為豐富的學習效應。

④產品差異。如果顧客已經對行業產品形成了獨特的認識、信念或偏愛，已成為行業內企業的「忠誠顧客」，那麼新加入企業要想占領市場，就必須克服消費者對這種老品牌的忠誠。

⑤資金需求。如果進入一個行業的初始投資額（固定成本、流動資金等）較高，那麼能支付這筆投資的新加入者的數量就會很少。例如，對將要進入石油化工行業的新企業而言，籌集投資所需資金是一個很大的進入障礙。

⑥顧客的轉換成本。這裡的轉換成本是指顧客從一個供應商轉到另一個供應商時所發生的成本（包括機會成本、會計成本和感情成本）。有些時候，轉換成本會給新加入企業吸引顧客造成很大困難。

⑦進入分銷渠道的難易程度。好的分銷渠道已被行業內企業瓜分完畢。新入侵者將面臨擠入已有分銷渠道或建立新的分銷渠道的壓力。

⑧預期的市場增長率。隨著增長機會的不斷縮減，進入一個新市場的誘惑力也不斷減弱。處於快速增長市場中的企業，對新加入企業的抵制不強烈，因為市場提供了足夠多的機會。但在一個增長緩慢的市場中，老企業就要拼命抵制新加入企業，因為新加入企業會掠奪老企業的市場份額。

⑨行業內企業已受到政府政策保護。例如，資源開發行業、金融行業、航空業等。

⑩預想的報復。即使新加入企業可以克服上述障礙，也不能做出是否進入行業的決策。他還必須考慮到行業內企業對他人侵入會有怎樣的反應。威懾也是一種入侵障礙。

⑪退出障礙。最后，新加入企業還要考慮退出障礙，包括經濟上的、戰略上的和感情上的退出障礙。

雖然這是一種普遍的分析阻礙新加入企業的因素清單，但在不同的行業，阻礙新加入企業的因素也不同。在啤酒行業，產品差異是最大的進入障礙；在重工業行業，最大的進入障礙是大量的資金需求；由於不能建立廣泛的銷售渠道，美國的農產品很難在日本及其鄰近國家拓展市場。

（5）行業內企業的競爭

行業內的企業並不都是競爭對手，通常的情況是既有競爭又有合作，理解這一點非常重要。廣告戰、價格戰、服務戰等競爭方式比比皆是，但技術合作、委託製造、合資聯盟，甚至各種暗地裡的卡特爾①，也隨處可見。行業內企業的競爭程度取決於很多因素，如：

①行業內企業的數量和力量對比。當數量較多而且力量比較均衡的時候，總會有企業自以為是地採取某些競爭手段，引發行業的動盪。而企業數量很多而且力量又不平衡時，中小企業則要以龍頭老大的領導者所建立的遊戲規則行事，這樣的行業比較穩定。而當企業數量很少而規模都很大時，行業表面比較平靜，競爭潛流卻在深處湧動，直到發生引發行業結構變化的大地震。

②行業市場的增長速度。行業市場增長迅速時期，競爭強度弱一些，各自都在忙著收穫。而當行業市場增長放緩或衰退時，市場份額之爭就非常激烈。

③行業內企業的差別化與轉換成本。當行業內企業行銷戰略差別化較高時，即每個企業都服務於一個差別化的細分市場時，競爭程度較低。而當差別化程度很低時，競爭就較為激烈。這也是戰略管理非常強調定位的主要原因。如果一個企業可以輕易地轉換到另一個企業的細分市場上，這時行業競爭就會激烈，會有很多的模仿者。反之，一個企業能夠形成別的企業無法模仿的差別化，這時競爭壓力就會相對弱些。

④戰略賭註。行業內企業對在本行業內發展的戰略賭註下得很大，競爭就會很慘烈；反之，則會心平氣和一些。

⑤在許多傳統行業，由於歷史的原因，積澱了各自的行業遊戲規則，企業只在遊戲規則的範圍內競爭，很少越雷池而動。例如，巧克力已成為一個全球性的行業，但在這個行業中大家都遵守一個共同的原則：無論原料價格漲落與否，其最終產品的價格不變；你可以改變包裝的大小，但標價不能有大的改變。而在計算機、信息技術等新興行業，則沒有這麼多規矩，因此，競爭就更激烈，位次變動也更頻繁。

⑥行業的分散與集中程度。分散與集中，指的是行業銷售額在行業內企業間的分

---

① 卡特爾（Cartel），由一系列生產類似產品的獨立企業所構成的組織，集體行動的生產者，目的是提高該類產品價格和控制其產量。

配比例。當少數幾家企業控制了行業銷售額的很大一部分的時候，我們稱這個行業具有較高的集中程度，反之則稱為分散的。有些行業「天生」就是集中的，如石油化工，因為它要有較大的初始投資；也有的行業恐怕「永遠」都是分散的，如修鞋。但絕大部分行業，都有一個由分散到集中的發展過程。分散行業競爭比較弱，而集中的行業則具有較高強度的競爭，尤其是在由分散向集中的過渡時期，國內彩電行業的競爭就是最好的例子。

⑦投入與退出壁壘。退出壁壘既有經濟上的、戰略上的，也有感情上的。經濟上的投入越大，特別是固定的專用資產投入越大，退出就越困難，就容易形成死守陣地的殊死搏鬥。員工安置等成本過高，也是影響退出的重要壁壘。退出一個行業常常還會在戰略上牽連其他業務，有時其損失是巨大的。感情也是一種退出壁壘，它包括主要領導的感情、員工的感情、顧客的感情、公眾的感情和政府的感情。退出壁壘高，競爭就激烈，反之則相對和緩。

廣義上，可以把退出壁壘也看作是入侵壁壘的一種。當企業估計到退出壁壘的成本很高時，對進入該行業就要持謹慎的態度。

綜上所述，行業中的企業要面對五種力量的影響，它必須識別這五種力量，並選擇恰當的行業作為自己的業務領域。總的來說，競爭越激烈，獲利性越低。因此，那些低進入屏障、買方與供方處在較強的討價還價地位、替代品威脅嚴重、行業內企業競爭激烈的行業是沒有吸引力的行業。這樣的行業中，企業難以建立戰略性競爭優勢，更難以獲得超額利潤，相反，那些進入屏障高、買方與供方只有較低討價還價力量、替代品威脅較少、行業內企業競爭不甚激烈的行業，才是有吸引力的行業。

3.3.3　戰略群組分析

由於產品的戰略地位不同，同一產業內的企業往往表現出很大的差異，具體表現在分銷渠道、細分市場、產品品質、技術領先、顧客服務、定價策略和促銷等方面。由於這些差異性的存在，我們有可能觀察到公司群組的現象，在群組內，公司可能採用基本類似的產品定價戰略，而這一戰略又不同於其他公司群組。

具體地說，一個戰略群組是指一個產業內在某個戰略方面採用相同或相似戰略的各企業所組成的集團。它們具有相似的能力，滿足相同細分市場的需求，提供具有同等質量的產品和服務。通過戰略群組分析使企業的管理者能夠以最接近的競爭對手的績效為基準，針對價格、產品、服務、品牌、顧客忠誠、盈利水平和市場份額進行分析。

（1）戰略分組

①戰略分組的概念

戰略分組是對一個產業的內部結構進行進一步劃分。一個產業內部包含著不同的競爭對手，對這些競爭對手進行適當的分類，有助於企業更好地判明競爭形勢。這種分類被稱為戰略分組，每一組內的企業都具有相似的戰略特徵。有時一個分組中可能只有一個企業。

②戰略分組的方法

戰略分組可以採用兩種分析方法：A. 聚類（Clustering）分析，可用於大樣本的實證研究；B. 分類分析，可用於小樣本分析。

③戰略分組的步驟

戰略分組步驟如下。

A. 選擇重要的戰略變量

常用的戰略變量包括產品的服務質量、產品或服務的差異化及多樣化程度、企業規模、各地區交叉的程度、細分市場的數量、所使用的渠道情況、品牌的數量、行銷的力度、縱向一體化的程度、技術領先程度、研究開發能力、成本定位、能力的利用率、價格與設施設備水平、所有制結構、與政府和金融界等外部利益相關者的關係，等等。

B. 選擇出最有區分能力的、最重要的兩個獨立變量

在識別戰略群組時，首先要從以上變量中找出兩到三個變量（為分析方便，通常是兩個）。

C. 繪製戰略分組圖

按上述差別化特徵將產業內所有的企業列於一張雙因素變量圖上，把大致落在相同戰略空間的企業歸於同一個戰略群，然后給每個戰略群畫一個圓，使其半徑與各戰略群所占整個行業銷售收入的份額成正比。

D. 用所選的戰略變量描述每一組的戰略特徵和收益性。

（2）戰略群組競爭分析

①戰略群組內的競爭

在戰略群組內，由於各個企業的優勢不同會形成彼此之間的競爭。一般來說，各企業的經濟效益主要取決於經濟規模。規模大的企業就處於優勢地位。另外，企業的資源與能力不同決定了它們的戰略實施能力的差異。能力尤其是創新和學習能力強的企業會占優勢，處於較為有利的地位。決定組內競爭的因素與產業內決定競爭強度的因素類似，如市場空間的大小、企業數量等。

②戰略群組間的競爭

在戰略群組之間會由於市場重疊或競爭條件的相互影響等因素形成群組之間的競爭。市場重疊（即市場範圍的重合大小）大、群組的數量多，會加劇組間競爭。在一個產業中，如果存在兩個以上的戰略群體，它們之間可能就會為對方設置障礙，導致群體間的競爭。比如，在酒店業中，里茲·卡爾頓、喜來登等所在的豪華酒店群體與假日飯店所在的中檔酒店群體的競爭。

③競爭對手的確認

在戰略群組圖上，戰略群組之間相距越近，成員之間的競爭越激烈，同一個戰略群組內的企業是最直接的競爭對手，其次是相距最近的兩個群組中的成員企業。

④轉移障礙

企業如果不甘心自己所處的地位，當然會希望向理想的戰略群組邁進，但這並不是輕而易舉就可以做到的。一方面，在不同的戰略群組之間，有時會存在一種被稱為

轉移障礙的制約力量。轉移障礙（Mobility Barriers）即企業從一個群組移向另一個群組所必須克服的障礙。在典型的情況下，它由從原群組的退出障礙加上到新群組的進入障礙構成。另一方面，轉移障礙也存在於產業移動之間，典型的產業移動障礙由原產業的退出障礙加上新產業的進入障礙構成。在有些情況下，移動障礙並不是退出和進入兩種障礙之和，即原有的資產可以用於新的戰略群組或新的產業之中。中國飼料產業，規模中等、只經營飼料業的群組，如果向規模大、同時經營養殖業的群組轉移時，原有的飼料經營規模都可以繼續使用。此時的移動障礙反而只是新增的規模和新進入的養殖業的進入障礙。

本章小結

1. 企業的宏觀環境一般包括政治與法律環境、經濟環境、社會文化環境和技術環境。這些環境要素組成了企業宏觀環境分析的 PEST 模型。這些因素的變化對企業的發展以及對企業所處的產業的發展具有戰略性的影響。

2. 企業所面臨的一個直接的和微觀的外部環境是企業所在的產業。一個產業中的競爭遠不止在原有競爭對手中進行，而是存在著五種基本的競爭力量，即買方討價還價能力、供方討價還價能力、替代品的威脅、潛在進入者的威脅和行業內現有競爭者之間的競爭。上述五種力量決定著產業的競爭激烈程度。

3. 在一個產業或行業內，可以識別出一些具有相似戰略特點、採用相似戰略或者在相似的基礎上進行競爭的企業，它們構成戰略集團。因此，產業中企業的競爭不僅體現於企業之間，而且也體現於不同的戰略集團之間。

4　企業內部環境分析

學習目標：

1. 掌握企業資源的相關概念；
2. 理解企業的能力的內涵，掌握企業核心能力相關知識；
3. 會運用內部因素評價矩陣評價企業的內部環境；
4. 掌握企業價值鏈分析方法。

案例導讀

海爾的核心能力

海爾作為中國的主要電器製造商之一，主要擁有三大核心能力：

一是服務。服務即企業知道如何建立一個銷售渠道，或者瞭解某一個顧客群，或者熟知某一種市場需求。近年來，許多產品變得十分相似，很難將它們完全區別開來。消費者之所以選擇一種產品而不選擇另一種，主要原因是前者在某些方面更能滿足客戶的需要：周到的服務、產品的方便使用、承諾的兌現。如海爾與其他家電企業最主要的差別是它的客戶服務，可以說海爾的核心能力來源於其完備的客戶關係管理體系支撐的全方位的客戶服務。海爾大力推行企業信息化的最終目的，就是為了提高面向客戶的服務能力。

二是創新。構成企業競爭力的資源必須具有獨特性、不可模仿性、不可交易性。海爾不斷推出新產品，不斷有新的提法、做法，也不斷有人跟隨、有人模仿，但是有一條，海爾創新的理念，別人模仿不了。

三是整合力。海爾的一整套被廣大消費者認可的家電銷售程序化服務模式；全方位、立體化、多層面的國際化高科技開發網路，以及每天1.3個新產品的開發速度；零缺陷質量保證體系；「日清日高」管理法和以訂單信息流為中心的流程營運等，都為客戶創造了獨特的價值。整合實際上是各種優勢的疊加，整合能力也是協調各種技術、生產技能、管理和銷售的綜合性能力。

在上述三種核心能力中，「創新」是海爾最為根本的核心能力。「服務」和「整合力」實質上都是一種「創新」的結果，是海爾在行業中創造出來的不同於其他企業的差異化的競爭能力。因此，海爾的能力就是其令競爭對手難以模仿的創新能力，特別是管理思想上的創新能力。

參考文獻：潘雲良，蘇芳雯．海爾管理教程［M］．北京：中共中央黨校出版社，2007．

企業核心能力分析是企業內部環境分析的一個重要組成部分。海爾獨到的核心能力使其具有了競爭對手無法趕超的競爭優勢。企業內部環境分析，是通過研究影響企業競爭力的一些內部因素，為戰略制定指明方向，提出戰略要解決的問題，從而為構建競爭優勢奠定堅實的基礎。企業作為一個動態的複雜系統，其內部環境涉及很多方面，如產品結構、組織結構、技術結構等。本章從便於管理者制定和實施戰略的角度出發，把這些結構分成三個主要層面：一是企業的資源與能力結構，包括企業的資源與能力構成和相互轉化以及戰略資源與核心能力的識別、積蓄和有效運用等，管理者可以利用基於資源和能力的競爭理論來分析企業的資源與能力結構；二是經營結構，包括不同的產品、經營領域以及它們之間存在的相互比例關係，管理者可以利用 IEF 矩陣等方法來把握企業的經營結構；三是業務活動結構，主要包括企業通過哪些活動來創造價值和這些活動之間的相互聯繫，管理者可以利用波特的價值鏈分析模型對企業的價值活動進行分析。

4.1 企業資源與能力分析

資源與能力是企業的內部環境因素，它們構成了企業競爭優勢的基礎。如果說企業影響外部環境的能力較弱的話，那麼，改進企業內部的資源與能力就成為企業戰略最為重要的可控變量。

4.1.1 資源與資源論的主要觀點

每家公司都擁有大量的資源與能力。其中，資源是企業在創造價值過程中的各種投入（Inputs），是可以用來創造價值的資料（Material）；能力（Capability）是運用一組資源完成某一任務或活動的潛力（Capacity）。資源論的前提假設是：每個公司在許多方面都存在著本質差異。由於許多資產和能力並不是瞬間就能累積起來，因而一家公司的戰略選擇受現有資源存量及其獲取或累積新資源的速度所限。如果不存在資源存量的不對稱和變化比率的限制，任何公司都可以選擇它所熱衷的戰略。如此一來，成功的戰略很快就會被模仿，利潤也會很快下降為零。因此，資源是戰略的實質，是持久競爭優勢之本。

基於資源理論的基本觀點主要包括：資源是戰略基礎和回報的基本來源；企業是一組異質的資源與核心能力，它們能夠創造獨有的市場地位（競爭優勢）；資源和能力不能在企業之間有效地流動，一個企業具有其他企業所沒有的一些資源和能力，至少是它們的組合；資源和能力的開發和積蓄有其自身的規律。

4.1.2 資源的主要類型和根本屬性

資源的存在形式有多種。相應地，不同資源的獨特價值、獲取途徑和主要特徵也千差萬別。例如，品牌商標就是經過多年的發展而形成的，要想複製十分困難。不過，資源大體上可以分成三大類，分別是有形資產、無形資產和組織能力。

(1) 有形資產

有形資產最易評估，它是可以在公司資產負債表上體現的唯一資源。有形資產包括房地產、生產設施、原材料等。雖然有形資源也是公司戰略所必需的，但是它們本身所具有的標準化屬性，使其很少成為競爭優勢的來源。當然也有例外情況，例如，連接你的房間同外部世界的電話和同軸電纜線，已被認為是通往信息高速公路的直通道，這就是一種競爭優勢資源。此外，緊鄰旅遊熱點的地產也是一種能帶來超常利潤的資源。

(2) 無形資產

無形資產主要是知識產權、人力資源或主觀的各種資源，具體來說主要包括公司的聲望、品牌、文化、網路、技術知識、專利和商標以及日積月累的知識和經驗等。這些資產通常具有更難於理解（瞭解）、購買、模仿或替代等特點，因而在競爭優勢（或劣勢）和公司價值中發揮著重要作用。例如，當品牌構成競爭優勢的重要來源時，許多公司都以各種方法開發其品牌資源（如形象與產品的組合品牌）。廣告是目前建立品牌資源的最有效的途徑之一。在美國，1995年P&G公司的廣告費達15.1億美元、通用汽車達15億美元、Philip Morris公司達14億美元。同時，無形資產在使用中不會被消耗。事實上，有些無形資產如能運用得當，在使用中不僅不會萎縮，相反還可以獲得增長。基於這一原因，無形資產可以為多角化擴張提供價值基礎。

(3) 組織能力

組織能力不同於有形資產和無形資產，它們是資產、人員與組織投入產出過程的複雜結合。如果把這些能力運用到公司的物理生產技術上，將決定公司活動的有效性。精心培養的能力可以成為競爭優勢的一個來源，它們可以使一個公司在與競爭對手投入要素相同的情況下，以更高的生產效率或更高質量的產出方式來將這些要素轉化為產品或服務。組織能力包括一組反應效率和效果的能力，比如更快、更敏捷、質量更高等。這些能力可以體現在公司的任一活動中，從產品開發到行銷再到生產，無處不在。例如，在過去的幾十年中，一些日本的汽車公司培養了許多卓越的組織能力，如低成本與精益製造、高質量生產和快速的產品開發。針對國外競爭對手而言，組織能力有助於創造突出的效率優勢，在公司的競爭力上發揮著重要作用。此外，迺斯等人對靜態程序和動態程序做出了重要的區分。靜態程序包括「重複先前執行過的某種任務的能力」。在一個穩定的環境裡，這些可能是競爭優勢的重要來源。相反，動態程序則用於「培養新的能力，」進而使一家公司能夠適應不斷變化的戰略需要。

不過，不同的理論研究者、不同的實踐者出於不同的動機，往往對資源進行不同的分類，表4-1列出了格蘭特對不同資源類型的主要觀點。在格蘭特等人列出的資源中，除了資金和原材料等屬於對所有企業有著同等意義的同質資源外，其他資源包含有活性因素，如知識、經驗、技能、判斷力、適應力以及企業組織系統內外的各種聯繫等，使每一種資源都富於變化而呈現出千差萬別的形態。也就是說，這些資源基本上屬於異質性資源，同一種資源在任何兩個企業中都不盡相同，不僅商譽資源和人力資源、組織資源如此，就連設備資源也會表現出一定的異質性。比如，企業根據自己特定的需要自行設計的一條生產線，即使生產線的每臺設備都由外部提供，這條生產

線還是會具有與眾不同的功能。認識到資源的這一根本屬性十分重要，它將有助於發現不同企業之間存在的那些細微的，有時卻有著決定意義的差別，從而揭示引起企業競爭地位發生變化的內在原因。實際上，資源形態存在差別的根本原因就在於資源的異質性，是這種異質性為企業「獨占」某些資源提供了可能，企業的持久競爭優勢正是來源於此。

表4-1　　　　　　　　　　　企業資源的分類和評估

資源	主要特徵	關鍵指標
有形資源		
金融資產	公司的借款能力和內部籌資能力決定了它的投資能力，並使它能夠應付需求和利潤隨時間而發生的波動	權益負債率； 淨現金流量與資本支出的比； 貸款利率
物質資產	廠房與設備的大小、位置、技術先進性及靈活性； 土地、建築物的位置和替代用途； 原材料儲備限制公司生產可能性組合的物質資源和決定公司成本位置的重要性	固定資產的變現價值； 資本設備的壽命； 廠房規模； 廠房與設備的靈活性
無形資源		
技術	以專有技術（專利、版權、商業秘密）形式保有的技術儲備、技術運用中的專業知識（方法）； 用於創新的資源，如研究設備、科技人員	專利的數量和意義； 來自專利許可的收益； 研發人員占總人員的百分比
商譽	通過商標所有權、與顧客的關係而成立的顧客信譽； 公司因產品服務的質量、可靠性而享有的聲譽； 公司在供應商（包括零部件供應商、銀行及其他借款人、雇員及潛在雇員）、政府、政府機構，以及所在社區中的信譽	品牌識別； 與競爭品牌的差價； 重複購買率； 公司業績的水平和持續程度； 對產品性能的目標測量
人力資源	對雇員的培訓和雇員所持有的專業知識決定了公司可以利用的技能； 雇員的適應性是決定公司戰略靈活與否的關鍵因素； 雇員的投入和忠誠決定了公司能否實現並保持競爭優勢	雇員在教育、技術及職業方面的合格證； 相對於同行業的損失賠償水平； 關於勞動爭端的記錄； 雇員換崗率

資料來源：羅伯特‧格蘭特. 公司戰略管理 [M]. 北京：光明日報出版社，2004.

4.1.3　資源的價值

雖然「資源支撐持續競爭優勢」這一提法很簡單，但公司通常需要花費較大的精力去識別和評估自己的資源，評定這些資源是優勢還是劣勢，弄清楚它們是否可以作為持續競爭優勢的源泉。事實上，當公司評估它們所擁有的一系列資源時，它們將發現這是一項極其複雜的工作。一些幸運的公司擁有能作為成功戰略之基礎的資源；而

另一些公司可能會發現自己的資源地位實際上是十分不利的；還有一些公司可能會發現，相對於競爭對手而言，自己擁有的資源優勢並不明顯，或者並不受顧客歡迎。例如，IBM 公司的「大烙鐵」計算機文化為公司服務了近 40 年，但在 20 世紀 80 年代末期已經變成了一種不利的資源。因此，管理者面臨的挑戰就是，弄清楚劃分有價資源和平庸資源的依據，並據此制定一套可以營造持續競爭優勢的戰略。

事實上，歷史上曾有人嘗試去評估資源，但這仿佛是缺乏目標的演習，找不到正確的方向。資源論通過重新分析行業的外部環境和競爭走勢以及企業的內部環境，在這個主觀過程中引入了一些客觀原則。公司資源的價值體現在公司與其賴以競爭的環境在需求、稀缺性和可獲得性這三個方面交互作用的結果。價值就存在於這三個方面的交叉區域：一項資源為顧客所需，同時不可能為競爭對手複製，其創造的利潤能為公司所獲。

（1）顧客需求

資源價值的第一個決定因素處於產品市場中。一種有價值的資源必須能夠以顧客願意支付的價格來滿足顧客的需求。在任何時候，價格都取決於顧客的偏好、可用替代物（包括替代產品）和相關或互補產品的供應等因素。這樣的組合力量隨著顧客偏好和競爭對手供應能力的發展而相應地發生改變。因此，公司必須不斷地重新評估它們賴以競爭的行業所具有的吸引力以及它們的資源對當前或未來需求的滿足程度。例如，菲力浦·莫里斯公司意識到普通香菸引起了顧客對名牌香菸偏好的變化，於是 1993 年 4 月將萬寶路香菸的價格削減了近 25%。此舉說明，該公司已經意識到消費者對其萬寶路品牌這一資源的需求正發生著變化。事實上，存在著許多不利於顧客需求得到滿足的資源，如餐廳選址的失誤可能損害對客戶的吸引力，不穩定的質量或服務勢必降低公司產生重複交易的可能性。因此，從顧客需求的角度來講，只有當公司的資源能夠比競爭對手的資源更好地滿足客戶需求，公司的資源才具有價值。即使一種資源是實施某項戰略所必須的條件，但如果該項資源與競爭對手的產品提供方式或商業方法並無差別的話，它也不是競爭優勢之源。比如，可可豆是巧克力廠商必備的投入要素，但它並不能引起明顯的產品差別化。對公司資源的分析不應僅僅局限在公司活動的內部分析上。只有當某種資源有利於形成產品市場的競爭優勢時，這項資源才具有價值。

（2）資源稀缺性

資源價值的第二個決定因素是它是否處於供應短缺狀態。如果資源供應充分，任何競爭對手都能夠獲得，實現競爭優勢也就十分簡單，但此時的競爭優勢也就不稱其為競爭優勢。從定義上看，能夠營造競爭優勢的資源必須是不平常的。因而，對公司資源的分析必須包括一項重要的評價指標，即公司的資源與競爭對手的資源相比是否不尋常。從這一角度講，稱其為獨特能力（Distinctive Competence）比稱其為核心能力更適合。同時，不可模仿性（Inimitability）限制了競爭，因此也是價值創造的核心。如果一項資源可以輕易被競爭對手模仿，則只能帶來暫時的價值，而不可能作為長期戰略的基礎。

一般來說，以下四種特徵可以使資源難以模仿。

①物理上的獨特資源。這種資源被定義為不可能複製資源。一個極佳的房地產位置、礦物開採權或受法律保護的藥品專利權等不可能被模仿。如果進行深入分析，大多數資源都可以歸為此類，但事實上很少有資源劃為此類。即使一種資源好像是屬於此類，但隨即被證明是可複製的。施樂（Xerox）公司在20世紀70年代就跌入了這種陷阱，它相信沒有人能複製該公司擁有的影像再現（Reprographic）技術，然而佳能（Canon）公司卻做到了，並最終造就了施樂公司「失利的年代」（20世紀70年代），其複印機市場的領導地位被佳能奪走。

②路徑依賴性（Path Dependency）。有些資源難以複製且不可能立刻獲得，必須通過長期的累積，此外別無捷徑可尋，如可口可樂的品牌認知不可能靠成千上萬的廣告就可以建立或複製；相反，它來自於消費者數十年喝可樂的經驗。一種新的可樂品牌要想與其抗衡，需要花費大量的時間來逐漸累積飲用經驗。因此，要想複製同樣的結果必須重複前人走過的路，這樣一來，就延遲模仿進程，進而保護了先行者優勢。

③因果含糊性（Casual Ambiguity）。其含義就是潛在複製者不可能弄清楚這項有價值資源的價值究竟何在，或者不可能找出準確的複製方法。比如，是什麼資源使費德利泰（Fidelity）共同基金走勢旺盛？是訓練有素的基金管理人員，還是對這些經理的培訓？或是經理或股票分析家所採用的方法？或是股票的擇選方式？或是該公司使用的激勵機制？如果一位高級經理離開費德利泰前往其他公司就職，他或她是否會帶走公司的秘密？答案往往似是而非。在企業的經營實踐中，具有因果含糊性的資源是組織中最常見的一種能力。它們體現在複雜的社會機構和相互作用上，甚至可能取決於一些特殊人的個性。比如，洲際聯合公司（Continental and United）曾試圖模仿西南航空公司（Southwest Air）成功的低成本戰略，其中最難以複製的不是飛機、航線或快速的過轉方式，而是西南航空公司「愉快、家庭式、節儉和投入」的公司文化，沒有人能夠明確地識別這種文化是怎樣的、到底如何產生的。

④經濟制約（Economic Deterrence）。有時，市場領導者的競爭對手擁有複製其資源的能力，但由於市場空間有限而只好作罷。在圍繞大量的資本投入而制定的戰略中，在需要投入複雜的處理機器時，這種情況最有可能發生。大規模的投入通常具有規模敏感性，必須針對專門的市場。如果此類資產不能被重新配置，則明確表明公司將長期占領該市場，並隨時準備打擊那些企圖複製這種投入的競爭對手。面對這種威脅，如果市場太小而不足以支撐兩個競爭者的盈利，則潛在的模仿者只好放棄複製這種資源。

在現實競爭中，如果同時存在著多種模仿壁壘，資源的獨特性就會越強，資源就會越稀缺，那麼其價值也會越大。因此，作為一種可持續競爭優勢的源泉，該資源必須長期具有稀缺性。

(3) 可獲得性

即使一項資源能夠滿足消費者的需求，同時也的確處於短缺狀態，但仍然存在一個利潤的分配問題：誰事實上獲取該資源創造的利潤？一些人誤以為利潤應該自動流到公司的資本提供者手中。事實並非如此，我們必須考慮究竟是誰擁有關鍵資源的所有權、是哪種資源在多大程度上創造了利潤和其他一些能影響利害相關者爭價實力的

因素。

4.1.4 戰略資源

競爭一旦延伸到資源層面，如何獨占某些戰略資源或打破競爭對手對戰略資源的獨占就成為競爭的焦點。這裡所說的獨占，既包括因排除競爭對手占用同一資源的可能性而形成的狹義上的獨占，也包括通過賦予資源以競爭對手難以模仿的特性而形成的廣義上的獨占。

所謂戰略資源就是企業擁有的有獨特價值的、不易模仿和替代的、能夠產生競爭優勢的資源。資源論的先驅者之一巴爾奈列舉出戰略資源的五個基本特徵：

（1）價值，即戰略資源在創造價值過程中發揮著重要作用，使企業在所處環境中能更好地把握機遇或減少威脅；

（2）稀缺性，即資源的數量限定了它不能被多家企業共同使用；

（3）不可模仿性，指競爭對手為模仿或複製這類資源需要投入大量的時間、人力和財力；

（4）不可替代性，即競爭對手無法用其他資源取代這類資源的效用；

（5）企業能夠以低於競爭對手的成本來獲取這類資源。

在這些特徵中，除了第一個以外，其他特徵事實上保證了企業對一些資源在一定程度上的獨占，企業因此將獨享這些資源產生的戰略性收益，如形成獨一無二的經營特色，贏得超額利潤，或實現超速成長。格蘭特也識別出評價戰略資源與能力的四個特性，分別是：①占用性（Appropriability），公司資源和能力中個人的占用性會降低公司保持利潤的能力；②耐久性（Durability），增強競爭優勢的持久性；③轉移性（Transferability），它減弱競爭優勢的持久性；④複製性（Replicability），它減弱競爭優勢的持久性。值得指出的是，即使一種資源本身不是戰略資源，但當對其進行組合與整合之後，其戰略價值會增大，並有可能成為一項戰略資源。

為了實現對戰略資源的獨占，對率先擁有某項資源的企業來說，競爭方式之一就是為競爭對手設置一道障礙，使得競爭對手的模仿行為遭遇更多的困難和付出更大的代價。這種障礙，沃納菲爾特稱之為「資源位障礙」（Resource Position Barriers），它維持了率先擁有者與其他企業的差別，延長了資源優勢的時效。

（1）使用權的隔離

像先進的製造設備、優越的地理位置、礦產開採權、技術專利與商標等資源，由於它們的使用權與所有權緊密聯繫在一起，企業只要取得資源的所有權，也就排除了競爭對手使用這些資源的可能性；而像企業的供應商或銷售商等客戶資源，通過建立互惠互利與長期信任的合作關係，也有可能形成一定程度的使用權的隔離機制，比如取得優惠的、排他性的合作條件，使競爭對手與這些客戶合作時處在不利的地位。在房地產經營中，搶先購買地產也屬此列。

（2）認識上的隔離

有效模仿的前提條件是準確認識被模仿對象的主要內容，如果競爭對手無法獲取必要的信息，那麼認識上的局限就會限制它們的模仿行為。建立這種隔離機制的主要

方法有：健全內部保密制度，阻斷競爭對手獲取信息的渠道；將各種資源要素融合為一個有機整體，使得融合后的資源特性更為複雜。

(3) 時間上的隔離

如果資源的累積受到企業歷史因素的影響，或者累積過程受到學習曲線的強烈支配，模仿行為將會遭遇到時間的障礙。時間上的隔離機制還表現在其他方面，如有些大型成套設備的製造週期較長，貨源又十分有限，率先購買設備的企業就可能在設備資源上領先競爭對手一段時期。這種短期的優勢儘管不具有持久性，卻能為企業的戰略調整贏得必要的時間。

(4) 收益上的隔離

這種障礙的作用是使模仿行為成為降低收益水平的起因，競爭對手一旦認識到經濟上的不利性，就會放棄模仿的企圖。

4.2　企業核心能力分析

目前，越來越多的企業把擁有核心能力作為影響企業長期競爭優勢的關鍵因素。並且越來越多的人認為，如果企業有意在未來的市場上獲取巨大的利潤份額，就必須建立起能對未來顧客所重視的價值起巨大作用的核心能力，然而在某一重要的核心能力方面要建立起世界領先地位，絕不是一朝一夕可以做到的。因此，如果企業想在未來競爭中獲得成功，現在就必須著手建立企業的核心能力。

1990 年，美國學者普拉哈拉德和英國學者哈默在《哈佛商業評論》上發表了《公司核心能力》一文后，理論工作者圍繞「企業核心能力」掀起了研究的新高潮，發表了一系列具有劃時代意義的論文。其中最有代表性的論文有：1992 年蘭格路易斯提出的「能力論」，1993 年福斯發表的「核心能力論」以及 1994 年哈默和哈尼發表的《企業能力競爭論》，等等。

在產品和市場戰略被看作是企業中相對生命短暫的現象的同時，企業核心能力則被認為是企業競爭優勢持久的源泉。

4.2.1　企業能力

(1) 企業能力的概念

美國管理史學家小艾爾弗雷德·D·錢德勒（Alfred. D. Chandler. J. R）認為，企業能力是企業在歷史的發展過程中，充分利用規模經濟和範圍經濟獲得的生產能力、行銷能力和管理技能，是企業內部組織起來的物質設施和人的能力的集合。企業的長期投資產生了規模經濟和範圍經濟，同時產生了龐大的組織結構。組織的能力來源於企業對兩個方面的投資：一是對企業進行大規模生產設備的投資，以使其能充分利用技術所具有的潛在的規模及範圍經濟；二是為配合大規模生產，對全國乃至國外的行銷、流通網路的投資，這不僅為了增強監督和調節兩個基本活動，而且還要為將來日益擴大的生產和流通制訂計劃、分配資源而培養具有領導作用的管理人才。企業能力

是企業長期發展、維持優勢的特徵,是企業持續發展的動力。

(2)企業能力的分類

①按能力所處的管理層次分類

按照企業能力所處的管理層次不同,可以將企業能力區分為選擇性的、組織性的、技術性的和學習性的能力。

A. 選擇性能力。選擇性能力存在於企業的戰略制高點,企業投資和市場決策就在這一層次上作業。如企業的回應能力和企業的戰略決策能力。企業的回應能力,是指企業在恰當的時間內對重要事件、機會和外部威脅做出有意識的反應以獲得或保持競爭優勢的能力;企業的戰略決策能力決定了企業核心資源的配置,也決定了企業未來的興衰。其作用表現在產業發展相對平穩的時期保持企業核心能力發展和累積的一致性;準確預測產業的動態變化,適時進行企業核心能力的躍遷,以適應新的市場競爭環境。

B. 組織性能力。組織性能力主要存在於和高層管理相連接的中層管理技術結構層,是企業持續增長的內在動力,企業競爭優勢地位因組織能力而得以不斷重新確立和鞏固。組織能力是建立在組織素質和組織結構之上。組織素質是一個組織的根本優勢之所在,而組織素質的培養和提高則要靠持續的修煉。也就是說,要成為一個學習型組織。組織作為動態系統,隨著形勢的不斷變化,具有進化和應變的特徵。組織素質越高,這種特徵越明顯。

C. 技術性能力。技術性能力主要存在於生產作業層,基層的作業活動都在這一層次完成。它包括以下要素:①尋找可靠的可選技術,並決定最合適的引進技術的能力;②對引進技術實現從投入到產出的轉換能力;③改進以適應當地生產條件的能力;④實現局部創新的能力;⑤開發適當的R&D設備的能力;⑥制訂基礎研究計劃並進一步提高改進技術的能力。

D. 學習性能力。學習性能力和組織的各個層次密切相關,並可以通過某種方式轉化為企業的內部規則。按照吸收能力的觀點,在已知的環境中,學習是最重要的。

②按能力所處的價值鏈位置分類

能力按照其在價值鏈上的不同位置,可分為一般能力和核心能力。一般能力能夠通過價格完全體現,涵蓋了公司整個價值鏈。它包括市場界面能力(如銷售、廣告、客戶服務等)、基礎設施能力、技術能力等組織內分散的活動、技巧。同時還包括企業的文化與價值觀;核心能力強調價值鏈上特定技術、生產力、行銷和企業文化方面的專有知識,能為企業獲得超額利潤,它是企業一般能力整合的結果,表明企業在某一方面比競爭對手更出色、更為擅長。

4.2.2 企業核心能力

戰略資源所創造的競爭優勢直接體現於產品市場,或是低成本,或是差異化。但是,戰略資源並不能直接轉化為競爭優勢,而是需要經過一定的中間過程或程序,這個轉化過程中的關鍵環節就是核心能力和核心產品。

第二次世界大戰以來,世界經濟和科技迅速發展,市場結構發生了根本性的變化;

需求不足，供給過剩，競爭越來越激烈；科技成果的傳播和應用速度越來越快，在核心產品的生產上創造成本或差異優勢的難度越來越大，行銷的附加值增加；在科技進步的作用下，技能和知識正在代替資產成為競爭力的主要來源。可以說現在已經進入了一個高科技、高投入、高變化、高風險的時代。

20世紀六七十年代的西方企業，尤其是美國企業已經初步認識到了上述變化趨勢，它們採用了不相關多樣化的戰略，希望通過進入許多不同的行業來降低風險，結果最終不得不放棄這種戰略而迴歸主業。與此同時，有些學者發現日本和美國有一類公司的效益長期好於其他公司，這些公司採用的多樣化戰略是以某種優勢為核心進行相關產品或行業的拓展，同時，它們從市場上購買大量的零配件和半成品。美國的管理學者們提出了兩種可以同時使用的概念或技術，即建立核心競爭優勢和戰略性外購。

從20世紀60年代到20世紀80年代末，一批與核心能力相互關聯的新理論湧現出來。1990年，美國學者普拉哈拉德和英國學者哈默爾發表了《公司的核心能力》一文。該理論構成了20世紀90年代西方最熱門的企業戰略理論，它是對幾十年來美國大企業戰略理論包括多樣化戰略的一個更高層次的發展。

20世紀90年代以來，核心能力理論越來越受到學術界和企業界的重視，一些新的成果不斷出現在各種雜誌和報端上。運用核心能力理論，對近年來企業發展「多元化」戰略和「專業化」戰略的爭論加以研究，可使我們對該問題的認識更深入。其實，「多元化」或「專業化」不過是企業發展戰略兩種形式，經營戰略的實質在於企業的核心能力。

今天，建立和發展自身的核心能力已經成為西方企業普遍追求的戰略目標，也是各種企業有效運用發展戰略的關鍵所在，西方企業的成功無不與對核心能力的重視有密切的關係。目前中國很多企業對核心能力的管理並不令人樂觀，有的企業不僅沒有抓住歷史契機迅速發展獨特競爭力，甚至還逐步喪失掉過去曾經辛辛苦苦建立的競爭優勢。這說明中國企業在核心能力理論的實踐上仍然存在一些誤區，當務之急是正確地理解、鑑別、培養和保持核心能力。

4.2.2.1　企業核心能力的概念

核心能力，又稱核心專長，或核心競爭力。根據普拉哈拉德和哈默爾的定義，核心能力是「組織中的累積性學識，特別是關於如何協調不同的生產技能和有機結合多種技術流派的學識」。其要點是：①核心能力的載體是企業整體，而不是企業的某個業務部門、某個行業領域；②核心能力是企業在過去成長過程中累積形成的，而不是通過市場交易獲得的；③核心能力不是某種可分散的技術和技能，而是企業各種技術、技能的「協調」和「有機結合」；④核心能力存在形態基本上是結構性的、隱性的，而非要素性的、顯性的。

綜合地說，核心能力是指企業依據自己獨特的資源（資本資源、技術資源或其他方面的資源以及各種資源的綜合），培育創造本企業不同於其他企業的最關鍵的競爭能力與優勢。這種競爭能力與優勢是本企業獨創的，也是企業最根本、最關鍵的經營能力。換言之，也只有在本企業中，這種競爭能力與優勢才能得到最充分的發揮。憑藉

這種最根本、最關鍵的經營能力，企業才擁有自己的市場和效益。

核心能力是以知識、技術為基礎的綜合能力，是支持企業賴以生存和穩定發展的根基。如果說企業是一棵樹，那麼核心能力應該是樹根，核心產品是樹干，而最終產品是樹葉和花，這時即使來一場狂風暴雨般的經濟危機將樹葉和花打落了，但是有樹根在地底下，企業還會慢慢地再發展起來。因此，企業在某一產品或某一方面具有一定的優勢，並不代表企業就具有較強的核心能力，只有這種產品和技術使競爭對手在一個較長的時期內難以超越而得以保持時，才是企業真正的核心能力的體現。可以說，企業的實力或競爭優勢並不在於產品，而在於支撐其產品的核心能力。企業只有系統地確認、培育和擴展其核心能力，才能在激烈的市場競爭中保持優勢。

4.2.2.2 核心能力的構成要素

企業核心能力是一個複雜和多元的系統，主要包括以下幾個方面：

（1）研究開發能力

研究與開發是指為增加知識總量，以及用這些知識去創造新的應用而進行的系統性創造活動。它包括基礎研究、應用研究和技術開發三項。

基礎研究主要是為獲得關於現象和可觀察事實的基本原理而進行的實驗性或理論性工作。其作用是既能擴大人們的科學知識領域，又能為新技術的創造和發明提供理論前提。從長遠發展看，基礎研究是技術開發的基礎工作，同時也是科研實力的重要標志和創新的基礎。

應用研究是為獲取新知識而進行的創造性研究，較之基礎研究有明確的目的性，是連接基礎研究和技術開發的橋樑。

技術開發是指利用從研究和實際經驗中獲得的現有知識，或從外部引進的技術、知識，為生產新的材料、產品、裝置，建立新的工藝和系統，以及對已生產和建立的上述工作進行實質性改進而進行的系統性工作。

目前，越來越多的企業重視自身的研發能力，國外一些大公司都有自己專門的研發機構。這是因為：第一，企業所需要的一些關鍵的、先進的技術很難從市場上買到，特別是在企業競爭異常激烈的今天，具有最先進技術的企業不會在別人具有模仿能力之前輕易放棄豐厚利潤的回報。第二，即使一些常用的技術能買到，其交易費用也非常高。尤其是隨著科技的發展和企業競爭的需要，企業所需的技術也越來越先進和複雜，其價格也越來越高，企業要獲得技術就要付出更大的代價。第三，有的技術引進來也不是馬上就能用，需要企業通過內部消化吸收，與本企業生產、管理融合之後，才能取得實效。企業還需要從外部不斷獲取所需要的信息和知識，在理解和消化的基礎上創新。

所以說，技術知識是企業核心能力的重要組成部分，只有通過研究與開發，形成與眾不同的技術和知識的累積，特別是形成自己的人才累積，才能使別人難以模仿和超越。

（2）不斷創新的能力

發展、競爭和變化是絕對和永恆的，一個企業要保持發展和競爭優勢，就必須善

於總結和提高，永遠地追求卓越，不斷超越自我，不斷進取和創新。

所謂的創新就是根據市場和社會變化，在原來的基礎上，重新整合人才、資本等資源，進行新產品研發和有效組織生產，不斷創造和適應市場，實現企業既定目標的過程。它包括技術創新、產品及工藝創新、管理創新。

企業創新的主體是決策層、技術層、中間管理層和生產一線管理層。創新能力表現為創新主體在所從事的領域中善於敏銳地觀察原有事物的缺陷，準確地捕捉新事物的萌芽，提出大膽新穎的推測和設想，進行認真周密的論證，拿出切實可行的方案，並付諸實施。

企業要取得核心能力，必須準確地把握世界科技和市場發展動態，制定相應創新戰略，使技術創新、管理創新、產品創新等協調展開。在技術發展迅速和產品週期不斷縮短的競爭環境中，創新是保持長久競爭優勢的動力源泉，創新能力是一個企業核心能力和旺盛生命力的體現。

（3）將科技成果轉化為生產力的能力

只有將創新意識或技術成果轉化為可行的工作方案或產品，提高效率和效益，創新和研究開發才有價值和意義。

轉化能力與企業的技術能力、管理能力有很大關係。轉化的過程即創新的過程，不僅需要進一步的創新，還需要切實可行的方法和步驟。創新只有轉化為實際效益，才是真正意義上的創新。

轉化能力在實際應用中表現為其綜合、移植、改造和重組的一些技巧和技能，即把各種技術、方法等綜合起來系統化，形成一個可實施的綜合方案，將其他領域中的一些可行的方法移植到本企業的管理和技術創新中，對現有的技術、設備和管理方法等進行改造，並根據企業實際和時代發展進行重新組合，形成新的方法和新的途徑，達到更優的效果。

（4）組織協調能力

面對激烈變化的市場，企業要有優勢，必須始終保持生產、經營管理各個環節、各個部門協調、統一、高效運轉，特別是在改革創新方案、新產品新工藝以及生產目標形成之後，要及時調動、組織企業所有資源，進行有效、有序的運作。

這種組織協調能力涉及企業的組織結構、戰略目標、運行機制、企業文化等多方面，突出表現在企業有堅強的團隊精神和強大的凝聚力，即個人服從組織，局部服從全局，齊心協力，積極主動，密切配合爭取成功的精神；表現在能根據生產中不同階段的要求，有效組織資源，並使其在各自的位置上正常運轉。

（5）應變能力

應變是一種快速反應能力，它包含對客觀變化的敏銳感應和對客觀變化做出的應付策略。客觀環境不斷發生變化，企業決策者必須具有對客觀環境敏銳的感應能力，保持經營戰略隨著客觀環境的變化而變化。特別是當競爭環境經常出現無法預料的事件時，如某一國家或地區金融危機的發生、某項技術的發明、政府政策的調整等，為把這種條件的變化對企業所產生的影響降低到最低程度，企業就必須迅速、準確地拿出應變的措施和辦法。應變能力表現在：能在變化中產生應對的策略；能審時度勢，

隨機應變；能在變化中把握方向和機遇，加快發展自己。

4.2.2.3 核心能力的基本特徵

（1）價值優越性

核心能力是企業獨特的競爭能力，它有利於企業效率的提高，能夠使企業在創造價值和降低成本方面比競爭對手更優秀，它給消費者帶來獨特的價值和效益。那些能夠使企業為用戶提供根本性價值的技能，才能稱得上是核心能力。區別核心能力與非核心能力的標準之一是它給用戶帶來的價值是核心的還是非核心的。例如，本田公司在發動機方面的技能稱為核心能力，而其處理與經銷商關係的能力則不是核心能力。因為本田在生產世界一流的發動機和傳動系統方面的能力的確為用戶提供了非凡的價值：節省油、易發動、易加速、噪音低以及振動小。但很少有用戶是因為本田的經銷人員的獨特能力，才在眾多的品牌中選擇了本田汽車。用戶是決定何者是、何者不是核心能力的最終裁判。

（2）異質性

一個企業擁有的核心能力應該是獨一無二的，是其他企業所不具備的，是企業成功的關鍵因素，核心能力的異質性決定了企業之間的異質性和效率差異性。

（3）延展性

核心能力應該具備一定的延展性，應該為企業打開多種產品市場提供支持，對企業一系列產品或服務的競爭力都有促進作用。如夏普公司的液晶顯示技術，使其在筆記本電腦、袖珍計算器、大屏幕電視顯像技術等領域都較易獲得一席之地，而非將其優勢領域限定在小範圍內。但若公司沒有取得核心能力方面的領先地位，被拒之門外的就不僅是一種產品市場，而會失去一系列市場和商機。核心能力猶如一個「技能源」，通過其發散作用，將能量不斷擴展到最終產品上，從而為消費者源源不斷地提供創新產品。如佳能公司利用其在光學鏡片、成像技術和微重量控制抹術方面的核心能力，使其成功地進入了複印機、激光打印機、照相機、成像掃描儀、傳真機等多個產品市場；夏普公司利用其在平面屏幕相關能力上的領先地位，使其成功地進入了筆記本電腦、便攜式電腦、微型電視、液晶投影電視等多個市場領域。可見，隨著產業、技術的演化，核心能力可以生長出許多奇妙的最終產品，創造出眾多意料不到的新市場，它是企業競爭優勢的根源。

（4）難以模仿性

核心能力是企業在長期的生產經營活動過程中累積形成的，深深地印上了企業特殊組成、特殊經歷的烙印，其他企業難以模仿。例如：松下公司質量與人格的協調能力；海爾公司廣告銷售和售后服務的能力；科龍公司無缺陷製造和銷售產品的能力。核心能力由於具有與眾不同的獨到之處，因此不易被人模仿，任何企業都不能靠簡單模仿其他企業而建立自己的核心能力，應靠自身不斷的學習、創造及在市場競爭中的磨煉，建立和強化獨特的核心能力。

（5）不可交易性

核心能力與特定的企業相伴而生，雖然可以為人們感受到，但無法像其他生產要

素一樣通過市場交易進行買賣。

(6) 難以替代性

由於核心能力具有難以模仿的特點，因而依靠這種能力生產出來的產品在市場上也不會輕易為其他產品所替代。

4.2.2.4 企業核心能力的形成

核心能力是企業的內在綜合能力，是企業在長期的市場競爭中形成的一種獨特的智慧和韜略，其形成過程也是複雜的，既受到企業決策者及員工的知識、能力和素質、企業的經濟實力、技術力量、管理機制和企業文化等內部條件的制約，又受到外部市場環境等客觀因素的影響。一般來說，企業核心能力的形成要經過三個階段。

(1) 確認階段

企業應對現有資源和竟爭力及其在市場中的價值加以系統考察，進而確認企業的核心能力。確認的標準有三個：

①具備顧客可感知的價值。

②具備專用性。核心能力是企業差異化的有效來源，具有競爭對手難以模仿的獨特性。

③具有潛在的擴展性。核心能力應當能夠覆蓋多個部門或產品，可以提供潛在的進入市場的多種方法。

(2) 培養階段

核心能力一旦得到確認，企業就應該不遺余力地加以培養。培養過程是核心能力的形成過程，也是最複雜、最關鍵的過程。一般分為以下幾個階段段：

①開發、獲取構成核心能力的技巧、技術等各種要素，為核心能力的形成打下物質基礎。這一階段的核心是獲取最關鍵的技術和人才，並爭取時間捷足先登。實現這一目標的模式可以是「內部發展型」，即通過企業內部資源的累積逐步實現；也可以是「外部擴張型」，即通過吸收外部資源來實現。

②整合技巧、技術等各種競爭力要素。核心能力是由不同要素有機聯繫而成的整體的競爭實力，核心能力要素的整合，涉及企業內部管理的各個方面。比如，要使企業在某核心技術方面的專長成為核心能力，其一，需要企業在該技術領域不斷進取提高，始終保持領先地位，做到這一點要求企業不僅能給予必要的資金支持，還要建立有效的科研開發激勵機制，以保證研發人員的研究熱情；其二，需要在產品的試製和試銷方面對新產品開發予以支持，並很好地協調科研部門和生產部門的關係；其三，在產品行銷階段，需要建立行銷部門和科研部門之間密切的信息聯繫，以及時將市場信息反饋到研發部門，使研究開發更好地與市場需求相一致；等等。核心能力的形成需要多方面管理工作的整合。

(3) 擴展階段

擴展有三個方面的含義：

①將核心能力應用在最終產品或市場的開發上；

②利用核心能力開發中間產品，這些中間產品往往會被用在多個最終產品領域，

並對最終產品市場產生決定性的影響;

③發展和更新核心能力。因為核心能力並不是一種固化的競爭力,而是一個動態系統,隨著科學技術的進步和市場環境的變化,原有的核心能力可能會演化為一般的能力而逐漸喪失競爭優勢,因而企業必須時刻關注核心能力的發展演變,並不斷推進、豐富,直至更新。

4.2.2.5 企業核心能力的評價指標體系

核心能力體現的是一個企業的綜合素質和能力,要準確全面地評價企業的核心能力比較困難。但可從其構成內容上進行適當的定性和定量分析。

(1) 企業核心能力分析

①首先要分析企業是否有明確的主營領域,該主營領域是否有穩定的市場前景,以及本企業在該領域中與同行業競爭對手相比的地位如何。如果一個企業沒有明確的主營領域,經營內容過於分散,則很難形成核心能力。如果一個企業雖然有明確的主營領域,但在該領域中的競爭地位很弱,也談不上有核心能力。

②其次要對企業在該領域中的主導產品進行分析,包括產品的前景、市場地位、產品的差異性和延展性等。核心產品可以延伸至多個最終產品領域,最大限度地實現核心能力的範圍經濟。如果一個企業沒有過硬的核心產品,則很難說該企業具有較強的核心能力。

③再次要分析企業的核心技術和專長。分析的內容主要包括:支持企業核心產品和主營業務的優勢技術和專長是什麼,這種技術和專長的難度、先進性與獨特性如何,企業是否能不斷吸收新的技術和信息以鞏固和發展自己的專長,這些專長是否得到了充分發揮,為企業帶來何種競爭優勢,強度如何等。企業核心能力的獨特性和持久性在很大程度上由它賴以存在的基礎所決定。

④最后是成長能力分析。核心能力是動態的,昔日的核心能力,今天可能已成為一般化技術。為了使企業具有持續的競爭優勢,必須不斷保護和發展自己的核心能力,包括對現有核心能力的關注和對新的核心能力的培育。如果一個企業既缺乏付出艱苦努力培育核心能力的耐心,又缺乏洞察未來商機開創核心能力的遠見卓識,那它怎麼可能取得持續的競爭優勢呢?因此,對企業核心能力的診斷和分析,還應該涉及這一更深層次的內容,即企業發展核心能力的能力分析,主要包括企業對現有優勢技術和專長的保護與發展;對新技術信息及市場變化趨勢的追蹤與分析,高層領導的進取精神與預見能力等。

(2) 企業核心能力的評價指標

根據以上的分析可以對核心能力進行指標體系的設計,它主要由三個層面構成:市場層面、技術層面和管理層面。

①市場層面

市場層面分析的內容包括核心業務(主營領域)和核心產品(主要產品)。

說明核心業務的指標有:主營領域的明確程度,主營領域收益占總收入的份額,主營領域的市場前景,企業在主營領域中的市場地位。

核心產品的指標有：核心產品的明確程度，核心產品的市場佔有率，核心產品的品牌信譽，銷售收入的增長速度；核心產品優勢地位的穩固性，核心產品的市場前景。

②技術層面

技術層面包括吸收能力、開發與合成能力、延展能力三個部分。

A. 吸收能力的指標有：信息系統先進有效程度，獲取信息渠道的廣泛有效性，技術信息動態追蹤效果，信息分析與處理效率，新技術的吸收轉化率，與科研院所年合作項目數，年參加培訓人員占職工的比例。

B. 開發與合成能力的指標有：技術管理人員占職工的比例，年研發費用投入量，高級技術人才占技術人員的比例，年科技立項數，基於核心技術的專利數；核心技術的獨特性，核心技術的領先程度，生產工藝技術的先進性，基於核心技術的新產品開發數，產品研發人員占職工的比例。

C. 延展能力的指標有：核心技術發展前景，核心產品的差異性；與目標市場相關的行銷資源的累積，核心產品延伸領域的市場增長率，核心能力延伸領域數。

③管理層面

管理層面包括現有核心能力的保護與發展、高層領導的素質與能力、新核心能力的設想與構建。

A. 現有核心能力的保護與發展指標有：圍繞核心能力培訓體系的有效性，核心技術保密的有效性；企業凝聚力，高層領導關注市場及其變化趨勢的程度，核心技術產品開發激勵機制的有效性，現有核心能力發展長遠規劃的有效性，核心能力定期評價與分析體制健全性。

B. 高層領導的素質與能力指標有：主要高層領導的文化程度，高層領導班子結構的合理性，高層領導的學習進取精神，高層領導的決策能力，企業管理和控制系統的有效性。

C. 新核心能力的設想與構建指標有：高層領導戰略思維能力，企業對外環境的適應性，技術開發力量的儲備水平，新核心能力構建的長遠規劃有效性，新核心能力構建階段成果顯著性。

4.3　企業戰略內部環境分析方法

4.3.1　內部因素評價矩陣（IEF）

對企業內部因素的優勢和弱勢進行分析評價的結果以矩陣形式表現出來，形成內部因素評價矩陣（Internal Factor Evaluation Matrix，IFE）。在建立 IEF 矩陣時需要靠直覺性的判斷，因此具有科學方法的外表並不意味著就是一種萬能的技術。對矩陣中因素的透澈理解比實際數字更為重要。

IEF 矩陣可以按以下五個步驟來建立：

(1) 列出在內部分析過程中確定的關鍵因素。採用 10～20 個內部因素，包括優勢

和弱點兩方面的。首先列出優勢，然后列出弱點。要盡可能具體，要採用百分比、比率和比較數字。

（2）給每個因素以權重，其數值範圍由 0.0（不重要）到 1.0（非常重要）。權重標志著各因素對於企業在產業中成敗的影響的相對大小。無論關鍵因素是內部優勢還是弱點，對企業績效有較大影響的因素就應當得到較高的權重。所有權重之和等於 1.0。

（3）為各因素進行評分。1 分代表重要弱點；2 分代表次要弱點；3 分代表次要優勢；4 分代表重要優勢。值得注意的是，優勢的評分必須為 4 或 3，弱點的評分必須為 1 或 2。評分以公司為基準，而權重則以產業為基準。

（4）用每個因素的權重乘以它的評分，即得到每個因素的加權分數。

（5）將所有因素的加權分數相加，得到企業的總加權分數。

無論 IFE 矩陣包含多少因素，總加權分數的範圍都是從最低的 1.0 到最高的 4.0，平均分為 2.5。總加權分數大大低於 2.5 的企業的內部狀況處於弱勢，而分數大大高於 2.5 的企業的內部狀況則處於強勢。IFE 矩陣應包含 10~20 個關鍵因素，因素數不影響總加權分數的範圍，因為權重總和永遠等於 1.0。

表 4-2 是對瑟克斯.瑟克斯公司（Civcus-civcus Enterprises）進行內部評價的例子。

表 4-2　　　　　　　　瑟克斯.瑟克斯公司 IFE 矩陣

內部優勢	權數	評分	加權分數
1. 美國最大的賭場公司	0.05	4	0.20
2. 拉斯維加斯的客房入住率達 95% 以上	0.10	4	0.40
3. 活動現金流增加	0.05	3	0.15
4. 擁有拉斯維加斯狹長地帶 1.609 千米的地產	0.15	4	0.60
5. 強有力的管理隊伍	0.05	3	0.15
6. 員工素質較高	0.05	3	0.15
7. 大多數場所都有餐廳	0.05	3	0.15
8. 長期計劃	0.05	4	0.20
9. 熱情待客的聲譽	0.05	3	0.15
10. 財務比率	0.05	3	0.15
內部弱點			
1. 絕大多數房產都位於拉斯維加斯	0.05	1	0.05
2. 缺乏多樣性經營	0.05	2	0.10
3. 接待家庭遊客，而不是賭客	0.05	2	0.10
4. 位於 Lauyhling 的房地產	0.10	1	0.10
5. 近期的合資經營虧損	0.10	1	0.10
總計	1.00		2.75

可以看出該公司的主要優勢在於其規模、房間入住率、房產以及長期計劃,正如它們所得的 4 分所表明的。公司的主要弱點是其位置和近期的合資經營,總加權分數 2.75 表明該公司的總體內部優勢高於平均水平。

4.3.2 企業價值鏈分析

4.3.2.1 概述

邁克爾‧波特在 1985 年提出了企業價值鏈理論。所謂價值鏈,是企業從事設計、生產、行銷、交貨以及對產品起輔助作用的各種價值活動的集合。通過分析企業的價值鏈,可以更好地理解企業的成本變化以及引起變化的原因和方法。價值分析最初是為了在複雜的製造程序中分清各步驟的「利潤率」而採用的一種會計分析方法,其目的是為了決定在哪一步可以削減成本或提高價值。企業的經營可以被認為是一個由設計、生產、行銷、交貨等價值活動所組成的集合。企業的部分優勢就是來源於企業能比競爭對手以更低成本、更高效率完成那些具有戰略意義的活動。企業的價值活動分為基本活動和輔助活動兩大類,如圖 4-1 所示。基本活動也稱為主體活動,是指以企業購進原材料進行加工生產成為最終產品,將其運出企業,上市銷售,直到售後服務的一系列活動。輔助活動始終貫穿在這些活動之中。基本活動分為五類:內部后勤活動、生產活動、外部后勤活動、市場行銷活動以及售後服務活動。輔助活動也稱為支持活動,包括企業投入的採購管理、技術開發、人力資源管理和企業的基礎實施(一般管理)。採購管理、技術開發、人力資源管理三種活動既支持整個價值鏈的活動,又分別與每項具體的、基本的基礎活動有著密切的聯繫。企業的基礎管理活動支持整個價值鏈的運行,而不分別與每項基本活動發生直接的關係。

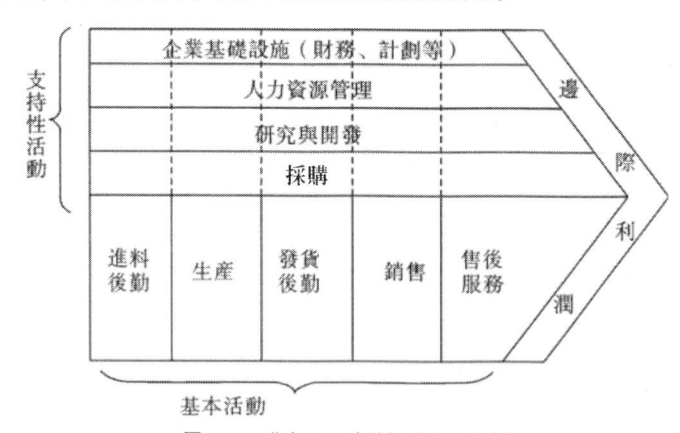

圖 4-1 邁克爾‧波特提出的價值鏈

應該說明的是,在大多數行業,很少有哪一個企業能單獨完成從產品設計到分銷的全部價值活動,總要進行一定程度的專業化分工。即任何一個企業都是創造產品和服務價值系統的一部分,隨著世界經濟一體化、全球化進程的加快,這一特點將更為

突出。因此，在瞭解價值的產生過程時，不僅要考察組織的每一項內部活動及它們之間的聯繫，還應對包括採購和銷售鏈在內的整個價值過程進行深入分析和瞭解。價值鏈方法為企業對現實的及潛在的優勢和劣勢進行內部分析提供了有效的指導，在把企業所有活動進行系統分割，區分出幾項價值活動後，就可以從中找出關鍵的要素，並將它們作為企業競爭優勢的來源而作進一步分析。

4.3.2.2 構造價值鏈

企業為了診斷自己的競爭實力，需要根據價值鏈的一般模型，構造具有企業自身特色的價值鏈。

企業在構造價值鏈時，需要根據利用價值鏈分析的目的以及自己生產經營活動的經濟性，將每項活動進一步分解。分解後的每項子活動要有自己的經濟內容，即或者具有高度差別化的潛力，或者在成本中有重要的百分比。企業應將可以充分說明企業競爭優勢或劣勢的子活動單獨列出來，以供分析使用。那些不重要的子活動可以歸納在一起分析。活動的順序應該按照工藝流程進行，但也可以根據需要進行安排。無論怎樣的順序，企業的管理人員都應從價值鏈的分類中得到直觀的判斷。

4.3.2.3 價值鏈的內在聯繫

價值鏈不是一些獨立活動的集合，而是相互依存的活動構成的一個系統。在這個系統中，各項活動之間存在著一定的聯繫。例如，加工企業購買高質量的已剪切好的鋼板，可以簡化生產流程並減少廢料。由此可以看出，企業的競爭優勢既可以來自單獨活動本身，也常來自各活動的聯繫。

（1）形成價值活動間聯繫的基本原因

價值活動間的聯繫很多，最常見的是價值鏈中主體活動與支持活動之間的各種聯繫。例如，產品的設計會影響其生產成本。在各項主體活動之間，這種聯繫的作用更為突出。如企業加強對投入部件的檢查會降低生產工藝流程中的質量保證成本。

形成這些聯繫的基本原因有：

①同一功能可以用不同的方式實現。例如，為了保證產品合格，企業可以採購高質量的原材料或零部件，或者明確規定生產工藝流程中的最小公差，或者對產品進行全面的檢驗。

②通過間接活動保證直接活動的成本或效益。例如，通過優化時間安排（間接活動），企業可以減少銷售人員的出差時間或交貨檢查，部分或全部替代成品檢查。

③以不同的方式實現質量保證功能。例如，企業可以通過進貨檢查、部分或全部成品檢查等方式來實現質量保證功能。

當然，形成價值活動間聯繫的原因很多，還需要做更進一步的認識。

（2）內在聯繫形成競爭優勢的方式

企業價值活動間的內在聯繫所形成的競爭優勢有兩種形式：最優化與協調。企業為了實現其總體目標，往往在各項價值活動間的聯繫上進行最優化的抉擇，以增加競爭優勢。例如，企業在考慮產品設計與服務成本時，為了獲得差別化優勢，可能會選擇成本高昂的產品設計、嚴格的材料規格或嚴密的工藝檢查，以減少服務成本。

在協調方面，企業通過協調各活動間的聯繫來增加產品的差別化或降低成本。例如，企業要按時發貨，則需要協調企業內部的生產加工、成品儲運和售後服務等活動之間的聯繫。在最優化與協調的過程中，企業需要大量的信息去認識形式多樣的聯繫。因而，企業有必要利用信息技術，建立自己的信息系統，創造與發展新的聯繫，增強原有的聯繫。

4.3.2.4 價值鏈間的聯繫

價值活動的聯繫不僅存在於企業價值鏈內部，而且存在於企業與企業的價值鏈之間。其中，最典型的是縱向聯繫，即企業價值鏈與供應商和銷售渠道價值鏈之間的聯繫。這種聯繫構成了涉及將產品或勞務提供給消費者活動的所有上下遊企業所形成的網路，即供應鏈。供應鏈的集成管理將給供應鏈上的企業帶來競爭優勢。例如，企業的採購和原料供應活動如果與供應商的定單處理系統相互作用，同時，供應商的應用工程技術人員與企業的技術開發和生產人員也系統工作的話，供應商的產品特點以及其他方面就會明顯地影響企業的成本和差異化。

企業價值鏈與供應商價值鏈之間的各種聯繫為企業增強競爭優勢提供了機會。通過影響供應商價值鏈的結構，或者通過改善企業與供應商價值鏈之間的關係，企業與供應商常會雙方受益。在企業和其供應商之間分配由於協調和優化各種聯繫所帶來的收益，取決於供應商的討價還價能力，並反應為供應商的利潤。

銷售渠道的各種聯繫與供應商的聯繫類似。銷售渠道具有企業產品流通的價值鏈。銷售渠道對企業價格的抬價經常在最終銷售價格中占很大比重。此外，銷售渠道進行的各種促銷活動可以替代或補充企業的活動，從而降低企業的成本或提高企業的差別化。銷售渠道也存在與企業分配由於協調和優化各種聯繫所帶來的收益的問題。

本章小結

1. 競爭優勢是戰略管理研究的基本議題。競爭優勢的一個明顯表現就在於企業能夠比競爭者向顧客提供更高的價值。價值的創造主要是由企業通過對自身所擁有的資源和能力進行創新性地組合利用而實現的。

2. 戰略的資源基礎觀認為，每個企業都擁有一些其他企業所不同的資源與能力，資源是能力的基礎，而能力又可以使企業從中發展出自己的核心競爭力，並獲得競爭優勢。

3. 資源是企業擁有的、能夠為顧客創造價值的各種投入。企業資源可以分為有形資源和無形資源兩類。有形資源是那些可見的、以實物存在的資源，它們通常能夠量化。有形資源可以分為財務資源、組織資源、實物資源以及技術資源。無形資源是指那些非實物的資源，這類資源通常與企業的歷史有密切關聯，是長期累積下來的資產。無形資源可以分為人力資源、創新資源和聲譽資源。

4. 能力是指企業對各種資源進行協調，並將這些資源投入生產性用途的技能和知

識。企業的組織能力是組織結構、流程和控制系統的產物。組織能力是無形的和難以識別的，通常嵌入在組織過程中。

5. 核心能力是指能為企業帶來競爭優勢的企業資源與能力，它是在企業長期累積學習如何利用各種不同資源與能力的過程中所形成的

6. 價值鏈分析能夠將企業的內部核心競爭力與所處的外部環境整合起來，從而識別出企業獲得競爭優勢所需要的資源，並進行資源的優化配置。價值鏈是指企業將投入轉化為顧客所重視的產出的一系列活動鏈。

5　公司戰略

學習目標：

1. 瞭解公司層戰略的基本類型；
2. 識別成長型戰略的優缺點及適用性；
3. 識別穩定型戰略的優缺點及適用性；
4. 識別緊縮型戰略的優缺點及適用性。

案例導讀

阿里巴巴發展史

阿里巴巴集團主要業務發展歷程（imeigu. com）如圖 5-1 所示。

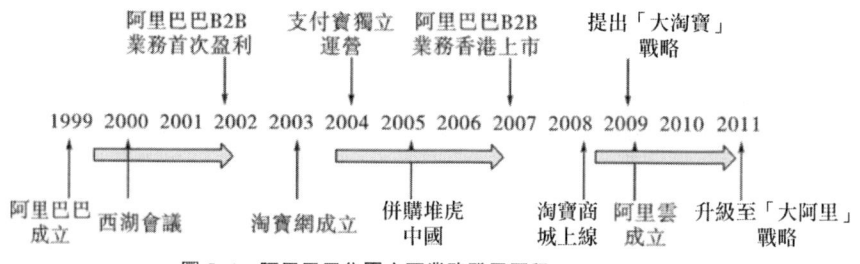

圖 5-1　阿里巴巴集團主要業務發展歷程（imeigu.com）

1. 阿里巴巴前傳

1997 年底馬雲和他的團隊受邀請協助國家外經貿部建立系列網站，其中包括網上廣交會、中國商品交易市場等系列網站，網站的主要模式是將企業的信息和商品搬到網上展示，簡單講就是用網路為企業服務，初具 B2B（Business-to-Business）雛形。

網站受到許多企業追捧，並實現當年創建、當年盈利，國家外經貿部的經歷讓馬雲團隊真正觸摸到中小企業信息服務中的巨大商機，再往后面說就是我們熟悉的「十八羅漢」創業，1999 年初阿里巴巴在杭州正式成立。

2. 創業初的摸索期

阿里巴巴成立初期，那些想做外貿的中國中小企業可選擇的途徑一般只有廣交會（中國進出口商品交易會），沿襲中國黃頁和外經貿部的經歷，阿里巴巴定位為中國廣泛的中小企業提供貿易服務（網站設計+推廣），即建立一個類似 BBS（Bulletin Board System）的網上論壇，中小企業可以在同一平臺發布信息，也就是將中小企業的信息及

商品交易市場搬到互聯網上尋找交易機會，打造「網路義烏」。

這種商業模式的成功需要建立在足夠的信息量基礎上，即足夠的供應商、買家和交易量，1999年2月阿里巴巴從建立初零會員、零信息開始。1999年7月份會員3.8萬名，兩個月后會員升至8萬名，庫存買賣信息20萬條，日新增信息800條，1999年底時，阿里巴巴的會員人數已超越10萬名。

2000年阿里巴巴開始瘋狂的海外市場擴張（此時阿里巴巴經歷兩輪融資帳上資金達2500萬美元），香港成立公司總部、英國設立辦事處、美國硅谷設立研發中心以及分佈在韓國、日本、臺灣等地的合資公司，接下來就是高薪引進優秀人才，當時硅谷20多人的團隊比杭州200多人的薪水開支還要高幾倍。

2000年阿里巴巴相繼推出日語網站、韓文網站和針對臺灣用戶的中文繁體網站（英文網站在公司成立初就先於中文網站建立），阿里巴巴被形象的比喻成「不打甲A，直接進世界杯」。並在2000年9月舉辦了中國互聯網史上著名的「西湖論劍」，馬雲與新浪王志東、搜狐張朝陽、網易丁磊等齊聚杭州西湖探討中國互聯網的發展，阿里巴巴的知名度一下提高到與三大門戶一樣的高度（之前阿里巴巴的活動主要在歐洲和美國，國內知名度不高）。

但阿里巴巴高速擴張累積下許多隱患，海外機構高企的成本開支，美國香港歐洲等地的機構不但沒有收入，還面臨著巨額開銷（當時阿里巴巴擁有13個國外辦事處並在當地進行推廣活動），公司的營運成本在瘋狂的擴張下驟然抬高（2000年底剩余資金只夠維持半年營運），而就在這時互聯網的冬天悄然而至。

阿里巴巴的高層也意識到這種情況，在2000年10月阿里巴巴內部舉行的「西湖會議」中對公司的戰略方向進行了重大調整，並提出了3個B2C的戰略轉向，即Back To China（回到中國），Back To Coast（回到沿海），Back To Center（回到中心）。所謂Back To China（回到中國），就是要全面收縮戰線，撤站裁員；所謂Back To Coast（回到沿海），是指將業務重心放在沿海六省；Back To Center（回到中心），是指回到杭州本部。

除了壓縮成本，「西湖會議」后分別推出「中國供應商」和「誠信通」等開流項目，即向供應商提供額外的線上和線下服務，並收取一定的會員費用，開始初步的盈利探索，2002年又推出「關鍵詞」服務，同年首次實現盈利。自此阿里巴巴的會員費+增值服務模式的B2B道路開始清晰。

3. 佈局淘寶和支付寶

在創立阿里巴巴前馬雲其實並不看好B2C和C2C這兩種商業模式，當時的觀點是中國的銀行和物流體系沒有準備好，阿里巴巴也定位成企業對企業（B2B）的商業形式，即企業間信息流的傳遞，沒有涉足資金流和物流。2000年「西湖論劍」上馬雲還試圖說服8848的王峻濤和譚智B2C和C2C在現階段中國是行不通的。

直到2003年初馬雲為阿里巴巴尋找新增長點的日本之行（當時eBay易趣、卓越、當當高速成長），據《馬雲十年》中講到，孫正義在辦公室會見馬雲開場就談阿里巴巴平臺與eBay的相似性，接著又談到雅虎日本的商業模式以及在日本戰勝eBay的原因，即eBay的經營方式與日本當地市場存在不少的差異，並表示既然雅虎日本能夠在日本

市場的競爭中勝出，阿里巴巴同樣能在中國成功。

2003年5月淘寶成功上線，7月份阿里巴巴宣布1億元人民幣投資淘寶，11月推出網上即時通信軟件貿易通（現在的阿里旺旺）。

在淘寶網成立前一年eBay3000萬美元投資易趣（佔股33%），易趣更名為eBay易趣，2003年eBay更是出資1.5億美元實現對易趣的完全控制，2003年eBay易趣的C2C市場份額高達90%左右，並聯合主流門戶對淘寶網實行廣告「封殺」（簽訂排他性的廣告協議）。

eBay易趣當時實行店鋪費、商品登錄費和成交費的收費模式，淘寶網在隨後的營運中採取免費策略，降低賣家成本，採用更加符合中國本地用戶的功能和服務，並通過反向的廣告形式實現突圍（即放棄主流門戶，廣告投向小網站和線下）。

淘寶迅速聚集人氣，雖然2004年和2005年eBay易趣大幅下調費用，但仍堅持收費模式，2005年10月，阿里巴巴宣布再向淘寶網投資10億人民幣，淘寶網繼續免費3年。eBay易趣賣家在成本壓力驅動下流向淘寶，據易觀國際的數據顯示，2007年第二季度按交易金額計，淘寶網市場份額已達80%左右，而曾經的C2C老大eBay易趣市場份額僅為7.2%。

隨著淘寶網的迅速成長，網路安全支付問題更加突出，束縛淘寶網的進一步發展，而Paypal並不適合中國市場的情況（信用體系不完善），阿里巴巴需要打造自己的支付平臺。

2003年10月，支付寶上線，支付寶採用擔保交易的模式，即買家先把錢打給支付寶，買家覺得產品滿意再通知支付寶付款給賣家。2004年12月支付寶公司成立，支付寶網站上線並獨立運行，2005年，馬雲在達沃斯經濟論壇上表示2005年將是中國電子商務的安全支付年，隨后推出全額賠付制服並與多家銀行達成戰略合作協議。據艾瑞數據顯示，截至2010年12月，支付寶註冊用戶數突破5.5億，日交易筆數達到850萬筆。

4. 併購雅虎中國

2005年8月，雅虎通過10億美元和雅虎中國全部資產獲得阿里巴巴40%的股權，其中雅虎中國的資產包括雅虎的門戶、搜索、IM產品，3721以及雅虎在易拍網中的部分資產等。通過此次交易后，阿里巴巴業務涵蓋電子商務、搜索、門戶和即時通訊。

當時B2B的利潤不足以支撐淘寶和支付寶迅速發展，回購軟銀持有的淘寶股份也需要大量資金，再次就是搜索對於電子商務的重要性，馬雲在新聞發布會上解釋併購原因時講到：「合作的主要目的是為了電子商務和搜索引擎，未來的電子商務離不開搜索引擎，今天獲得的整個權利使我們把雅虎作為一個強大的后方研發中心。」並多次強調阿里巴巴過去做的是電子商務，現在做的是電子商務，將來做的還是電子商務。而誠信、市場、支付和搜索是電子商務的四大基礎，如今這四大基礎阿里巴巴都具備了。

另外從互聯網產業鏈分析，阿里巴巴的主要業務是B2B和C2C的電子商務，而雅虎中國的主要業務是門戶和搜索，搜索和門戶能夠為阿里巴巴的主業電子商務提供流量，雙方存在縱向整合的協同效應。

阿里巴巴接手之后雅虎中國關閉大量業務（無線等），3721上網助手被改造成新

的雅虎助手，雅虎中國專注搜索服務，另外阿里巴巴進行了大規模的廣告推廣（央視新聞聯播5秒鐘廣告和「雅虎搜星」等），但仍然沒有提升雅虎中文搜索市場份額，2006年8月馬雲首度承認「雅巴聯姻」的失敗。

2009年1月中國雅虎（2007年雅虎中國更名為中國雅虎）正式放棄發展3721和雅虎助手的業務發展，並表示中國雅虎今后的核心業務將是生活服務的電子商務化，中國雅虎的搜索業務被淡化。

5. 收購口碑網組建阿里軟件

2006年10月阿里巴巴宣完成對口碑網的收購，口碑網創立於2004年6月，主要提供生活黃頁、分類信息和垂直搜索，覆蓋餐飲、房產、交友聚會、同城生活、跳蚤市場等多個垂直搜索領域，是本地化「吃、住、玩」的分類生活社區網站。

2008年6月中國雅虎與口碑網整合成立雅虎口碑公司，阿里巴巴首先希望借助中國雅虎的平臺對植根於杭州的口碑網實現全國性的擴張，其次希望將雅虎口碑打造成生活資訊平臺。2009年8月阿里巴巴宣布在大淘寶的戰略下口碑網注入淘寶網，口碑網的定位從生活資訊轉向電子商務的信息服務平臺。

馬雲曾講到除了誠信、市場、支付和搜索四大電子商務基礎，軟件也是重要的一環。早在2004年阿里巴巴變投資3億元成立阿里巴巴（中國）軟件研發中心，2007年1月阿里巴巴（中國）軟件公司在上海註冊成立，進軍企業商務軟件領域，阿里軟件也是繼阿里巴巴網路公司、淘寶網、支付寶、中國雅虎之后的阿里巴巴集團成立的第五個子公司。

阿里軟件定位成用全新的 SaaS（Software as a Service）的模式為廣大中小企業提供全生命週期的軟件服務，同時滿足他們在電子商務和企業管理方面的需求。套用馬雲的話就是「阿里巴巴的使命是讓天下沒有難做的生意，而阿里軟件的目標是要讓天下沒有難管的生意」。根據易觀國際發布的「2007年第3季度中國SaaS市場數據監測」顯示，阿里軟件以63.7%的市場份額排名首位。

2009年8月阿里巴巴集團將阿里軟件旗下的管理軟件業務作價2.08億元注入阿里巴巴網路有限公司（B2B業務，香港上市），管理軟件業務包括為小企業而設的主要應用軟件產品線（企業管客、管貨和管錢的小企業應用程式）及有關資產，以及所有有關管理軟件業務的客戶合約和員工。阿里軟件餘下的資產，包括與管理軟件無關的核心技術，繼續為阿里巴巴集團所擁有。

6. 阿里媽媽一淘相繼誕生

與阿里軟件一樣，阿里媽媽也是在2007年誕生，宣告阿里巴巴進軍網路廣告領域，阿里媽媽商業模式通俗的講就是網站站長可以將自己的廣告位放到阿里媽媽上如同商品一樣銷售，即廣告是商品的概念，阿里媽媽的使命為「讓天下沒有難做的廣告」。

馬雲曾多次在公開場合表示，創辦阿里媽媽的一個初衷是為了回報當初在淘寶突圍時，幫助過淘寶的眾多中小網站，為感恩當年支持淘寶的中小網站，三年內不考慮盈利問題。

2008年9月淘寶兼併阿里媽媽，阿里巴巴集團希望借阿里媽媽覆蓋的流量為淘寶

賣家提供網路推廣服務；與此同時，淘寶網巨大的成交量也能夠為阿里媽媽輸送流量價值，建立一個更大電商生態。兼併時阿里媽媽已聚集 40 萬家網站 30 億流量，日覆蓋人群 8000 萬以上。

一淘網創建於 2010 年 10 月份，在「大淘寶」的架構下，一淘網將原來在「小淘寶」中搜索商品的買家分離出來，梳理清「大淘寶」的流量輸送鏈條，一淘網立足於淘寶網的商品基礎，面向全網的獨立購物搜索引擎。「一淘網搜索平臺」商家申請頁面在 2010 年 11 月上線，向淘寶外的垂直 B2C 商家測試「開放搜索」功能。

2011 年 6 月「大淘寶」升級「大阿里」戰略，一淘網成為獨立業務，目前，一淘網收錄商品總量 6 億以上，B2C 商家數量上千家（包括淘寶網、淘寶商城、京東商城、當當網、卓越亞馬遜及凡客誠品等），相關購物信息 2 億條以上，一淘網的主要功能和服務有商品搜索、團購搜索、電影票搜索等。

7. 阿里雲和淘寶 SNS

2009 年 9 月，阿里巴巴集團在十周年慶典上宣布成立子公司「阿里雲」，阿里雲由原阿里軟件、阿里巴巴集團研發院以及 B2B 與淘寶的底層技術團隊組成，目標是打造以數據為中心的先進雲計算服務平臺。

根據阿里巴巴官網資料顯示，阿里雲將致力於提供完整的互聯網計算服務，包括電子商務數據採集、海量電子商務數據快速處理，和定制化的電子商務數據服務，以助阿里巴巴集團及整個電子商務生態鏈成長，並在近期推出了整合阿里巴巴旗下電子商務服務的阿里雲手機。

淘寶的 SNS（淘江湖）在 2009 年 4 月便已啟動，淘江湖是一款建立在淘寶網上面的社交平臺，買家可以分享購物心得（日記+微博），獲得促銷信息，賣家也可以借 SNS 網路進行推廣活動（有獎轉發等），淘寶 SNS 化讓網路購物不再是一對一行為，賣家作為信息源，買家的參與轉發擴散形成多層次的傳播效應。

馬雲在 2011 年初的淘寶年會上表示淘寶今年的第一件大事就是必須 SNS 化，5 月淘寶 CEO 陸兆禧進一步強調淘寶的 SNS 化是為了更加貼近用戶，並為用戶搭起一張網，強化用戶之間的關係。「比如你買到了好的東西，就以分享給朋友，可以到朋友那裡看看，最近買了什麼好東西，有什麼店鋪收藏。」

8. 阿里巴巴金融

早在 2007 年 6 月，阿里巴巴便已與中國建設銀行、中國工商銀行聯合推出中小企業貸款（主要面對網商），阿里巴巴和銀行共同建立了一整套信用評價體系與信用數據庫，一方面減少暴露風險，另一方面幫助企業降低貸款門檻，繼續著阿里巴巴做電子商務的基礎服務角色。

2010 年 6 月，阿里巴巴集團與復星集團、銀泰集團、萬向集團等合作夥伴，面向網商成立小額貸款公司（浙江阿里巴巴小額貸款股份有限公司），並獲得國內首張電子商務領域的小額貸款公司營業執照。2001 年 6 月重慶市阿里巴巴小額貸款股份有限公司成立，註冊資金 2 億人民幣，阿里巴巴占股 70%，這是第二家阿里巴巴合作成立的小額貸款股份有限公司。

阿里巴巴小額貸款公司主要在阿里巴巴 B2B 業務、淘寶網等平臺上營運，貸款金

額上限為50萬元，面對風險控制問題，阿里巴巴稱「阿里內部在客戶准入、客戶資信調查、風險追蹤等方面，採取全程互聯網監控，而外部由當地地方政府監管」。

阿里巴巴小額信貸公司截止重慶公司成立共為4萬家微小企業發放貸款，金額累計達28億元，不良貸款率為1.94%（全國金融機構不良貸款率平均為2.61%）。當被問及商業銀行計劃時，阿里巴巴集團副總裁胡曉名表示：「關於商業銀行的計劃，起碼在目前為止還沒聽到。」

9.「大淘寶」到「大阿里」

2008年4月，淘寶「品牌商城」上線，宣告淘寶網正式進入B2C領域；同年9月阿里巴巴啟動「大淘寶」戰略，阿里媽媽並入淘寶網，同時阿里巴巴集團將投入50億人民幣支持「大淘寶」計劃。

馬雲解釋時講到大淘寶就是要做電子商務的基礎服務商，讓用戶在「大淘寶」平臺上的支付、行銷、物流以及其他技術問題都能夠做到順暢無阻，首先是阿里媽媽並入淘寶，打通阿里巴巴B2B業務與淘寶平臺（無名良品），形成一個B2B2C的電子商務生態鏈條，然后再不斷演化，形成全新的電子商務生態體系。

2011年1月阿里巴巴發布千億物流計劃，即阿里巴巴集團將領銜集資千億人民幣投資建設為電子商務配套的現代物流體系，以推動社會化物流平臺的建設，解決中國電子商務發展的物流瓶頸。

第一期物流計劃阿里巴巴和其合作夥伴將投入200億~300億人民幣，在全國範圍內建設一個立體式的倉儲網路體系，阿里巴巴集團希望將此開放給淘寶賣家和第三方物流企業使用，推動物流的發展，另外阿里巴巴集團表示還將推動B2B業務出口物流的發展。而對於倉儲外的其他物流，阿里巴巴主要採取投資入股方式。

再往后面就是文章開頭講到的「大淘寶」戰略升級至「大阿里」戰略，即「大阿里將和所有電子商務的參與者充分分享阿里集團的所有資源——包括我們所服務的消費者群體、商戶、製造產業鏈，整合信息流、物流、支付、無線以及提供數據分享為中心的雲計算服務等，為中國電子商務的發展提供更好、更全面的基礎服務。」

10. 阿里巴巴體育集團

阿里巴巴集團2015年9月9日宣布成立阿里體育集團，以數字經濟思維創新發展體育產業鏈。新成立的阿里體育集團將由阿里巴巴集團控股，新浪和雲鋒基金共同出資。原SMG副總裁張大鐘出任阿里體育CEO，阿里巴巴集團CEO張勇將擔任阿里體育董事長。

健康和快樂是阿里巴巴集團為未來佈局的兩大戰略方向，體育產業是這兩大方向的「黃金交叉點」。阿里巴巴集團CEO張勇表示，「體育運動是能夠帶給全民快樂和健康的事業，阿里體育集團不僅僅是為體育產業提供一個互聯網的入口，阿里希望做的，是利用今天互聯網變成新經濟基礎設施的客觀現實，以阿里的數字經濟生態幫助整個體育產業升級，為這個行業帶來新價值，讓消費者、運動者、體育迷享受到更好的服務。」

阿里體育集團的成立，標誌著互聯網新經濟巨頭開始全面佈局體育產業，將為體育產業的跨越式發展注入全新的動力。

資料來源：根據網路資料整理。

公司戰略是企業的總體戰略，是由組織的最高管理層制定的對企業全局的總體謀劃。公司戰略主要是解決企業的經營方向、業務範圍等大政方針問題，主要回答以下問題，即企業是否應當擴張、收縮或是維持現狀？企業應當加強經營現有業務，還是擴大或縮小業務範圍？是集中於現有的產業，還是跨入其他產業？公司戰略可以分為成長型戰略、穩定型戰略、緊縮型戰略、混合型戰略四種類型。每一類型的戰略又可進一步細分，如成長型戰略又包括密集型發展戰略、多元化戰略、一體化戰略等。成長型戰略是企業最為廣泛採用的一種戰略，涉及的問題也最多，是本章重點介紹的內容。

美國管理學家威廉·格魯克曾對358位大公司經理的戰略選擇進行了長達15年的研究，發現四種類型戰略的使用頻率分別為：成長型戰略為54.4%，穩定型戰略為9.2%，緊縮型戰略為7.5%，混合型戰略為27.7%。

5.1 成長型戰略

成長型戰略又稱擴張型戰略，是一種使企業在現有的戰略基礎上向更高一級目標發展的戰略，主要是通過企業不斷開發新產品新服務、開拓新市場、採用新的生產方式和管理方式，以擴大企業的規模，提高競爭地位，增強企業的競爭實力。根據企業專注於現有的產品還是現有的市場，成長型戰略劃分為如圖5-2所示的類型。

表5-2　　　　　　　　　　　　成長型戰略的類型

	現有市場	新市場
現有產品	市場滲透	市場開發
新產品	產品開發	多元化、一體化

5.1.1 密集型戰略

密集型戰略又稱加強型戰略或集中型戰略，是指企業在原有業務範圍內，充分利用產品和市場方面的潛力來求得成長的戰略。採取密集型戰略的企業將全部或絕大部分資源集中使用於最能代表自己優勢的某一項業務上，力求取得在該業務上的最優業績。隨著消費需要的多樣性，業務種類的增多，沒有哪一個企業能成功地解決所有用戶的所有問題，只有為某一特定範圍的市場提供適用的產品的企業才能成為市場上的領先企業。密集型發展戰略包括市場滲透、市場開發和產品開發三種類型。

（1）市場滲透戰略

市場滲透就是企業通過更大的市場行銷努力，提高現有產品和服務在現有市場上的份額。如何增加市場份額？可以考慮以下幾方面：①增加現有用戶對企業產品（服務）的使用量。例如，說服現有用戶增加購買量、加速產品的更新換代速度、發現現有產品的新用途、採取價格優惠或提高質量等。②吸引競爭對手的用戶。可以通過採

用絕對不會與競爭對手商標相混淆的產品商標、增加促銷工作、削價等方法實現。③吸引新用戶。例如，用奉送樣品、低試用價等方法引起用戶對產品的注意，還可通過提價或降價、增加產品廣告等方法吸引新用戶。

市場滲透戰略主要是通過增加銷售人員，增加廣告開支，廣泛促銷，加強公關宣傳等手段來實現。

市場滲透戰略優點是：簡單易行，風險小，有利於提高企業的競爭能力。市場滲透戰略的缺點是：增加銷售費用；對企業的快速擴張促進作用不大。顧客興趣改變會導致企業現有市場需求的枯竭；技術革新會使現有產品迅速變成一堆廢物；企業過多關注現有業務而失去發展機會；等等。

市場滲透戰略的適用條件包括：①企業特定產品與服務在當前市場上還未達到飽和；②現有用戶對產品使用率還可顯著提高；③當整個產業的銷售額增長時主要競爭對手的市場份額在下降；④在歷史上銷售額與行銷費用曾高度相關；⑤規模的提高可帶來很大的競爭優勢。

（2）市場開發戰略

市場開發戰略是指企業在市場範圍上的擴展，將現有產品和服務打入新的市場。如企業將現有產品進行某些改變（主要是外觀上的改變）後，經過其他類型的分銷渠道、不同的廣告或其他媒介，銷售給新的相關市場用戶，即在新市場上銷售現有產品。

市場開發的成功主要取決於企業分銷系統的潛力發揮和企業在資源上對建立和完善分銷系統，或是提高分銷系統效能的支持能力。

市場開發的主要途徑有：①增加不同地區的市場數量。這可以通過在一個地區的不同地點，或在國內不同地區，或在國際市場上的業務擴展來實現。企業在增加不同地區的市場數量時需要同時考慮到對跨地區市場的管理方式，例如，是對全部地區市場進行統一管理，還是對不同地區制定不同的政策。由此可見，地區擴張的同時引出了管理組織變革的要求。②進入其他細分市場。企業可對產品略作調整以適應其他細分市場的需要；也可利用其他分銷渠道，採用其他宣傳媒介等進入其他細分市場。例如，食品生產廠商對原有產品的生產和包裝工藝進行相應調整，在保持原有專業食品店這一分銷渠道外，增加了為超市生產業務。又如，摩托車製造商在對產品功能略作改進后，將摩托車出售給牧民作為放牧工具等都是實施市場開發的例子。進入其他細分市場要求企業具備對產品進行適度的技術或功能改變的能力。

市場開發戰略主要是通過尋找新的經銷商；設置片區經理，特許經營等方式實現的。

市場開發戰略的優點是：提高市場份額；擴大企業知名度。市場開發戰略的缺點是：增加銷售費用；增加了渠道管理的難度；加大了企業的銷售風險。

市場開發戰略適用的條件包括：①企業在所競爭的領域非常成功；②存在未開發或未飽和的市場；③企業擁有擴大經營所需要的資金和人力資源；④企業存在著過剩的生產能力；⑤企業的主業屬於正在迅速全球化的產業。

（3）產品開發戰略

產品開發戰略指通過改進和改變產品或服務而增加產品的銷售，主要是在產品上

的擴展。

企業實行產品開發戰略，對現有產品進行較大幅度的調整，或生產與現有產品相關的新產品並通過現有渠道推銷給現有的用戶。進行產品開發的目的是延長現有產品的生命週期，或是充分利用現有產品的聲譽及商標，以吸引對現有產品有好感的用戶對新產品的關注。總之，是在現有市場上出售新產品。

產品開發實現途徑包括：①開發新產品特徵。可以通過為現有產品增加新的功能或特性；改變現有產品的物理特徵，如色彩、形狀、氣味、速度；改變產品結構、部件及組合方式等實現。例如，對剃鬚刀的刀頭、剃鬚刀的功能進行調整，形成安全剃鬚刀和女式剃鬚刀等新產品系列，而剃鬚刀的基本使用和製造原理都沒有變化。又如，保健茶減肥茶等都是在茶葉中添加了某些中藥后形成的產品特徵。②形成產品和服務的質量差別，對同類產品和服務區分質量等級，形成不同的質量—價格組合方式。例如，在原有服務項目之外推出豪華型服務和大眾型服務，對產品形成高檔產品和中檔產品等。③開發新產品。例如，開發新的車型；增加產品功能或是形成產品功能系列，將具有互補功能的產品組合為一個整體產品等。產品開發要求企業具備較強的設計—開發—工藝能力，並具備足夠的財務支持能力和風險承受能力。為了使更新的產品及新產品能順利地商品化，還需要企業現有的分銷系統具備足夠的擴展能力。

產品開發戰略主要是通過自行開發和研究；引進新技術和產品；提高產品的附加值等方式來實現的。

產品開發戰略的優點是：有利於提高產品的市場競爭地位；有利於提高企業的核心能力。產品開發戰略的缺點是：需要大量的開發研究費用；增加了企業的風險。

產品開發戰略的適用條件包括：①企業擁有成功的、處於產品生命週期中成熟階段的產品。此時可以吸引老用戶試用改進了的新產品，因為他們對企業現有產品和服務已具有滿意的使用經驗；②企業所參與競爭的產業屬快速發展著的高科技產業；③與主要競爭對手相比，以可比價格提供更高質量的產品；④企業在高速增長的產業中參與競爭；⑤企業擁有非常強的研究與開發能力。

密集型戰略雖然能使企業獲得穩定發展，但隨著產業生命週期的推移，這一發展總會走到盡頭。而且，密集型戰略使企業的競爭範圍變窄，當產業趨勢發生變化時，單純採用這一戰略的企業容易受到較大打擊。另外，由於用戶、市場、技術的不斷變化，經營內容單一化會使企業承受極大的環境壓力，這些都是企業在實行加強型戰略時必須引起重視的問題。

5.1.2 多元化戰略

在企業的發展過程中，總會碰到這樣或那樣的、看似非常令人激動的發展機會，其中有些機會與企業目前的經營領域相一致或相接近，而另一些機會則與企業目前的業務領域相去甚遠，企業是否要抓住這些機會，或者企業在發展過程中是否應當積極地尋找這樣的機會以求得發展？這些都是多元化戰略要考慮的問題。

（1）多元化戰略的概念

多元化戰略是指企業的發展擴張是在現有產品和業務的基礎上增加新的與原有產

品和業務既非同種也不存在上下遊關係的產品和業務。企業往往通過開發新產品或開展新業務來擴大產品品種或服務門類，以增加企業的生產量或銷售量，擴張規模，提高盈利。

（2）多元化戰略的分類

①相關多元化

相關多元化也稱作集中多元化或同心多元化，是一種低度多元化和中度多元化。低度多元化包含「單一業務型企業」和「主導業務型企業」。當企業主導業務的銷售額占總銷售額的95%以上時，我們就將其稱之為「單一業務型企業」。當企業的某一項業務的銷售額占總銷售額的75%～95%時，我們就將其稱之為「主導業務型企業」。

相關多元化戰略實現的方式一般是利用企業自身現有的技術、設備、銷售渠道、客戶資源開發新的產品或服務。

相關多元化戰略的優點是：可以分散單一經營的風險；可以發揮企業原有專長，形成協同效應；擴張難度較小。相關多元化戰略的缺點是：由於力量的分散，有可能影響主導產品和服務的發展。

相關多元化戰略適用的條件包括：A. 企業參與競爭的產業屬於零增長或慢增長的產業；B. 增加新的卻又相關的產品將會顯著地促進現有產品的銷售；C. 企業能夠以高度競爭的價格提供新的、相關的產品；D. 新的、相關的產品所具有的季節性銷售波動正好可以彌補企業現有生產週期的波動；E. 企業現有產品正處於產品生命週期的衰退階段；F. 企業擁有強有力的管理隊伍。企業在實行相關多元化戰略時必須認真考慮上述條件，否則，便不適宜採用相關多元化的戰略。

在相關多元化戰略中，還有一種用戶相關、產品和服務不相關的橫向多元化戰略，即向現有用戶提供新的、與原業務不相關的產品或服務的經營戰略。橫向多元化戰略的實現方式是：利用企業自身的能力或通過外部引進開發新的產品或服務。橫向多元化戰略的優點是：對現有用戶比較瞭解，利用現有銷售渠道，風險小，費用低。橫向多元化戰略的缺點是：進入陌生業務領域，風險大。橫向多元化戰略的適用條件是：A. 通過增加新的、不相關的產品，企業從現有產品和服務中得到的盈利可顯著增加；B. 企業參與競爭的產業屬於高度競爭或停滯增長的產業，其標誌是低產業盈利和低投資回報；C. 企業可利用現有銷售渠道向現有用戶行銷新產品；D. 新產品的銷售波動週期與企業現有產品的波動週期可以互補。

②不相關多元化戰略

不相關多元化戰略指企業增加新的與原有業務不相關的產品或服務的經營戰略，又稱混合型多元經營戰略或複合多樣化、跨產業經營戰略等，亦即用戶、產品和服務都不相關的經營戰略。

實行不相關多元化戰略的企業其主導業務的銷售額占總銷售額的比例低於70%，並且各項業務之間沒有關聯。例如，一家企業既從事油漆的生產經營，又從事中藥的生產經營，還經營房地產業務，它的三項業務之間幾乎沒有聯繫，就是不相關多元化經營。

不相關多元化的理論假設是：整體的價值小於各部分價值之和，即通過化整為零

使企業增值，這是一種反系統原理假設。採取這種戰略的公司有的是為了將收購的公司加以分解或出售，以便盈利。韋斯特認為，「公平市場認為分解後的企業總資產要大於作為一整體的企業資產」，其目的是為了強調盈利。

不相關多元化戰略實現的方式包括：將大公司分解，進行跨行業經營；或通過收購、控股、兼併進行跨行業經營。

不相關多元化的優點是：通過向不同的市場提供產品或服務來分散企業經營風險；利用協同效應來提高企業的總體盈利能力和靈活性；增加新的投資機會和盈利點；克服主業下滑給企業造成的損失。不相關多元化的缺點是：跨入新行業加大了企業經營風險，增加了管理難度。

不相關多元化戰略的適用條件是：A. 企業的主營業務正經歷著年銷售額和盈利的下降；B. 企業擁有在新產業成功競爭所需要的資金和管理人才；C. 企業有機會收購一個不相關的但卻有良好投資機會的企業；D. 收購與被收購企業間目前已經存在著資金的融合；E. 企業現有產品的市場已經飽和；F. 歷史上曾集中經營於某單一產業的企業不至於受到壟斷指控。

由於實行不相關多元化戰略風險比較大，為了規避風險，實行不相關多元化戰略的企業特別需要注意：A. 企業要有足夠的實力；B. 慎重選擇所擴張的業務；C. 在不得以的情況下，盡快抓住一個主業不放。

（3）多元化戰略的選擇

企業採用多元化戰略還是採取密集型戰略？在什麼環境下適合採取多元化戰略？在實際運用中，主要從以下幾方面考慮：

①企業擁有剩余資源的狀況

擁有剩余資源是企業開展多元化經營的前提條件。究竟需要多少數量的剩余資源，須結合擬進入的產品或服務領域而定，不同的產品或服務領域對資源的要求不同。

②開始多元化經營的規模起點

企業開始多元化經營的規模起點與其所在國的市場經濟發達程度基本上正相關，即市場經濟發達的國家，企業開始多元化經營的規模起點高；市場經濟不發達的國家，企業開始多元化經營的規模起點低。美國通用電器公司是在企業銷售額達到1億美元時才開始多元化經營，中國很多企業在銷售額僅有幾十萬元到100萬元時就開始多元化經營了。

③行業的技術特性

一般講，如果行業的技術結構呈收斂型（即其產品是由眾多的、不同種類的技術組成）該行業的企業就不太適合多元化（如汽車、飛機、電腦業等），尤其是當主導技術變化快、產品更新週期短的行業更是如此（如手機）。如果行業的技術結構呈發散型（即產品技術可用於較多領域），該行業的企業就適合多元化經營，如電器、化工等行業。

④行業的生命週期

從行業的生命週期來看，在行業導入期及成長期，企業宜採用專業化戰略；在行業的成熟期，企業可採用多元化戰略，也可採用專業化戰略；在行業的衰退期，企業

宜採用多元化戰略。

（4）多元化戰略的管理關鍵

究竟是把雞蛋放在一個籃子裡，還是把雞蛋放在不同的籃子裡？這兩個選擇各有利弊，各有不同的適用條件，企業要根據自身的特點以及自己所處行業的特點決定。企業進行多元化發展時，要把握以下管理關鍵。

①掌握多元化的時機

企業要觀察外部環境是否出現了某種機會或威脅，同時還要衡量自身所具有的實力，只有主客觀條件同時具備，企業的多元化才較易成功。切忌過早過快的多元化，往往使企業深陷某一行業不能自拔。

②首先進行相關多元化

進行多元化發展的企業可考慮首先進入相關產業，進行相關多元化，以利用技術協同、銷售協同、管理協同等產生協同效應，風險相對較小，多元化較易成功；反之，企業直接進入陌生領域，風險將大大增加，除非具有非凡的實力，否則不相關多元化容易失敗。

③處理好主業與輔業的關係

企業若有多種業務，須處理好主業與輔業的關係，用主業支撐企業發展。美國管理大師彼得斯和沃特曼總結的美國最佳管理企業經驗之一是「不離本行」。他們指出：「凡是向多種領域擴展其業務……但卻又緊緊靠它們自己的老本行的企業，表現總比別家好。」「最不成功的企業，照例就是那種向各方面都插上一腳，經營五花八門的公司，而其中尤其是通過購買把別家企業兼併過來的公司，總是走向敗落的。」

④強化管理

隨著多元化戰略的實施，企業的規模擴大，管理的難度加大。相比經營單一業務，企業經營者的精力分散，管理效率下降；另由於業務單位的增加，業務單位的業績評價、業務單位與公司層的集權與分權、業務單位之間的協作等，這些都要求企業強化管理。

5.1.3 一體化戰略

（1）一體化戰略的概念

一體化戰略是指企業利用自己在生產、技術、市場等方面的優勢，沿著業務經營鏈條的縱向或橫向水平方向，不斷擴張其業務經營的深度和廣度來擴大經營規模、提高其收入和利潤水平，使自身得到發展壯大。一體化戰略分為縱向一體化和橫向一體化。

（2）縱向一體化戰略

採用縱向一體化戰略的企業，其經營範圍的擴展是沿著產業鏈完成的，因此，縱向一體化又分為前向一體化和后向一體化。

①前向一體化戰略

以企業初始生產經營的產品（業務）項目為基準，企業生產經營範圍的擴展沿著生產經營鏈條向前延伸，使企業的業務活動更加接近最終用戶。例如將自己的產品進

行深度加工、提高附加值再出售，或組建自銷產品的網店，直接面向消費者等。

前向一體化戰略的經濟意義是，當企業的客戶利用企業的產品或服務獲得高額利潤時，通過前向一體化來經營客戶的業務，企業可以增加自己的利潤；當企業有足夠的實力對自己的產品進行深加工並在市場競爭中有優勢時，則可利用前向一體化來擴大規模，增加盈利；若企業現在可利用的高質量的中間商數量很少，或成本高昂，或不可靠，不能滿足企業的銷售需要，企業可通過前向一體化自設銷售網點，控制銷售渠道；此外，前向一體化還可以使企業穩定生產控制銷售渠道，節約交易費用，加強市場信息收集，預測市場需求，還有利於企業品牌形象的樹立。

②后向一體化戰略

以初始生產經營的產品（業務）項目為基準，企業生產經營範圍沿其經營鏈條向后延伸，發展企業現有業務的配套供應業務，即發展企業原有業務生產經營所需的原料、配件、能源及包裝服務業務等。例如自行組織生產本企業所需的原材料、能源、包裝器材等而不再向外採購；葡萄酒廠自己建立葡萄園；奶製品廠自己建立草場。

后向一體化戰略的經濟意義是，當企業的供應商因供應本企業產品而獲得高額利潤時，企業可通過后向一體化經營該供應商的業務，增加自身的盈利；當企業對某種原材料、能源、零部件等需求量大，對企業生產有關鍵影響，而企業又可能自行組織生產時，則可后向一體化保證供應、質量和成本。

③縱向一體化戰略的風險

A. 產業價值鏈各環節需要不同的技能和業務能力，需要不同的成功因素。縱向一體化提高了公司在行業中的投資，將企業深陷某個產業之中，從而增加了經營風險，有時甚至還會使得公司不可能將資源用到更有價值的地方。

B. 不管是前向一體化還是后向一體化都會迫使公司依賴自己的內部活動而不是外部的供應源（而這樣做所付出的代價可能隨著時間的推移而變得比外部尋源要高昂），這會降低公司滿足顧客產品種類方面需求的靈活性。如果市場變化塊，企業的設計生產必須做出相應反應。這時，市場上可能早已出現相同的原材料、零部件、半成品等，但由於內部產品的關聯性會阻礙企業向市場上尋求供應源，結果導致企業的產品向市場供應的滯后；另一方面，企業的設計、生產可能形不成規模經濟，較之市場上的產品成本還要高，這會增加企業的成本。

C. 縱向一體化就像多元化一樣，隨著企業規模的擴大，業務單元的增多，管理會愈加複雜化。應當指出，美國的一些產業採用后向一體化戰略的企業正在減少。如福特與克萊斯勒汽車公司有半數以上的零部件購自外部供應商。

(3) 橫向一體化戰略

橫向一體化戰略是相似活動的組合，指企業通過資產紐帶或契約方式，與競爭對手的聯合，形成一個統一的經濟組織，從而達到降低交易費用及其他成本、提高經濟效益的目的。

實行縱向一體化戰略，企業一般都有跨產業經營，且有三種實現途徑：內部擴展、外部併購、合資經營。而實行橫向一體化戰略，企業不會跨出原產業，且僅限於兼併收購同行業的其他企業一個途徑。當今戰略管理的一個顯著趨勢是將橫向一體化作為

促進企業發展的戰略。從 20 世紀 90 年代開始的美國第五次併購浪潮，其特點是同行業併購。

實際上，橫向一體化戰略是併購戰略的形式之一，在實行時注意的問題在併購章節中討論。

5.2 穩定型戰略

5.2.1 穩定型戰略的概念

穩定型戰略是指企業在內外環境約束下，基本保持目前的資源分配和經營業績水平的戰略，即企業目前的經營方向、核心能力、產品及市場領域、企業規模及市場地位等都大致不變或以較小的幅度增長或減少。在這種戰略下，企業往往會致力於解決組織內微小的不足，趨向於最優化。

5.2.2 穩定型戰略的類型

（1）不變戰略

企業採用的戰略不變，可能基於以下兩個原因：①企業的內外部環境沒有發生重大變化，且企業過去的經營成功；②企業並不存在重大的經營問題或隱患，且經營環境較穩定，如果管理者進行戰略調整，反而可能給企業帶來損失。

（2）暫停或謹慎前進戰略

企業採用此戰略，主要有下列原因：①企業經過一段時間的快速擴張，或收購了一些企業之後，需要暫停整合資源，調整結構或加強管理；②外部環境的重要因素正在或即將發生重大變化，很難預測變化情況；③產業進入成熟期，銷售增長減緩，利潤變小。

（3）維持利潤戰略

維持利潤戰略指企業暫時維持現狀，不再追加投資以求發展，而將企業的利潤或現金流儲存起來，以等待機會。採用這種戰略的原因與暫停戰略相似，主要原因是市場前景不明，外部環境變化難以預測，只好靜觀其變。

5.3 緊縮型戰略

5.3.1 緊縮型戰略的概念

緊縮型戰略是指在外部環境對企業不利、企業面臨嚴重困難時，不得不採用向後退去的戰略。企業從目前的經營戰略領域和基礎水平上收縮和撤退，且偏離較大。例如，企業出售整個企業或企業的一部分，即某個經營單位、子公司、事業部或某個產品系列。企業處於逆境時若能及時退出，則可減少損失，還可等待時機東山再起。

5.3.2 緊縮型戰略的類型

（1）轉向戰略

轉向戰略是真正意義上的收縮。實行轉向戰略採取的措施有：①修訂現行戰略，重新審視企業的內外部環境，做出戰略選擇。②「開源」：利用企業當前實際情況增加收入，如催收應收帳款、處置閒置資產等。③「節流」：想盡辦法縮減成本，如減少工作人員、減少廣告費用、縮減研發費用等。

（2）放棄戰略

放棄戰略指將企業的一個或幾個主要部門轉讓、出賣或停止經營。目的是去掉經營累贅、收回資金、集中資源、架起其他部門的經營實力。

（3）清算戰略

清算戰略是將公司資產全部出售並停止全部經營業務來結束企業的一種戰略。清理分自動清理和強制清理，前者一般由股東決定，后者須由法律決定。當企業資產不足以清償債務時，則只有宣告破產。

本章小結

1. 成長型戰略，是一種使企業在現有的戰略基礎上向更高一級目標發展的戰略。成長型戰略包括密集型發展戰略、多元化戰略和一體化戰略。其中，密集型戰略是指企業在原有業務範圍內，充分利用產品和市場方面的潛力來求得成長的戰略。密集型戰略分為市場滲透戰略、市場開發戰略和產品開發戰略。它們分別具有不同的優缺點和使用條件。多元化戰略是指企業的發展擴張是在現有產品和業務的基礎上增加新的與原有產品和業務既非同種也不存在上下遊關係的產品和業務。企業往往通過開發新產品或開展新業務來擴大產品品種或服務門類，以增加企業的生產量或銷售量，擴張規模、提高盈利。多元化戰略分為相關多元化和不相關多元化兩種類型。一體化戰略是企業的生產經營活動在產業鏈條上加以延伸，從而擴大經營範圍和經營規模，在供產銷方面實行縱向或橫向聯合的戰略。一體化戰略分為縱向一體化和橫向一體化兩種類型。

2. 穩定型戰略是指在企業內外環境約束下，企業基本保持目前的資源分配和經營業績水平的戰略。也就是說，企業目前的經營方向、核心能力、產品及市場領域、企業規模及市場地位等都大致不變或以較小的幅度增長或減少。穩定型戰略又分為不變戰略、暫停或謹慎前進戰略以及維持利潤戰略三種類型。

3. 緊縮型戰略是指在外部環境對企業不利、企業面臨嚴重困難時，所不得不採用的向後退去的戰略。以退為進，處於逆境狀態的企業如能及時退去，則可減少損失，還可等待時機東山再起。緊縮型戰略分為轉向戰略、放棄戰略和清算戰略三種類型。

思考題

1. 有人談到多元化戰略時說：「成也多元，敗也多元。」你是否同意該說法？為什麼？

2. 請查閱資料，收集案例，並分析案例中的企業採取的戰略類型，分析其採用該種戰略類型的理由，及其為企業帶來的好處與風險。

3. 某企業作為國內最大的揚聲器零配件生產企業和電聲配件出口基地，所生產的各種揚聲器零配件應有盡有，占了國內市場份額的 80%。由於上下游業務供銷聯繫，該企業對電聲行業最終產品市場行情十分瞭解，因此，為推動企業的進一步發展，有人提出「前向整合，直接組裝揚聲器，參與最終產品市場競爭」的戰略建議。你認為該企業是否應採納該戰略建議？為什麼？如果該企業採用這一戰略建議，你認為在實際運作方面將需克服哪些困難？

6 合作戰略

學習目標：

1. 瞭解競爭到合作戰略是必然發展趨勢；
2. 掌握併購戰略、聯盟戰略、集群化發展戰略、虛擬經營戰略有關概念；
3. 掌握選擇併購戰略、聯盟戰略、集群化發展戰略、虛擬經營戰略應注意的問題；
4. 思考合作戰略的與傳統戰略的區別與聯繫。

案例導讀

天貓銀泰的 O2O 戰略合作

距離一年一度的「雙 11」網購大戰已不足一個月。京東與天貓兩方高管頻頻隔空喊話，也使得競爭氣氛更為緊張。而就在最近一週，天貓方面連番與各大品牌商結成戰略聯盟。

10 月 17 日，本土最大零售企業之一的銀泰商業集團（1833.HK）與天貓宣布達成戰略合作，初步探索商業零售線上線下（O2O）融合發展。除卻升級銀泰在天貓平臺的網店之外，線下 35 個銀泰實體店的相關資源也將首次用於天貓「雙 11」的購物活動。

銀泰商業集團 CEO 陳曉東表示，互聯網渠道並不只是互聯網企業可以做的，而傳統零售企業也並不是開設了網店就算是觸電電商，真正將商品數字化才是大家所共同追求的。「此番初次合作之後，未來銀泰將和天貓在系統層面、庫存與支付、會員體系以及服務流程等多方面進行深入合作」。

本身在電子商務領域就屢有嘗試的銀泰集團，選擇與同是知名浙商的天貓進行合作並不令人意外。就在 2013 年初，阿里巴巴創始人馬雲牽頭搭建「中國智能物流骨幹網」，被外界視為阿里巴巴下一個重要戰略佈局項目。而這一項目中，銀泰集團董事長沈國軍便是該骨幹網的首席執行官人選。

越來越加大線下基礎建設的阿里巴巴集團，正以 O2O 為名迅速搭建自有的戰略聯盟軍。阿里巴巴集團肯席營運官張勇表示，互聯網技術發展正對傳統商業行業產生顛覆性影響，依託移動互聯網的全渠道消費正逐步成型，雙方的合作順應未來趨勢。

此前一日，天貓還與知名眼鏡廠商寶島眼鏡、藥房七樂康達成合作協議，在打通銷售渠道的 O2O 領域進行合作。對此，天貓大客戶智囊團負責人李川向記者表示，這次「雙 11」公司會大舉推動 O2O 項目，天貓只選擇各品類的龍頭企業，例如在眼鏡產業只和寶島眼鏡合作。

天貓此番可謂來勢洶洶，據其公布的「雙11」最新執行細節：「公司已整合覆蓋全國1000多個市縣3萬家線下門店參加，並與新浪微博打通行銷，主打全場五折的核心促銷策略。」

相較往年的高調應戰，京東此次的備戰聲勢有所收斂。「為了『雙11』，小商家們從每年6月後就開始準備貨物，通常都要兩倍備貨。而真正能夠賣出去的只有1~1.2倍，其餘的貨物都銷不掉，這是一種浪費。」京東集團副總裁、開放平臺事業部總經理賁鶯春指出。

相比在百貨類全面出擊的天貓，京東O2O則更多集中在強項的家電領域。近日，京東家電事業部總經理閆小兵就已透露，京東家電將嘗試O2O模式。目前已具備對盈利的掌控能力，「三到五級市場的大量終端門店和小型城市的連鎖都有跟京東合作的可能性」。

資料來源：陳時俊.［雙11］電商決戰前夜：天貓銀泰達成O2O戰略合作［N］. 21世紀經濟報導，2013-10-18.

依託移動互聯網的全渠道消費正逐步成型，天貓作為阿里巴巴集團旗下的互聯網平臺企業，通過與線下傳統大型零售企業銀泰集團的戰略合作，促進集團的商業零售線上線下（O2O）融合發展，順應了未來的發展趨勢，表明企業面向未來激烈競爭時，採取合作戰略（尤其是戰略聯盟）是促進雙方共贏的至要途徑。本章所講的合作戰略包括併購戰略、聯盟戰略、集群化發展戰略和虛擬經營戰略。

6.1 併購戰略

第一個讓全世界認識到併購的價值的，是一位叫摩根的美國人。1901年2月，這位金融大亨以4億美元收購鋼鐵大王卡耐基的資產，組建了世界上第一家資產超過10億美元的股份公司，一舉控制美國鋼鐵產量的65%。美國商界有這樣一句俗語：「雖然上帝創造了世界，但在1901年又被摩根重組了一回。」摩根的故事告訴人們，除了自建之外，企業成長還有另一條道路：收購兼併。

6.1.1 併購的含義及類別

兼併和收購（Mergers and Acquisitions，M&A）都是企業產權交易，他們的動因極為相似，運作方式有時也很難區分，因此人們常常把它們作為一個固定的詞組使用，簡稱併購。收購是指一家企業購買另一家企業的股權而達到控股程度的一種形式，后者喪失了法人資格；兼併是指一家企業與另一家企業聯合，組成一家新的更大的企業。通常，收購發生在規模不等的企業之間，而兼併發生在規模和實力相當的企業之間。

併購戰略按照不同的分類方法可以分為不同的類型：

（1）按併購涉及的行業性質劃分

按併購涉及的行業性質可以把併購劃分為橫向併購、縱向併購和混合併購。

①橫向併購。它是指處在同一行業、生產同類產品或採用相近生產工藝的企業之間的併購。實質是資本在同一產業和部門內集中，這種併購有利於迅速擴大生產規模，提高市場份額，增強企業的競爭力。

②縱向併購。它是指生產或經營過程中具有前向或后向關聯的企業之間的併購。其實質是通過處於同一產品不同階段的企業之間的併購實現縱向一體化。這種併購除了可以擴大生產規模，節約管理費用外，還能夠促進生產過程諸環節的密切配合，優化生產流程。

③混合併購。它是指處於不同產業部門、不同市場，且這些產業部門之間的生產技術沒有多大聯繫的企業之間的併購。它可以降低一個企業長期處於一個行業所帶來的風險，並使企業技術、原材料等各種資源得到最大程度的利用。它包括以下三種形態：

A. 產品擴張型併購。它是指生產或銷售方面具有聯繫，但所銷售的產品之間又沒有直接競爭關係的兩個企業之間的併購。

B. 地域市場擴張型併購。它是指一個企業為了擴大競爭的勢力範圍，而對其他地區生產同類產品的企業實現併購。

C. 純粹的混合型併購。它是指生產或經營之間都缺乏聯繫的產品或服務的若干家企業之間的併購。

(2) 按是否通過仲介機構劃分

按併購是否通過仲介機構，可以把企業併購分為直接收購和間接收購。

①直接收購。它是指收購企業直接向目標企業提出併購要求，雙方經過磋商，達成協議，從而完成收購活動。如果收購企業對目標企業的部分所有權提出要求，目標企業可能會允許收購企業取得目標企業新發行的股票；如果是全部產權要求，雙方可以通過協商，確定所有權的轉移方式。在直接收購情況下，雙方可以密切配合，因此相對成本較低，成功的可能性較大。

②間接收購。它是指收購企業直接在證券市場上收購目標企業的股票，從而控制目標企業。由於間接收購方式很容易引起股價的大幅上漲，還可能引起目標企業的強烈反應，因此這種方式會導致收購成本上升，增加收購的難度。

(3) 按併購雙方的意願劃分

按企業併購雙方的併購意願，可劃分為善意併購和惡意併購。

①善意併購。收購企業提出收購要約后，如果目標企業接受收購條件，這種併購稱為善意併購。在善意併購下，收購價格、方式及條件等可以由雙方高層管理者協商並經董事會批准。由於雙方都有兼併的願望，所以這種方式的成功率較高。

②惡意併購。如果收購企業提出收購要約后，目標企業不同意，收購企業若在證券市場上強行收購，這種方式稱為惡意收購。在惡意收購下，目標企業通常會採取各種措施對收購進行抵制，證券市場也會迅速對此作出反應，通常是目標企業的股價迅速上升。因此，除非收購企業有雄厚的實力，否則很難成功。

(4) 按支付方式劃分

按併購支付方式的不同，可以分為現金收購、股票收購、綜合證券收購。

①現金收購。它是指收購企業通過向目標企業的股東支付一定數量的現金而獲得目標企業的所有權。現金收購在西方國家存在資本所得稅的問題，這會增加收購企業的成本，因此在採用這一方式時，必須考慮這項收購是否免稅。另外，現金收購會對收購企業的資產流動性、資產結構、負債等產生不利影響，所以應當綜合考慮。

②股票收購。它是指收購企業通過增發股票的方式獲取目標企業的所有權。採用這種方式，可以把出售股票的收入用於收購目標企業，企業不需要動用內部現金，因此不致於對財務狀況產生影響。但是，企業增發股票會影響股權結構，原有股東的控制權會受到衝擊。

③綜合證券收購。它是指在收購過程中，收購企業支付的不僅僅有現金、股票，而且還有認股權證、可轉換債券等多種形式的混合。這種方式兼具現金收購和股票收購的優點，收購企業既可以避免支付過多的現金，保持良好的財務狀況，又可以防止控制權的轉移。

（5）按收購資金來源劃分

按收購資金來源渠道的不同，可分為槓桿收購和非槓桿收購。無論以何種形式實現企業收購，收購方總要為取得目標企業的部分或全部所有權而支出大筆的資金。收購方在實施企業收購時，如果其主體資金來源是對外負債，即是在銀行貸款或金融市場借貸的支持下完成的，就將其稱為槓桿收購。相應地，如收購方在實施企業收購時，其主體資金來源是自有資金，則稱為非槓桿收購。

6.1.2 併購的目的

（1）現代企業併購的直接動機在於利潤最大化

市場經濟中企業一切經營活動的根本動機在於利潤最大化。企業的經營活動實質上是一個追逐利潤的過程，併購是一種直接投資行為，如同其他經營活動一樣，併購的動機在於利潤最大化。資源的稀缺決定了競爭是不可避免的，任何企業都是要素市場的需求者，兩個企業的兼併意味著原來獨立的兩個需求者合而為一。併購增強了企業在要素市場上的地位，這種地位包括討價還價的能力，同時削弱了在要素市場上企業投機行為的能力，從而降低了成本。併購使企業規模擴大，有利於發揮規模經濟的優勢。

（2）優勢互補、風險共擔

從競爭優勢的角度考慮企業併購，一方面，併購企業的競爭優勢向目標企業轉移；另一方面，目標企業的競爭優勢向併購企業轉移。併購的目的就在於推動和促進這種競爭優勢在兩個企業間的相互轉移，或者以發揮併購企業自身的競爭優勢為目的；或以獲取目標企業的競爭優勢為目的；或者兩者兼而有之。企業併購的動機在於自身優勢的「送出去」或將其他企業的競爭優勢「拿進來」，兩方面都以鞏固和提高併購企業的競爭能力為目的，以實現優勢互補。

（3）克服行業壁壘

行業中已有企業的業務活動給將進入該行業的企業帶來困難或增加其進入成本。如已有的公司可以通過大量的生產和服務獲得顯著的規模經濟效應，而且消費者對於所熟悉的品牌的忠誠度也會給新進入企業帶來障礙。因此，新進入者為了取得規模經

濟並達到以競爭價格銷售商品，必須在生產設施、廣告、促銷活動等方面進行大量的投資，為了達到足夠的市場覆蓋度還要求企業擁有高效率的銷售體系和銷售網路。通過併購行業中已有的企業可以立即進入該市場，越過市場壁壘。

（4）多元化經營

併購是實現多元化經營常用的方法。當企業實施多元化戰略，向多個領域發展時，在產品開發、市場研究與開拓等方面的困難要遠遠大於在本行業經營，特別是不相關多元化。因此，企業要進入新市場或調整投資組合，最有效的途徑是併購。行業不相關程度越高，通過併購成功進入的可能性越大。

（5）加強市場力量

併購可以使企業取得較大的市場力量。許多企業擁有較強的能力，但缺乏進一步擴展市場力量的某些資源和能力。在此情況下，通過併購同行業的企業和相關行業的企業，可以迅速達到加強市場力量的目的。對同行業競爭者的併購稱為水平併購；對高度相關行業中企業的併購稱為相關併購。

6.1.3 併購的風險

（1）信息風險。由於「信息不對稱」問題的存在，收購公司若在不完全掌握被收購公司信息的情況下貿然行動，往往會導致失敗；收購公司往往只看到目標公司誘人的一面，過高估計兼併後的協調效應或規模效益，而對目標公司的隱含虧損所知甚少，收購實施后各種問題就會馬上暴露出來。

（2）反收購風險。面對收購公司的收購行為，目標公司一般會持不合作態度，尤其是面臨敵意收購時，往往會採取各種反收購措施，無形之中增加了收購的風險。

（3）體制風險。一些由政府依靠行政手段對企業併購進行撮合實現的併購行為，有的偏離了市場原則難以達到資產優化組合的目標，有的在併購后的經營管理中長期難以達到磨合，有的併購者因此而背上社會負擔，使企業內部潛伏著一種體制上的風險。

（4）法律風險。因各國對企業併購行為有嚴格的法律制約，某些規定和細節會增加併購成本從而增加併購難度，使收購公司的併購方案付之東流。

（5）經營風險。收購企業完成併購后，由於兼併企業產生的生產經營協調效應、技術互補效應、市場佔有份額效應的不確定性，而使企業不能達到預期目標所帶來的風險。這種風險的存在，使得併購行為產生的結果與併購的初衷大相徑庭，或因企業規模過大、主營業務不突出而產生規模不經濟問題。

（6）財務風險。完成一次併購需要大量的資金支持，併購者既可以用本公司的現金或股票去併購，也可選用各種債務支付工具向外舉債完成併購，這種因籌集資金引起企業債務與資本比率的變化帶來的風險就是財務風險。

6.1.4 併購的程序

（1）目標企業分析

為了全面瞭解目標企業是否與本企業的整體發展戰略相吻合、目標企業的價值如何，以及其經營中的機會與障礙，在併購之前，必須對其進行全面的分析，從而決定

是否進行收購、可接受的收購價格以及收購後如何對其整合。審查過程中,可以先從外部獲得有關目標企業各方面的信息,然后再與目標企業進行接觸,如果能夠得到目標企業的配合,獲得其詳細資料,則可對其進行周密分析。分析的重點一般包括行業、法律、營運和財務等方面。

(2)目標企業的價格評估

在企業併購實施過程中,併購雙方談判的焦點是目標企業併購價格的確定。而企業併購價格確定的基礎就是併購雙方對目標企業價值的認定。目標公司的價值評估工作十分複雜,目前對目標公司的價值評估用三種方法進行,即淨值法、市場比較法及淨現值法。

淨值法是指以目標公司淨資產的價值作為目標公司的價值,淨值法是估算公司價值的基本依據。這種方法一般在目標公司已不適合繼續經營或併購方主要目的是獲取目標公司資產時使用。

市場比較法是以公司的股價或目前市場上已有成交公司的價值作為標準來估算目標公司的價值。有兩種標準用來估算目標公司的價值:一種是以公開交易公司的股價為標準;另一種是以相似公司過去的收購價格為標準。

淨現值法是預計目標公司未來的現金流量,再以某一折現率將其折現為現值作為目標公司的價值。這一方法適用於希望被併購公司能繼續經營的情況。

(3)併購資金籌措

在企業併購中,併購公司需要支付給目標公司巨額資金,因此籌資成為企業併購中的一個重大問題,目前一般的籌資方式有內部籌資、借款、發行債券、優先股融資、可轉換證券融資和購股權證融資等。

(4)企業併購的風險分析

併購風險與併購收益相伴而生,併購在為企業帶來巨大收益的同時,也增加了各種風險,如果不予以關注和控制,將會增加併購失敗的概率,極大地抵減併購企業的價值。因此,併購企業必須高度重視併購實施過程中的各種風險,盡量避免和減少風險,將風險消除在併購實施的各個環節中,最終實現併購的成功。併購實施過程中的風險是多種多樣的,除政治風險、自然風險外,一般來說,還存在法律風險、市場風險、戰略風險、管理風險、營運風險、財務風險、信息風險和反收購風險等。

(5)併購後的整合

通過一系列程序取得了目標企業的控制權,只是完成了併購目標的一半,在併購完成之後,必須要對目標企業進行整合,使其與企業整體戰略協調一致,這是更為重要的併購任務。如果整合不順利,或阻力很大,也可能使整個併購歸於失敗。整合內容包括:戰略整合、業務整合、制度整合、組織人事整合和企業文化整合。因此,企業高層領導者,一定要認識併購後的企業整合的重要意義。

6.1.5 併購的優缺點

(1)併購戰略的優點

①形成規模經濟,獲得效率和成本優勢,提高對市場的控制能力。橫向併購可以

通過對競爭對手的併購來擴大市場份額，增強企業的壟斷能力，企業可以用更低的價格獲取原材料，然后高價售出，增加了利潤空間。縱向併購可以提高企業的壟斷性，特別是在供銷上獲得壟斷優勢，提高市場控制能力，使企業有可能獲取壟斷利潤。

②有利於資源的優化配置，發揮協同效應。通過併購，企業可以利用原企業的資源並進行調整，整合原來企業和本企業的資源，實現資源的優化配置，增強企業對資源的統籌安排能力，這樣企業可以減少不必要的成本，精簡機構設置，共享銷售供應網路，共同承擔研究開發工作等，創造出在資源協調下的生產經營協同、財務協同、技術協同等方面的價值。

③節約時間，減少進入壁壘，快速進入目標市場。競爭是個動態的過程，把握好的時機對於企業來說非常重要，通過併購企業可以在極短的時間內將規模擴大，把握先機，贏得時間上的競爭優勢。同時有些市場進入壁壘高或者消費者對於產品忠誠度高等情況下，通過併購市場中的某些企業來進入這個市場會比較容易。雖然，這種併購可能要花費很大的成本，但是併購企業能夠很快進入這個市場，並且其產品可能已有眾多忠實的用戶。實際上，某一特定市場進入障礙越大，越應該採用併購形式，從而快速進入目標市場。

④可以實現多元化經營，分散風險。隨著行業競爭的不斷加劇，企業通過進入其他行業，不僅可以有效擴大企業的經營範圍，實現多元化經營，贏得更廣泛的市場和更高的利潤，而且還能夠分散因本行業內的競爭帶來的風險。

(2) 併購戰略的缺點

①併購成本高。併購涉及談判、交易、整合等多個方面，並不是一蹴而就，其中會有諸多的人力、物力投入，這些勢必造成成本偏高。特別是談判過程持久，併購價格高，併購企業和本企業的文化、組織等多方面的不符合，需要進行長期磨合的併購。

②伴隨著不必要的附屬業務。併購伴隨而來的是被併購企業的一些業務，其中除去對企業有價值的業務，也有許多不必要的附屬業務，為增添企業不必要的煩惱。

③組織衝突阻礙整合。組織結構不符合，組織文化衝突等都會影響在併購完成後的整合。

④做出大量承諾並承擔大量義務。併購伴隨著一定的承諾，如近三年不裁員，保留被收購公司××業務等，這些需要企業承擔更大的義務，也要付出更大的代價。

6.1.6 併購戰略應注意的問題

(1) 慎重選擇目標公司

在收購一家公司之前，必須對其進行全面的分析，以確定其是否與公司的整體發展戰略相吻合，瞭解目標公司的價值、審查其經營業績及公司面對的機遇和威脅，從而決定是否對其進行收購。對目標公司的分析，重點集中在產業、法律、營運和財務等方面。

產業分析主要包括產業總體狀況、產業內結構狀況和產業內戰略集團狀況，通過對目標公司所處產業狀況的分析，可以判斷對目標公司的兼併是否與公司的總體戰略相吻合，兼併后是否可以通過對目標公司的經營而獲得整體優勢。法律分析主要包括

審查公司的組織、章程、審查訴訟案件、審查財產清冊、審查對外書面合約。經營分析主要包括營運狀況、管理狀況和重要資源等。財務分析可以確定目標公司提供的財務報表是否真實，這一工作可以委託會計師事務所進行，審查的重點包括資產、負債和稅款。審查時應注意各項資產是否為目標公司所有，資產的計價是否合理，應收帳款的可收回性，有無提取足額的壞帳準備，存貨的損耗情況，無形資產價值的評估是否合理等。

（2）併購后的一體化

目標公司被併購后，很容易存在經營混亂的局面，因此必須對其進行整合，使其與企業的整體戰略、經營協調一致、互相配合。具體包括：業務活動一體化、組織結構一體化、管理制度一體化、人事一體化、戰略一體化、企業文化一體化等。

有很多的併購案在一體化時遇到問題。美國時代公司和華納通訊公司兼併是不同企業文化兼併的例證。時代公司中創新思想必須經過多層管理等級和許多人討論審議后才能通過，而華納通訊公司中的創新思想常常由首席執行主席一人來批准。由於兩家公司的創新文化不同，華納公司被時代公司的官僚主義搞得灰心喪氣。

（3）不要併購成癮

與自己建設的方式相比較，採取併購方式更快也更有成就感，當然也更容易上癮。過分依賴收購去實現企業的增長容易出現幾個問題：①如果將併購作為一種外部創新的話，那麼過分依靠外部併購會導致企業內部創新投入和能力下降；②如果依靠併購去實施多元化發展、那麼就會導致企業總部失去對投資企業的戰略控制，越來越不知道自己買了什麼，當然也就不關心它們在做什麼；③過分依靠併購會導致規模迅速擴大，應變和創新能力下降。

20世紀80年代，管理大師彼得‧德魯克提出了成功併購的五個原則：

①收購必須有益於被收購公司；

②必須有一個促成兼併的核心因素；

③收購方必須尊重被收購公司的業務活動；

④在大約一年之內，收購公司必須向被收購公司提供上層管理；

⑤在收購的第一年內，雙方的管理層均應有所晉升。

6.2 聯盟戰略

戰略聯盟是合作戰略的基本形式，在談到戰略聯盟越來越受到重視，已經成為一種重要的合作戰略時，有兩位研究者曾經這樣寫道：「每年都有越來越多的戰略聯盟在企業之間形成，這些戰略聯盟是對經濟活動、技術發展和經濟全球化所帶來的市場迅速而巨大變化的及時和理性的反應，所有這些聯盟都是企業面對世界或未來的競爭而作出的。」

6.2.1 聯盟戰略的內涵

「戰略聯盟」（Strategic Alliance）一詞最早是由美國 DEC 公司總裁簡·霍蘭德和管理學家羅杰·奈格爾提出的，但目前對戰略聯盟的定義，學術界還存在一定分歧，最大的分歧在於戰略聯盟的組織形態。戰略聯盟研究範疇和定義的沿革，充分反應出其本身是一個動態發展的概念。例如，企業在 20 世紀 70 年代、80 年代、90 年代的聯盟有著一些本質的差異：20 世紀七八十年代的聯盟主要是股權式的生產聯盟，而 20 世紀 90 年代主要是契約型的技術聯盟。網路經濟的倔起，又賦予戰略聯盟新的內涵，主要是社會網路聯盟。因此，在網路經濟風起雲湧的今天，仍以傳統的組織形態來衡量戰略聯盟顯然已不合時宜。

基於戰略聯盟研究範疇及其定義的演進，我們認為企業戰略聯盟是指具有共同利益企業之間以互補性資源為紐帶，以契約形式為聯結，組成了緊密或松散型的戰略共同體，獲取各自企業的最佳利益。

戰略聯盟按照聯盟成員之間的依賴程度劃分，可以分為股權式戰略聯盟和契約式戰略聯盟。

（1）股權式戰略聯盟

股權式戰略聯盟又分為兩種：一種是對等佔有型戰略聯盟，另一種是相互持股型戰略聯盟。對等佔有型戰略聯盟是指雙方母公司各擁有 50% 的股權，建立合資企業。相互持股型戰略聯盟是指各成員為鞏固良好的合作關係．長期地相互持有對方少量的股份。

（2）契約式戰略聯盟

契約式戰略聯盟最常見的形式有：

①技術交流協議。聯盟成員間相互交流技術資料，通過知識的學習來增強企業競爭實力。

②合作研究開發協議。聯盟成員分享各成員間的科研成果，共同使用科研設施和生產能力，在聯盟內註各種資源，共同開發新產品。

③生產行銷協議。聯盟成員共同生產和銷售某一產品。

④產業協調協議。聯盟成員建立全面協作與分工的產業聯盟體系，一般多見於高技術企業中。

股權式戰略聯盟依雙方出資多少有主次之分，且對各方的資本、技術水平、市場規模、人員配備等有明確規定，股權多少決定著發言權的大小；契約式戰略聯盟中，各方一般處於平等和相互依賴的地位，在經營中各方保持其獨立性。

企業在建立聯盟時主要有以下三種戰略動機：

（1）產品交換。「產品交換聯盟」的目的主要是通過在供方和買方之間建立通常是長期的、相互的經貿往來減少交易成本。

（2）共同學習。「共同學習聯盟」的動機與此不同，它是想通過合作夥伴之間的技術轉讓和合作研究來開發新的能力。

（3）獲得市場力量。「市場聯盟」則強調通過共同開發產品需求、傳播技術或共同

建立產品在市場上的主導標準來獲得市場。

很多情況下，聯盟中成員的戰略動機並不完全相同，而且經常不止一個動機。隨著合作的深入，動機也會跟著改變。

企業進行戰略聯盟的方式主要有合資、資產戰略聯盟、非資產戰略聯盟和默契壟斷合作。合資是兩家或更多企業出資成立一家獨立的企業；資產戰略聯盟（股權式戰略聯盟），由各成員作為股東共同創立，其擁有獨立的資產、人事和管理權限；非資產戰略聯盟（契約式戰略聯盟），簽訂合作協議而不涉及資產，以聯合研究開發和聯合市場行動最為普遍；默契壟斷合作，例如共同提高價格，或者控制產品等。

6.2.2 聯盟戰略的優點和風險

（1）戰略聯盟的優點

①有利於分散風險

特別是在需要大量投資而企業又感到要承擔巨大風險的行業，如信息技術、生物制藥、自動化、航天領域等，採用戰略聯盟可以分散風險，成功者往往是全球市場的領導者。

②能迅速適應顧客需求的變化占領新市場

當今時代產品的生命週期越來越短，縮短新產品的開發期，加快進入期成為眾多企業的選擇。要確立自己企業的市場戰略地位，最直接的辦法和最低成本的解決方案就是建立戰略聯盟來適應不斷變化的市場，從而快速占領新市場。

③可整合不斷出現的新技術和新市場

新技術的湧現越來越快，越來越複雜，新市場也不斷地在開發，單一的企業已經不可能迅速應對，建立戰略聯盟可以在技術研究、開發生產能力、市場拓展等方面實行優勢互補。

④可以分享資源，優勢互補，形成綜合優勢

通過分享人力資源、原材料資源、財政資源、信息資源等可達增強企業市場競爭力的目標。企業資源各有所長，如果構建聯盟，可以把分散的優勢組合起來，形成綜合優勢，也就可以在各方面、各部分之間取長補短，實現互補效應。

（2）戰略聯盟的風險

聯盟戰略存在許多風險，許多聯盟戰略在實際運行中都碰到了困難，甚至其中一些聯盟不得不以失敗告終。有數據顯示，大約三分之二的戰略聯盟在運行的頭兩年都有非常嚴重的問題，而這其中的70%到最後只能解體。聯盟戰略的風險主要表現在以下方面：

①有的聯盟企業會有投機行為。如果合作協議不對投機行為進行約束，或者企業間只是建立在相互信任的基礎上，那麼當這種信任不再存在時，類似技術詐欺、不正當獲取對方專利等投機行為就有可能出現。

②聯盟未能帶來所期望的利益。聯盟是為了實現相關企業的「雙贏」，然而在合作中，一方可能不會把互補資源與另一方共享，這一風險通常發生在處於不同國家的合作雙方。

③管理上的風險。由於形成戰略聯盟的各方，可能生活在不同社會經濟文化的國度裡，其經營管理風格各不相同，需要聯盟各方在經營理念、戰略目標、組織體制、規章制度等方面取得協調一致，而有的聯盟企業可能沒有能力做好跨文化的管理和整合，不能有效地實施戰略聯盟。

④對企業聯盟企業的依賴性。任何一種聯盟都意味著失去部分控制，戰略聯盟最大的弱點就是企業在關鍵技能和能力上會長期依賴戰略聯盟中別的企業，從而喪失自己的競爭力。

6.2.3 聯盟戰略選擇應注意的問題

戰略聯盟作為一種新的組織模式，在具體的實施中，應注意以下問題：

(1) 企業戰略聯盟環境分析

企業戰略聯盟的成功實施首先取決於我們是否客觀地評價締結聯盟戰略的必要性和合理性，是否系統地分析企業內外部戰略環境。第一，企業需要「照照鏡子」，客觀地剖析自我，瞭解自身的優缺點。第二，企業需要進行外部環境分析，進一步瞭解市場對企業的拉動作用、技術對企業的推動作用、競爭對手的衝擊作用以及政府對企業的約束作用等，從而把握市場發展趨勢，抓住企業發展機遇。內外部環境分析必將喚起企業對其戰略、結構、過程以及人員等重新進行思考以便更快地採用新技術、新手段，更好地適應客戶不斷變化著的需求。

(2) 慎重選擇戰略夥伴

由於戰略聯盟中合作方之間的關係較為松散，因此，必須選擇真正有合作誠意的夥伴。同時，對於合作夥伴在資源和能力上的互補性也應考慮。

①橫向合作盟友的選擇

橫向合作盟友是指資源結構與企業本身的資源稟賦形成互補關係的競爭者。合適的橫向合作盟友可以使企業在更大範圍內甚至全球範圍內對生產要素進行選擇和優化組合。

對橫向合作盟友的一般要求是：對方在資源方面具有比較優勢，而這種優勢與企業本身的資源優勢形成互補型結構；雙方資源的重疊最小化；對方在行業中具有獨特的經營優勢，在某一方面處於行業的競爭前沿；資源稟賦對企業來說具有很好的運用性，並對企業的發展具有重要意義；生產經營管理體系完善且健全，組織運作效率高；企業發展目標一致。

②縱向合作盟友的選擇

縱向合作盟友是由於產品生產與需求的供求關係而建立起專業化協作聯繫的夥伴。

對供方合作盟友的一般要求是：生產技術裝備、生產能力及其他生產方面的綜合實力佔有明顯優勢；具備有效的質量保證體系，能夠長期、穩定地提供高品質的產品和服務；供應週期短、倉儲能力強；提供產品的附加服務，具備良好的信譽。

對需方合作盟友的一般要求是：有健全的銷售網路和快捷的銷售渠道，產品市場佔有率高；資金來源穩定，回款速度快，資金運作進入了良性循環；其產品處於生命週期的前期或中期，市場前景廣闊；產品具有一定的市場知名度，企業享有市場的

美譽。

需要注意的是，聯盟是為戰略服務的，不能為了聯盟而聯盟。在選擇聯盟戰略時一定要進行嚴密的理性分析。

（3）建立合理的組織關係

戰略聯盟是一種網路式的組織結構，不同於傳統的層級結構，在聯盟中應明確雙方的責權利，防止由於組織不合理而影響其正常的運作。

（4）加強溝通

戰略聯盟各方由於相對獨立，彼此之間組織結構，企業文化和管理模式等，都存在很大的不同，因此，加強各方之間的溝通和協調非常至要，可以建立和充善聯盟內的信息交流網路。通過信息交流網路及時交換有關的科研、生產及市場信息，共享各方面的信息資源，在此基礎上才能協調行動，使聯盟真正產生整體合力。

（5）學習與吸收

徹底而快速地學習聯盟對方的技術和管理，盡快將那些寶貴的觀點和慣例轉移到公司自己的經營和運作中去。

（6）防範聯盟風險

任何事物都具有一定的風險性，聯盟亦是如此，進行戰略聯盟時一定要注意聯盟風險的防範。可以從以下幾方面進行：

①聯盟企業應針對聯盟的運行設立監督機制，以便隨時瞭解聯盟內部生產要素的營運情況，以保證聯盟目標的實現。

②企業在許可證轉讓中，要制定反向許可安排。所謂反向許可安排，是指被許可方若對許可方的原有技術做任何的改進或創新，必須按反向許可證方式返回給許可方。這種方法有利於識破虛假的合作夥伴。

③在聯盟規劃中，要制定明確的階段性目標。通過這項措施，提供關鍵資源的一方只有當一些設定的階段性目標得以實現時，才進一步提供資源。一旦雙方投入了資源，活動中的買方和賣方彼此便產生了依賴性，需要加強聯繫來增加對對方活動的控制，從而降低依賴的風險。

6.3 集群化發展戰略

隨著全球經濟競爭的日趨激烈，企業間需要建立密切的合作夥伴關係以促進信息流動和創造性思維的傳遞，獲取競爭優勢，實現可持續發展。集群化作為企業的一種戰略選擇或區域經濟的發展模式，不僅為企業帶來競爭優勢，為了行業發展以及區域經濟發展作出貢獻。

6.3.1 集群化戰略的含義

所謂產業集群（Industrial Clusters）是指在某一特定區域中，大量產業（通常以一個主導產業為核心）聯繫密切的企業及相關支撐機構按照一定的經濟聯繫在空間上集

聚，並形成持續競爭優勢的現象。

集群化發展戰略包括產業集群和企業集群兩層含義，其中產業集群側重於觀察分析集群中的縱橫交織的產業關係，揭示了相關產業聯繫和合作，從而獲得產業競爭優勢的現象和機制。而企業集群側重於觀察分析集群中的企業地理集聚特徵，它揭示了相關企業及其支持性機構在一些地方靠近而集結成群，從而獲得企業競爭優勢的現象和機制。

6.3.2 集群化戰略的類型

根據不同的劃分標準，集群化戰略可以劃分為不同的類型，通常我們所說的是根據集群企業構成劃分的。可以分為以下幾類：

(1) 輪軸式集群。輪軸式集群是指圍繞一個特大型成品提供商而形成的產業集群，集群內其他企業均為此大型企業提供零部件或支撐性服務。如日本的豐田汽車城就是圍繞豐田汽車公司而形成的汽車產業集群。這種集群的優點在於地理上較為接近，能更好地實現專業化分工、減少交易成本，但集群內部供應商容易產生惡性競爭，且集群過分依賴於某個企業，一旦該企業陷入困境，可能給地區內所有企業帶來經營困難。

(2) 多核式企業集群。多核式企業集群是指圍繞3~5個大型成品提供商而形成的產業集群，如美國底特律汽車城是圍繞著通用、福特和克萊斯勒三大汽車公司而建成的汽車產業集群。相比之下，集群內部製造商之間、供應商之間都存在著更多的競爭壓力，有利於促進企業革新，提高企業生產率。這種集群類型應該是世界各國集群的發展目標。

(3) 葡萄式集群。葡萄式集群是指由眾多規模差距不大的企業構成的集群，如由眾多中小企業構成的「第三義大利」產業集群，也就是馬歇爾最初觀察到的產業集群，所以又被稱為「馬歇爾產業集群」。集群內部由於企業規模偏小，產品差異不大，各自所占的市場份額都比較小，內部市場競爭類似於完全市場競爭，因此企業能夠很容易地進入與退出，保持了集群內部的市場競爭活力。如果該類企業要取得超額利潤，就必須加強產品、服務創新，走差異化道路，這樣有利於提高集群的創新能力和產業更新換代。

6.3.3 產業集群的動力機制

從理論上看，產業集群發展的動力機制來自資源利用的外向化、降低成本、互補協同三個方面。

(1) 資源利用的外向化機制

隨著敏捷製造、虛擬製造等先進生產模式的出現，傳統的企業組織和資源配置方式發生了根本性的變化。最大限度地利用外部資源，達到全方位「借力造勢」的目的，是產業集群得以存在的重要理由。產業集群正是從企業有限的資源出發，通過與集群內其他企業建立起資源互補的合作關係，把不同歸屬的異質資源整合起來，兼收並蓄，實現核心競爭力量的結合，使個別資源在整體中發揮它最大的作用，其整體生產能力能得到最充分的利用，創造出比競爭對手更高、更多樣性的價值。

（2）成本節省機制

隨著市場需求的多變性日益劇烈，個性化日益突出，單個企業實現規模經濟和範圍經濟的難度大大增加。產業集群通過提高產業集中度、行業集中度、空間集中度和產業關聯度，可以很好地將同類產品的生產經營企業結合成為一個整體。通過深化分工、強化技術進步，不同企業之間的資本、技術、人力、信息資源得以有效、充分、靈活組合。實現經營的規模經濟和範圍經濟，最大限度地降低產品成本。

（3）互補協同機制

產業集群內存在產品價值鏈上所需的不同企業，企業之間在資金技術、生產、人才、行銷和創新等方面形成互補並產生協同。在資金方面，集群內企業致力於共同出資，使有限資金易於凝聚、保證產品或項目所需資金；在技術方面，充分利用集群內企業的技術優勢，在最短的時間裡開發出符合市場需求的新產品，既能提高技術研發的成功率，又能使風險在合作夥伴中分攤，同時還避免了單獨企業在研究開發中的盲目性，以及因孤軍奮戰引起的重複勞動和資源浪費等。

6.3.4 集群化戰略的優點

集群化戰略是新形勢下企業可以選擇的一種重要發展戰略，它具有以下優點：

（1）集群化戰略有利於降低成本和提高生產率

韋伯從工業區位理論視角闡述了企業集群化發展成功的四大功效：一是集群強化了技術設備專業化的整體功能；二是集群強化了勞動力市場的優化配置和使用效率；三是集群大大提高了批量購買和出售的規模，得到了更為低廉的信用；四是集群發展可以做到基礎設施共享和減少經常性開支成本。

（2）集群化發展戰略有利於知識的傳播和創新的擴散

集群網路內松散的聯結為企業參與相互學習和創新提供了滿意的條件，因為網路提供了紛繁複雜的信息資源，便利了企業與其他組織之間面對面的交流，特別是獲取隱含經驗類知識，這類知識又是企業可持續發展和快速成長的關鍵。

（3）集群化戰略有利於增強企業獲取資源的能力

空間上的相互靠近，不僅節約運輸成本，而且往往會形成相同或相似的價值觀或者文化背景，更容易縮短企業之間的軟距離，方便建立起長期合作的互惠誠信關係，從而累積企業和企業家的社會資本。這種社會資本能夠增強企業成長的信心，也為企業獲取成長所需知識、技術、信息、市場等資源要素創建有利的途徑。

6.4 虛擬經營戰略

隨著網路經濟的興起，虛擬經營走進人們的視線。虛擬經營既是網路經濟的產物，又是網路經濟發展的重要表現。虛擬經營在世界範圍內應用廣泛，並深入到社會與技術經濟相關的各個領域中。許多知名企業也通過虛擬經營創造了輝煌的業績，增強了企業的競爭優勢。

6.4.1 虛擬經營戰略的含義

虛擬經營戰略是指一個或多個企業以資源為核心，以網路信息技術為依託，為實現特定的戰略目標，在組織上突破有形界限，組建的一種網路式聯盟。簡言之，即企業在現有存量資源條件下，為了確保市場競爭中的最大優勢，只保留企業最核心的關鍵功能，而將其他非優勢功能或能在社會服務體系中廉價獲取的功能虛擬化，通過各種方式借助外力推行整合，如圖 6-1 所示。

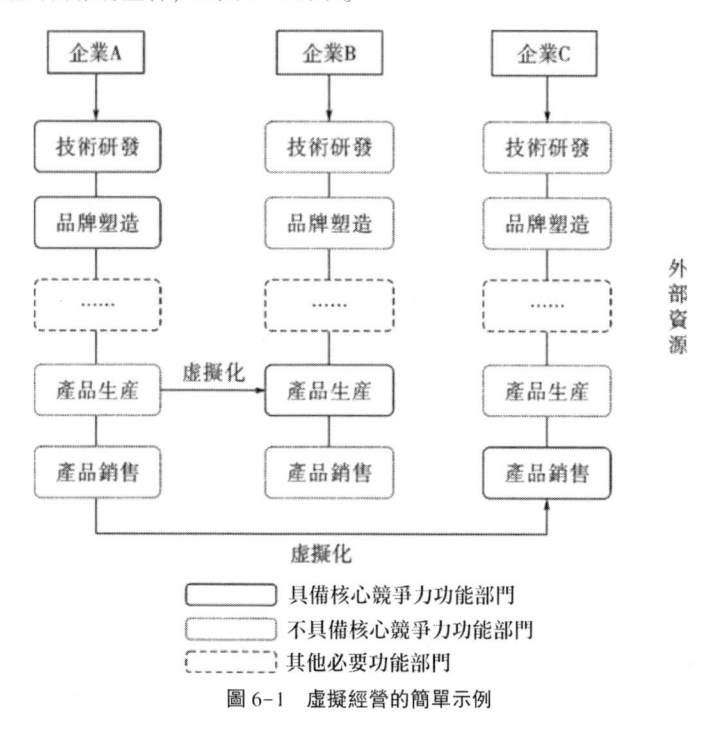

圖 6-1　虛擬經營的簡單示例

6.4.2 虛擬經營的形式

(1) 虛擬生產

虛擬生產是指企業自己不生產產品，而把產品的生產委託外包給更具有成本優勢的企業來完成。虛擬生產是被實踐運用得最為成熟的一種虛擬經營形式。通過這種形式，企業能從創造附加值相對最低的生產環節解放出來，更加集中於自己的優勢資源和能力，更有效地進行自身的品牌建設、技術研發和行銷網路規劃（見圖 6-2）。

(2) 虛擬銷售網路

虛擬銷售網路是指企業集團總部對下屬的銷售網路給予自主權，使其成為擁有獨立法人資格的銷售公司，或者借用外部獨立銷售公司的廣泛聯繫和分銷渠道，銷售自己的產品（見圖 6-3）。由於這一模式不但可以為企業節省管理成本和市場開拓費用，

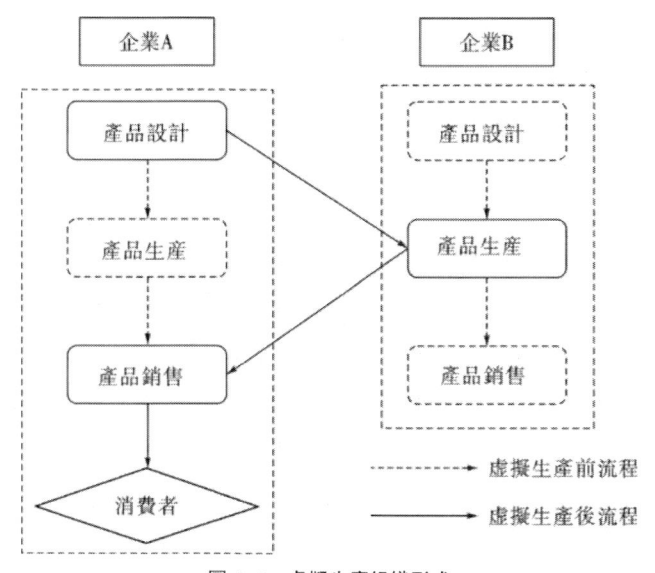

图 6-2　虚擬生產組織形式

而且使企業能專注於產品研發和品牌建設，增強公司的核心競爭優勢，因此它正在全球範圍內被越來越多的企業採用。

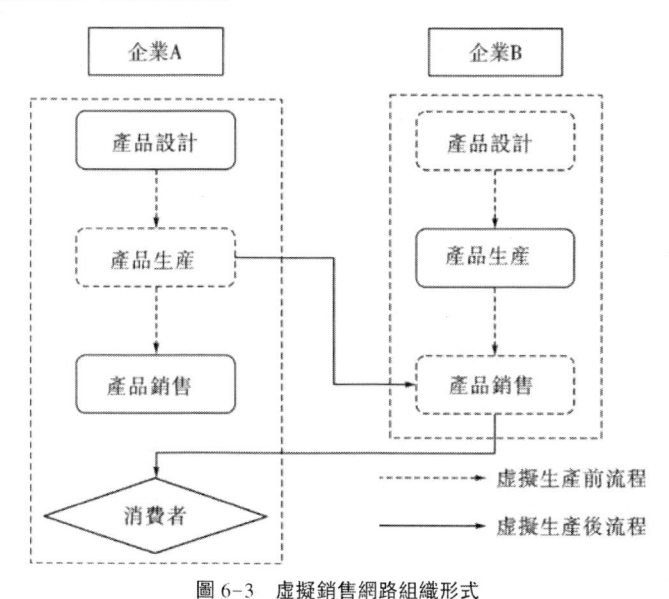

图 6-3　虚擬銷售網路組織形式

（3）虛擬行政部門

虛擬行政部門與虛擬銷售網路類似，是指將企業的行政部門作為經營單位進行外

包（見圖6-4）。通過利用市場上有經驗的專業公司進行管理，利用其業務優勢和實力，減輕企業自身的負擔，降低管理成本，提高經營效率。通過這種方式把行政辦公、人力資源管理、財務管理等職能部門虛擬化，使這些部門成為虛擬職能部門。

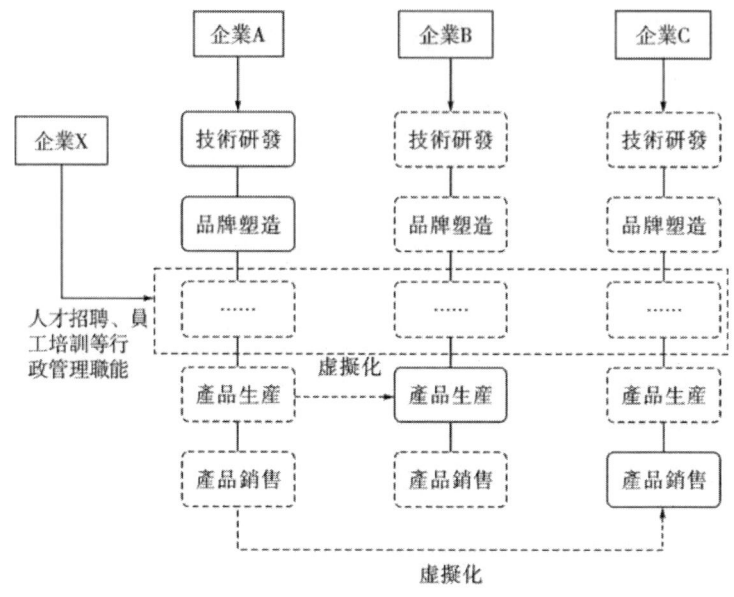

圖6-4 虛擬行政部門組織形式

(4) 企業共生

虛擬經營主要是把企業低附加值的功能虛擬化，在這個過程中必然會花費一定的費用，造成企業經營成本的上升。更值得注意的是，企業可能會冒商業秘密外泄的風險。企業共生的出現正是為了解決這些問題。企業與同行業的主要企業為了實現相同的配套功能或互惠的彼此支援，組成共同的作業中心，共擔成本、共享利益，以實現規模經濟，並有效地保護了商業秘密（見圖6-5）。

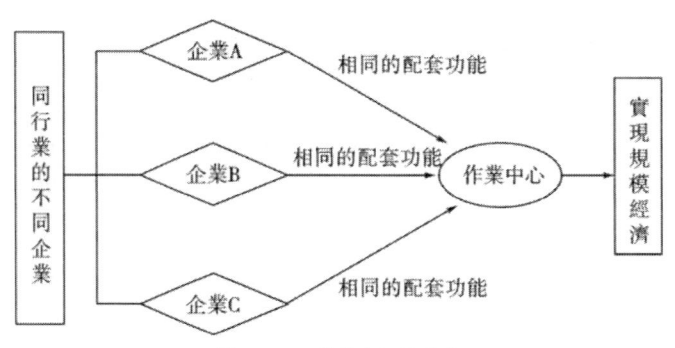

圖6-5 企業共生組織形式

6.4.3 虛擬經營的動因

（1）需求個性化

隨著信息時代的發展，全球企業生產能力得到不斷提高，市場需求也逐步呈現出個性化趨勢，產品的更新換代加劇。在傳統的規模經濟中，生產的規模化、標準化忽視了顧客需求的差異化。虛擬經營這一組織形態，正是以其無固定邊界的非正式組織、層次少的扁平組織結構、成員之間能有效溝通的網路平臺，很好地解決了傳統模式無法解決的難題。通過虛擬經營，企業聯合各方面的力量，發揮整體優勢，把用戶定制、柔性生產和高效率有機結合起來，順應當前信息經濟時代的特徵，迅速滿足消費者日益個性化的需求，表現出強盛的生命力。

（2）生產分散化

過去一般實行「生產導向」，現在總體市場格局由賣方市場變為買方市場，企業經營活動不得不實行「市場導向」。這極大地促進了企業組織形式的調整：一方面，保留核心業務部門才能夠控制在生產分散化過程中的主導權，降低經營風險，提高企業的市場應變能力和經營效益；另一方面，在生產分散化過程中，採取虛擬經營能夠避免自建方式帶來的組織機構臃腫的弊端，有效聯合社會現有企業進行設計、生產、行銷等，提高企業的生存和發展能力。

（3）經濟全球化

在經濟全球化這一過程中，社會分工日益細化，社會協作日益廣化，使各種生產和其他經營活動越來越具有更大範圍、更深程度的社會性質。因此，需求的個性化趨勢使得產品更新速度越來越快，在全球範圍來說這一現象更為明顯。單靠一個企業自身的力量，想以最快的速度推出符合市場要求的產品越來越難，而且還會出現成本費用高等更深層的困難。企業虛擬化經營，便是不同程度地借助其他企業的力量和優勢，形成不同要素（功能）的多種組合形式，迅速形成適應需求的生產能力，在更大範圍內進行資源的配置與優化，在合作中形成更強、更靈活的市場應變能力和綜合競爭力。

（4）管理信息化

如果說需求個性化、生產分散化和生產社會化催生了虛擬經營的話，那麼管理的信息化無疑加速了虛擬經營的實現。虛擬經營的最大特點，在於虛擬企業之間的分工與合作。所以信息技術的廣泛採用勢必成為企業運作成功的關鍵。因此，虛擬經營是以信息的網路化、經濟的契約化為媒介，需要把握產品品質、生產成本及交貨週期等參數的平衡，需要妥善處理時間、空間、人間、事間和功能間這「五間」之間的義系，所有這些若沒有管理的信息化是難以做到的，即使勉為其難，也難以為繼。

6.4.4 虛擬經營戰略的優點

（1）集聚企業核心競爭力。企業實施虛擬經營把多家公司的核心資源集中起來為自己所用，通過虛擬聯合，用最快的速度、最小的成本，實現生產能力的擴張和放大。把有限的資源集中在附加值高的功能上，從而避免出現企業的部分功能弱化而影響其快速發展，使企業自身的核心競爭力得到鞏固和發揮。

（2）利於信息、服務、智力、市場資源的共享和優化配置。虛擬經營有效創造了各種資源可以共享的生態環境，並完成其優化配置。通過信息、服務、智力、市場等資源的共享，利於企業均衡利用各種資源，打造自己的資源利用網路，創造核心競爭力。

（3）協同企業間競爭關係。在虛擬組織中，組織成員之間是一種動態組合關係，雖然有競爭，但它們更注重建立一種雙贏的合作關係，相互之間以協同競爭為基礎，資源和利益共享、風險共擔、各施所長、各得其所。企業間從排斥性競爭走向合作性競爭已是競爭戰略發展的必然趨勢。

（4）避免重複建設。虛擬經營戰略不以企業為單位進行資源配置，而是在全社會範圍內優化配置，將虛擬經營節約的投資，投向企業戰略環節的建設，增強企業競爭力，減少了「大而全」「小而全」企業，提高了企業的專業化水平，利於企業精細化管理。

（5）提高市場回應速度。虛擬經營戰略運作方式高度彈性化，核心企業的整體運作更有效率，能在最短時間內對市場作出反應，且更為敏捷有效，實現了超越空間約束的經營資源的功能整合。

6.4.5　實施虛擬經營戰略途徑

（1）培育核心能力。企業要保持的競爭優勢，就是企業在價值鏈某些特定的戰略環節上的優勢。運用價值鏈分析方法來確定核心能力，就是要求企業密切關注組織的資源狀態，要求企業特別關注和培養在價值鏈的關鍵環節上獲得重要的核心能力，以形成和鞏固企業在行業內的競爭優勢。總之，核心能力的提高是通過一系列連續強化的過程來完成的，沒有投資核心能力建設的企業，會越來越難以進入某個新興的市場。

（2）提高應用現代信息技術的水平和能力。虛擬經營的企業為提高應用現代信息技術的水平和能力，第一，應該從觀念上進行更新，企業應明白現代信息網路技術在企業中的應用是經濟全球化的必然趨勢；第二，企業要引進信息網路技術方面的人才。

（3）掌握關鍵性資源。無論選擇何種形式的「虛擬」，都必須建立在自身競爭優勢的基礎上，必須擁有關鍵性資源，必須根據環境的要求把有限的資源應用到「創造財富的關鍵領域」上，如產品設計、研發能力等。

（4）釋放無形資產能量。虛擬經營戰略離不開無形資產，如專利權、商標權、客戶忠誠度等，無形資產是企業虛擬經營成功制勝的法寶。隨著市場經濟的發展，無形資產的作用越來越明顯，一個企業擁有的無形資產的數量多少，價值高低決定了企業對虛擬經營的駕馭能力。

本章小結

1. 隨著社會的發展進步，企業獨立運作模式已經越來越難以適應現代商業環境的

需要。與企業間的競爭相對應,企業間的合作是兩個或兩個以上的企業或集團組織從各自利益出發而自願形成的協作性和互利性關係。併購戰略、聯盟戰略、集群化戰略和虛擬經營戰略正在不斷發展為企業贏得競爭優勢的重要合作型戰略。

2. 併購戰略是指企業通過兼併和收購來影響、控制被收購企業,以增強企業競爭優勢,實現企業經營目標的一種戰略方式。企業採取併購戰略的動機是:獲取利潤最大化、優勢互補共擔風險、克服行業壁壘、多元化經營、加強市場力量。併購戰略的風險包括:信息風險、反收購風險、體制風險、法律風險、經營風險、財務風險等。併購戰略也具有一定的優缺點。企業採取併購戰略應注意慎重選擇目標公司、併購後的一體化、不要併購成癮等問題。

3. 企業戰略聯盟是指具有共同利益的企業之間以互補性資源為紐帶,以契約形式為聯結,組成的緊密或松散型的戰略共同體。戰略聯盟的優點是:有利於分散企業風險、能迅速適應顧客需求的變化占領新市場、可整合不斷出現的新技術和新市場等。戰略聯盟作為一種新的組織模式,在具體的實施中,應注意以下問題:進行戰略聯盟環境分析,慎重選擇戰略夥伴,建立合理的組織關係,加強溝通、學習與吸收,防範聯盟風險。

4. 集群化戰略指企業通過「產業集群」和「企業集群」兩種途徑,實現在某一特定區域上的高度集中,形成結構完整、外圍支持產業體系健全、具有靈活機動等特性的有機網路體系,給企業在未來的競爭中帶來優勢。根據不同的劃分標準,集群化戰略可以劃分為不同的類型,如輪軸式集群、多核式企業集群、葡萄式集群。從理論上看,產業集群發展的動力機制來自資源利用的外向化、降低成本、互補協同三個方面。集群化戰略具有以下優點:有利於降低成本和提高生產率、有利於知識的傳播和創新的擴散、有利於增強企業獲取資源的能力。

5. 虛擬經營戰略是指一個或多個企業以資源為核心,以網路信息技術為依託,為實現特定的戰略目標,在組織上突破有形界限,組建的一種網路式聯盟。虛擬經營的形式有:虛擬生產、虛擬銷售網路、虛擬行政部門、企業共生。虛擬經營的動因包括:需求個性化、生產分散化、經濟全球化、管理信息化。虛擬經營的優點是:集聚企業核心競爭力、利於資源共享和優化配置、協同企業間競爭關係、避免重複建設、提高市場回應速度。企業實施虛擬經營戰略的途徑有:培育核心能力、提高應用現代信息技術的水平和能力、掌握關鍵性資源、釋放無形資產能量。

思考題

1. 併購戰略的含義是什麼?類型有哪些?
2. 實施併購戰略應注意的問題?
3. 聯盟戰略的基本形式包括哪些?如何成功實施聯盟戰略?
4. 談談你對集群化戰略的理解。
5. 虛擬經營戰略實施途徑有哪些?
6. 談談合作型戰略對於企業發展的意義。

7　國際化戰略

學習目標：

1. 瞭解國際化經營戰略的背景和國家競爭優勢理論；
2. 掌握企業國際化經營戰略的動因及類型；
3. 掌握國際市場的進入方式；
4. 瞭解國際戰略聯盟的內容。

案例導讀

上海汽車工業集團：邁向全球市場

　　上海汽車工業集團（以下簡稱「上汽集團」，SAIC）是中國歷史最悠久、規模最大的汽車生產廠商之一。該集團在中國共有50家工廠，生產小轎車、卡車、巴士以及汽車零件等（批發與零售），其業務還涉及汽車租賃與融資租賃。上汽集團曾與通用汽車、德國大眾公司成功合作，為不斷成長的中國汽車市場生產通用汽車和大眾汽車；其在20世紀90年代與21世紀初的銷售主要來自這些合資企業。

　　上汽集團還持有韓國汽車製造商雙龍公司（SSangyong）約51%的股份，並擁有Rover25和Rover75車型及K系列引擎的知識產權。上汽集團從2007年開始生產Rover75（根據中國市場重新設計）。

　　上汽集團從合作經歷中收穫頗多，並擁有許可轉讓的技術，因而決定生產和促銷自有品牌的汽車。中國政府也在強調中國公司發展部分自有品牌的重要性，因為外國品牌占據了大部分中國市場。另外，企業需要擁有自有品牌才能在全球競爭中占得一席之地。2007年，上汽集團開始在中國市場出售自有品牌的汽車榮威（Roewe）。

　　上汽集團的目標是進入汽車行業的全球前十強，為此它樹立的目標是在美國汽車市場上進行有效的競爭。這個目標對上汽集團來說是一個巨大挑戰，因為所有知名汽車製造商都在美國市場展開競爭。現代集團在試圖加強其美國市場競爭力的時候也面臨這樣的挑戰。儘管與競爭對手相比現代在相應款型汽車上具有重大質量進步和更低的價格，但它並沒有在美國奪取到其所期望的市場份額，雖然現代在美國市場的相對排名比2005年略有提高，它的市場份額仍只維持在不到3%。

　　中國的汽車製造商總體上極少出口，出口到美國的就更是寥寥無幾。雖然美國汽車製造商所占的市場份額在過去幾年中有所降低，但市場份額大多數被日本汽車製造商奪取，特別是豐田汽車公司。中國汽車出口量在2014年達到94.73萬輛，但主要是南美、東南亞等市場。

資料來源：邁克爾·A·希特，R·杜安·愛爾蘭，羅伯特·E·霍斯基森.戰略管理概念與案例［M］.呂巍，譯.北京：中國人民大學出版社，2009.

企業向全球市場邁進，走向國際化已經成為當今世界經濟發展的一大趨勢。過去50年，國際貿易與投資的壁壘大幅度下降，如工業化國家製造業產品的平均關稅從大約40%下降到4%；與此相類似，一個一個的國家解除禁令，允許外國公司進入本國市場建立生產設施，或收購本國企業。基於上述兩大進步，國際貿易與外國直接投資大幅度上升。全球產業環境與國家產業環境發生了大幅度變化。

7.1 全球產業環境與國家競爭優勢

7.1.1 生產與市場的全球化

21世紀全球經濟快速發展，國與國之間的經濟關係正在擺脫原來那種相互隔離、相互閉塞的局面，正逐漸以競合的方式融合成為一個相互依存的全球性經濟體系。企業國際化已經成為現代企業發展的一個必然趨勢。

儘管全球化戰略很難實施，但隨著越來越多的行業進行全球競爭，全球化效率顯得越來越重要。而且，需求的本地化讓問題變得更加複雜。全球化的產品和服務在很多國家通常需要採用定制化的方式，目的是符合政府的法律法規或當地客戶的偏好。另外，大多數跨國公司都想實現各國的資源共享與協調以降低產品的生產成本。並且某些產品或行業可能會比其他產品或行業更適合採用跨國標準化的運作方式。

7.1.2 國家競爭優勢[1]

（1）國家競爭優勢理論的主要內容

國家競爭優勢，又稱「國家競爭優勢鑽石理論」「鑽石理論」。其由哈佛商學院教授邁克爾·波特（Michael E. Porter）在其代表作《國家競爭優勢》（*The Competitive Advantage of Nations*）中提出。該書總結了影響一國的某個產業或者產業環節在國際競爭中的優勢的四個基本要素和兩個輔助要素。一個國家的競爭優勢主要體現在該國的企業、行業的競爭優勢。從宏觀經濟角度來看，其競爭優勢來源於四個基本要素：生產要素、需求條件、相關產業及支持性產業的表現、企業戰略與結構和競爭對手。兩個輔助要素：政府和機遇。這六個要素相互影響，彼此互動，形成一個完整的鑽石體系。

①基本要素

鑽石理論認為如果要尋找一個國家在某種產業的國際競爭中成功的原因，就必須從國家的四個基本要素入手。這些因素存在於每個國家的產業環境中，由上述四項關鍵因素形成的「鑽石體系」，關係到一個國家的產業或產業環節能否成功。該體系也是一個雙向強化的系統，其中任何一項因素的效果必然影響到另一項的狀態，而當企業

---

[1] 黎群，張文松，呂海軍.戰略管理［M］.北京：清華大學出版社，北京交通大學出版社，2006.

獲得鑽石體系中任何一項因素的優勢時，也會幫助它創造或者提升其他因素上的優勢。

生產要素是互通有無的根本，是國家經濟成長的基本條件，貿易理論通常以生產要素的差異分析為基礎。生產要素通常被廣義地分成土地、勞動力和資本，為了研究生產要素與產業競爭優勢的關係，可以細分為五大類資源：人力資源、天然資源、知識資源、資本資源和基礎設施。

國內需求市場是產業競爭優勢的第二個關鍵要素，母國市場對一國的產業形成國際競爭力有非常重要的影響。內需市場的大小可以影響企業是否能夠從規模經濟中獲益，更重要的意義在於它會影響企業改進、創新和發展的動力。從競爭優勢的角度來看，國內市場的需求質量比需求的數量更重要。本國市場要能產生國家競爭優勢，還必須具備細分的市場需求結構、內行而挑剔的客戶、國內市場的提早需求三個特色。

形成國際競爭優勢的第三個關鍵要素是一個國家能夠比其國際競爭對手提供更為健全的相關產業和支持性產業。在很多產業中，一個企業的潛在優勢是因為它的相關產業具有競爭優勢。比如，義大利除了全球馳名的制鞋業，還有皮帶、皮包等皮具產業在國際上也非常有競爭力。

在國家競爭優勢與產業的關係中，第四個關鍵要素就是企業，包括企業如何創立、組織和管理，以及競爭對手的條件如何等。而企業的目標、戰略和組織結構往往隨產業和國情的差異而不同。國家競爭優勢也就是指各種差異條件的最佳組合。本國競爭者的狀態，在企業創新和國家競爭優勢的塑造上扮演重要的角色。國家環境會影響企業的管理和競爭形式。在企業走向國際方面，推動企業走向國際化競爭的動力很重要，企業管理者的態度和素質也是重要條件。企業是創造國家財富的基本單位，企業也是民主性格的展現。民族性格不同，企業經營與競爭的形態自然也會有所不同。產業成功的前提是，企業必須善用自身條件、管理模式和組織形態，更要掌握國家環境的特色。政府政策也會影響企業的國際化，政策工具有時可以成為一些產業國際化的推動力。如果一個國家能將發展目標與本身競爭優勢充分結合，產業成功的希望就很好。

②可變因素

鑽石理論認為機遇和政府是影響國家競爭優勢的可變因素。

(2) 國家競爭優勢理論對中國的意義

用鑽石理論分析中國的現狀可以清楚地看到中國的競爭優勢與存在的問題。

①要素條件方面

總體來說中國的初級生產要素比較充裕。天然資源豐富，氣候條件和地理位置尚可，擁有充沛而廉價的非技術人工資源。但是這些初級生產要素對競爭優勢的影響作用卻越來越小。中國在生產要素持續升級和專業化方面的努力還不是很有效，所以在高級生產要素和專業型生產要素方面依然很薄弱，而且缺乏創造專業性生產要素和高級生產要素的有效機制。

若要創造對產業有力的生產要素，民間部門是決不能缺席的。而中國主要依靠政府部門，企業自身研發投入比較少，民間機構在要素升級方面的作用沒有得到充分發揮。政府的生產要素投資偏重於初級和一般性項目，例如投資研究基礎科學，雖然基礎科學也許是創新科技商業化的種子，但是在與產業界合作將有關的科研成果轉換成

應用產品和服務方面卻差強人意。另外由於政府本身組織龐大，對外界需求反應不及時，無法辨認某些產業的特定需求，其創造高級、專業性生產要素的動作沒有和產業界有效銜接，致使中國的專業性生產要素和高級生產要素仍屬稀缺資源。所以建立由企業、行業協會、個人、政府共同努力的有效的高級生產要素和專業性生產要素創造機制十分重要。

②需求條件方面

中國幅員遼闊，人口眾多，有著多樣而龐大的內需市場。而且伴著經濟發展水平的提高，需求增長迅速；收入水平的差距和生活習慣的差異，又使得需求結構呈多樣化，多層次性。這是中國的需求條件具有優勢的方面。

但是，在創造國家的競爭優勢方面，國內需求的質量比數量更加重要。而國內需求質量和企業創新壓力是中國國內需求的關鍵所在。從總體上來說，中國的需求水平還很低，缺乏講究的、挑剔的買主，而高收入人群的消費支出則大多數關注外國知名品牌，從而未對國內企業形成強大的創新壓力，這是中國產品長期缺乏競爭力的原因之一。要改變這種狀況，我們應該有意識的培養講究、挑剔的買主，並注意提倡關注和消費國產優質產品的國民風尚。同時政府要加強對消費者權權益的保護，作為促進產業提升產品和服務質量的另一個推動力，總之國內市場在提供企業生產，持續投資和創新的動力方面，尚需進一步努力。

③相關產業與支持性企業方面

提供健全的相關產業與支持性產業是形成國家競爭力的重要因素，相關產業彼此牽動更形成比擬的競爭力。但是中國的產業在這方面卻比較薄弱，「大進大出，兩頭在外」的貿易特點，是中國的產業鏈條不甚完善的一個突出表現。目前中國的產業優勢仍主要依賴低成本的競爭優勢，2004年中國加工貿易占出口貿易額的一半以上，因而被稱為「世界加工廠」。雖然中國在加工製造環節和一些勞動密集型產業上具有較強的國際競爭力，但是由於缺乏有效的支持性企業和相關產業簇群的推動，例如在高質量原料供應、高新技術和精密設備的提供方面，沒有形成競爭流程的擴散和相關產業的提升效應。

以服裝產業為例，中國服裝業雖然龐大，但由於中國的面料、輔料、服裝配件、服裝機械、服裝設計等產業都相當落後，結果服裝的檔次始終提不高，在國外也只能占領低端市場，並且經常遭遇其他國家的貿易壁壘。所以，如何刺激有競爭力的企業和產業發揮帶動相關產業提高國際競爭力有待解決的重要問題。

④企業戰略與結構和競爭對手方面

由於歷史原因和建國初期計劃經濟的影響，中國的企業在管理模式和組織形態方面與發達國家存在很大差距。首先，中國企業普遍缺乏長遠戰略，許多企業看到的只是短期利益，缺乏對市場長遠發展的預測和長遠競爭優勢的投資，結果企業難以取得長期成功。其次，中國企業的管理模式和管理概念比較落後，沒有激勵企業所有者對產業的忠誠。私人投資者常有「賺一筆就走」的經營心態，而且多數企業的營運效率較低。員工的職業精神和對企業的忠誠度比較低。由於多種方面的原因，個人事業進取心和民族榮耀與使命感在影響產業發展方面的作用尚未得到充分發揮。最后，國有

企業一度作為中國企業的主體形式。目前中國進入世界 500 強的大多為國有企業。由於國有企業的固然弊端，在形成動態的不斷升級的國家競爭優勢方面的貢獻不大。但是隨著許多改革措施的推行和對建立現代化企業管理制度的重視，中國的企業正在不斷進步，朝著提高競爭力和佔有國際競爭優勢方面努力。

另一個值得注意的問題是，國內市場激烈的競爭是創造與保持產業競爭優勢的重要影響因素，而中國尚未形成有效的企業競爭機制。而且在競爭模式上存在兩種極端；一是產業中占主導地位的國有企業或者跨過公司，其他企業無法取得參與競爭的機會或者條件；二是競爭者多為民營或者私有企業的產業，競爭方式以惡性的削價競爭為主，往往導致兩敗俱傷的結果，而不是將競爭集中在能夠推動產業佔有持續競爭優勢的產品性能、工業設計和服務方面。同時由於地區分割和區域堡壘，中國沒有形成機制良好的統一市場；行政保護等因素造成一些行業的狀況是有眾多的公司，卻缺乏激烈的競爭，優勝劣汰的競爭機制尚未充分發揮作用。企業也難以獲得規模經濟效益或者有更大的發展。

⑤機遇

目前中國的經濟發展機遇很好，世界各國對經濟領域競爭的重視，以及科學技術的日新月異，為中國的經濟發展提供了良好的國際環境。國際貿易和投資的自由化和經濟的全球化趨勢，以及信息技術的進步和先進科技的傳播與擴散，使中國擁有較好的經濟發展機遇。由於全球的某些不安定因素（例如恐怖襲擊，局部戰爭）對中國經濟發展的環境影響較小，使中國有機會成為吸引國際直接投資最多的國家，這將進一步加快中國的經濟發展。

但是經濟領域的國際競爭也進一步加劇，國際經濟環境和規則對國家經濟發展的影響程度越來越深，中國的經濟發展不再可能沿襲發達國家曾經的提升和進步模式。所以無論是政府還是企業都要注重提高自身的能力建設，抓住有利的發展機遇提高中國的國際競爭力。

⑥政府

政府在中國的經濟生活中扮演著舉足輕重的重要角色。在計劃經濟階段，政府部門是經濟建設的主導力量，實行改革開放政策以後，逐步建立起以市場為主體的經濟體制，政府在國家經濟中的角色逐漸弱化，其職能由直接的管理專項宏觀調控。

相對來說，中國政府對經濟有較強的宏觀調控能力，在培育國家優勢方面具有引導和管理優勢。但是，由於市場經濟和競爭體制在中國的發展時間還比較短暫，政府對其他因素的進步和競爭力的影響能力還很有限。在產業創造競爭優勢的過程中，政府的一些政策往往從狹隘、靜態的競爭優勢出發，有些協助措施反而會對產業的長期發展造成傷害。所以，中國政府在創造企業能夠從中獲得競爭優勢的發展環境方面還需要進一步努力。

7.2 企業國際化經營戰略的選擇

7.2.1 企業國際化的動因

企業進行國際化是為了保持優勢和獲得利潤最大化。同時，全球經濟逐步走向一體化，企業了生存和發展逐步變得更加國際化。企業進行國際化的主要動因可概括如下：

（1）擴大和尋求市場

企業利用在國際化上所形成的技術、商標及品牌等方面的優勢，可以進一步向國外推廣，取得全球的競爭優勢。雷蒙德·弗農（Raymond Vernon）闡述了國際多元化的經典原理。他認為，如果一個公司在本國市場上推出了一項創新產品。但國外市場上的需求增長到一定程度，特別國外廠商也開始生產這種產品以滿足增長的需求時，本國公司就會直接投資到國外市場，開辦工廠，生產產品。隨著產品的標準化，這個公司可能會追求經營的合理化，把工廠移到生產成本最低的地方。所以，弗農認為這些公司在實行國際多元化以延長產品的生命週期。如由於國內電信設備市場的總體發展速度放緩及政策原因，新技術應用難以大規模啟動，國內市場已不能滿足華為的發展要求，此時國際市場卻有著廣闊的空間，尤其是中東、非洲、東南亞這些新興市場，進入門檻低，國際電信設備製造巨頭也未高度關注，這些外部環境的變化促使華為選擇「走出去」。

（2）優化配置和利用低成本的資源

企業經營需要原材料、資本、技術、勞動力等資源，而企業佔有資源的多少決定著企業的競爭地位。由於國內市場資源的缺乏，資源在各國的價格差異和質量差異，以及資源的可移動性限制等因素，均是企業進行國際化嘗試的原因。原材料特別是礦產和能源對某些產業十分重要，如鋁合金生產商需要鋁，輪胎廠需要橡膠，而石油公司需要在世界範圍內尋找新的石油儲備。特別是當生產成本成為產品競爭的關鍵因素時，企業會把生產轉移到資源或勞動力價格相對較低的地區，在世界範圍內規劃生產經營的最佳配置，並向全世界銷售產品。

（3）利用規模經濟優勢和學習效應

當存在超越本國市場容量的規模經濟時，企業為了降低成本，取得規模經濟帶來的效益，就不得不向新的市場滲透，將企業的儲運、採購、生產和市場行銷等活動轉向國際化。公司市場擴張，可能為公司帶來規模效應，特別是在製造過程中。根據產品在不同國家標準化的程度、生產工具的相似性，來調整關鍵資源功能，就有可能取得最優化的規模效應。如華為作為高科技企業，每年將銷售收入的10%作為研發投入，數額居全國之首，且其產品生命週期短，為取得投資回報，降低經營風險，華為需要巨大的市場規模來降低單位產品的研發費用。通過進入國際市場，華為也能獲得規模經濟、範圍經濟和學習效應，繼而提高效率、銷售收入和利潤，有利於公司的長期高

速發展。

(4) 利用優惠政策

許多國家為了吸引外資，推出一系列優惠政策，如提供低息或無息貸款、提供廠房、實施減免稅收和提供保險等。有些國家為了鼓勵國內企業到海外進行國際化，也給予一些鼓勵政策，如提供外匯補助、津貼、低息貸款及風險保險等。企業為了追求利潤，降低經營風險，常常會利用各種優惠政策，進行國際化。

(5) 其他原因

經濟全球化趨勢，即國界作用的減弱，不斷增加的國際貿易和投資量，全球性產品和全球消費者的出現，國際市場上新的競爭者出現，質量和生產的全球標準，不斷發展的信息技術。面對這一趨勢，企業為了保護國內市場，保持自身的市場地位以及尋求國際合作，紛紛加入國際化的行列。又如，為避免本國政治、經濟環境的波動對企業的影響，為防止人才、資金、技術等資源的外流等。企業進行國際化是為了保持優勢和獲得利潤最大化。同時，全球經濟逐步走向一體化，企業為了生存和發展逐步變得更加國際化。

7.2.2 企業國際化的類型

(1) 國際本土化戰略

國際本土化就是將戰略和業務決策權分權到各個國家的戰略業務單元，由這些單元向本地市場提供本土化的產品。國際本土化注重每個國家內的競爭，認為各個國家的市場情況不同，因此以國家界限來劃分市場。換句話說，每個國家的消費者需求、行業狀況（如競爭者的數量和類型）、政治法律結構和社會標準都各不相同。國際本土化為產品客戶化以滿足本地消費者的特殊需求和愛好創造了條件，因此能夠對每個市場的需求特性做出最準確的反應。由於注重本地顧客的需求，國際本土化通常以擴大本地市場份額為目標。但由於不同國家的業務單元在不同的市場上採用不同的戰略，對於整個公司來說，國際本土化增加了不確定性。此外，國際本土化不利於實現規模效應及降低成本。結果是，採用國際本土化戰略的公司將戰略和業務決策權分散到各個國家的業務單元。歐洲跨國公司使用國際本土化戰略最多，因為歐洲國家的文化和市場都各不相同。

索尼改變了其娛樂業務的戰略，從全球化轉變為國際本土化，取得了令人滿意的結果。索尼曾試圖將美國的娛樂市場擴張到全球，但從未取得成功。它本來的做法是把為美國市場製作的電影和電視節目發行到全球市場，正如大多數娛樂公司所做的。后來索尼決定改變其方法，在世界各地的本地市場分別製作電影和電視節目。為此，索尼在大多數較大的拉美和亞洲國家安置了製作設備，開設了電視頻道。1999 年，索尼製作了約 4000 小時非英語節目和約 1700 小時英語節目。現在索尼在全世界 62 個國家擁有 24 個頻道，其中一些頻道相當成功。相反，索尼在中國的業務三年來一直在虧損，由此可見，這種方法是存在風險和不確定性的。

(2) 全球化戰略

和國際本土化相反，全球化戰略認為不同國家市場的產品趨於標準化，於是競爭

戰略趨於集中，由本國總部控制。不同國家的戰略業務單元互相依靠，總部試圖把這些業務綜合成一體。由此，全球化戰略是指在不同國家市場銷售標準化產品並由總部確定競爭戰略。全球化戰略注重規模效應，有利於利用在公司層次上發展的或其他國家在其他市場上發展的創新。相應地，全球化戰略降低了風險，但也可能忽略本地市場的發展機遇，因為在這些市場中或者缺乏辨識機遇的能力，或者產品需要本土化。全球化對本地市場反應遲鈍，由於需要跨越國界協調戰略和業務決策，因此難以管理。由此，有效實施全球化戰略需要資源共享雞強調跨國協調合作，而這有需要中央集權和總部控制。很多日本公司相當成功地使用了這種戰略。

總部在英國的 Aggreko 公司通過租賃業務已成為世界電力設備供應商領導者。目前此公司在 48 個國家有業務並採用了全球化戰略，其設備運輸隊全球一體化，能將設備快速運輸到需要的地區以滿足特殊需求。由於分銷商更願意銷售而不是出租設備，Aggreko 的主要競爭對手 Cuterpillar 正面臨著窘境。這些分銷商都是特許經營，所以公司也很難控制行動。而應用全球化戰略，Aggreko 在公司總部設計組裝設備以滿足全球的客戶。Aggreko 現已獲得了巨大的成功，其資本投資回報率約 18%，而利潤增長率為 14%。

（3）跨國戰略

跨國戰略尋求全球化的效率和本土化的反應敏捷的統一。顯然，要達到這一目標並非易事，因為這一方面需要全球協調，緊密合作，另一方面需要本地化的彈性。因此，實施跨國戰略需要「彈性協調」——通過一體化的網路建立共同願景並各自盡責。在現實中，由於兩方面目標的衝突，很難實現真正的跨國戰略。但如果有效實施了跨國戰略，其產出將比單純採用其他兩種戰略好得多。

20 世紀 90 年代中期前，福特使用國際本土化戰略在北美和歐洲兩地分別運作。前首席執行官亞歷斯·特羅特曼（Alex Trotman）在 20 世紀 90 年代中期開始實施全球化戰略。為了這一戰略，福特試圖製造為它所稱的環球汽車，也就是 Mondeo。不幸的是，這種戰略失敗了。新的首席執行官雅克·納森現在正試圖把福特的戰略改為跨國戰略。而且為了能敏捷地抓住傳統的汽車製造業以外的機遇，納森正在改造福特的管理。應用跨國戰略，福特正試圖將其不同車型——福特、林肯、美洲虎和沃爾沃的一些零部件標準化，同時保持設計和其他方面的差異以分別吸引這些品牌目標市場的顧客。福特正努力面向顧客，對全球不同市場作出最快的反應。超越國際本土化戰略需要經理們全球化考慮，本地化行動。

7.3　國際市場進入方式

7.3.1　國際市場進入方式的選擇

選擇一種或幾種正確的國際市場進入方式對於企業來說是非常複雜而困難，需要考慮各種影響因素。根據美國賓夕法尼亞大學沃頓管理學院魯特教授的觀點，選擇正

確的進入方式應充分考慮企業外部因素和企業內部因素。外部因素包括東道國市場因素、生產因素、環境因素和本國因素；內部因素包括企業產品因素和企業資源投入因素。

(1) 影響國際市場進入方式選擇的外部因素

①東道國的市場因素。市場因素主要有：東道國市場規模的大小，東道國市場的競爭結構。

②東道國的生產因素。東道國的生產要素投入（原料、勞動力、能源等）及市場基礎設施（交通、通信、港口設施等）的質量和成本對進入方式的決策有較大的影響。對生產成本低的國家，應選擇投資進入方式，生產成本高會抑制在當地的投資。

③東道國的環境因素。環境因素主要有：東道國政府對外國企業有關的政策和法規；東道國的地理位置、經濟狀態、外部經濟關係；本國與東道國在社會、文化等方面的差異；政治風險。

④本國因素。本國因素具體包括：國內市場規模，本國的競爭態勢，本國的生產成本；本國政府對出口和向海外投資的政策。

(2) 影響投資市場進入方式選擇的內部因素

①企業產品因素。它包括下列一些因素：產品的獨特性，產品所要求的服務，產品的生產技術密集度，產品適應性。

②企業的資源投入因素包括：資源豐裕度，投入願望。

在充分考慮上述因素的基礎上，根據企業的發展目標，資源條件和國際市場的瞭解程度，企業可以選擇不同層次和介入水平的國際市場進入模式，其中包括出口、許可協議、戰略聯盟、收購和新建全資子公司等。

7.3.2 出口

很多公司以出口產品或服務到其他國家作為國際擴張的起點。出口不需要在進口國建立部門，但必須有某種市場行銷體系來分銷其產品。通常出口公司會和進口國公司簽訂一些協議。出口的缺點包括高運輸成本和進口關稅。此外，出口商對其產品在進口國的市場行銷和分銷控制較少，因此不得不支付分銷商一定的費用或允許分銷商提價以補償並獲取利潤。因此出口商很難通過出口來行銷有競爭力的產品或向不同的國際市場提供定制化的產品。

由於地理位置相鄰而帶來的相對較低的運輸成本和更多的相似性，公司通常向與其工廠相鄰的國家出口產品。例如，德克薩斯州對與其共享邊界的墨西哥的出口量最大。實際上，德克薩斯對墨西哥的出口量比德克薩斯對其他國家的出口量的總和還要大。

小企業向國際擴張時最有可能使用出口。小企業要應付的最大問題是匯率。大公司有專家來幫助它們管理匯率，而小企業很少有這種專業知識。因此歐洲的共同貨幣有助於小企業在歐洲市場的業務，這些企業只要關注一種匯率就可以了，而不是十二種不同的匯率（如果它們向所有歐盟國家出口）。但小企業還是需要瞭解歐元。雖然美國小企業可以繼續使用美元，但必須為此支付禁止性額外費用。總體上說，進入國際

市場的小企業要降低成本、保持競爭力，就必須瞭解這些市場並掌握外匯知識。

直接出口和間接出口是企業進入國際市場的兩種適用的模式。在直接出口模式下，企業參與在國外市場銷售產品等必要活動，可以決定是否打開其在國外市場的銷售網及控制市場行銷組合決策；因在間接出口模式下，企業並不直接參與國外市場上的行銷活動，間接出口主要通過中間商來進行，因而企業在各方面並沒有更多的選擇。

7.3.3 許可協議

許可協議是指外國公司購買在其國內或其他國家生產和銷售公司產品的權利，許可協議對每件生產和銷售的產品收取一定的許可費。被許可者承擔風險並投資於設備、生產、行銷和分銷服務。由此可見，許可協議可能是國際擴張的成本最低的方式，這種方式是越來越流行的組織網路中的一種形式，尤其是在一些小公司中。

許可協議也是依靠原有的創新進行擴張的一種方法。比如，索尼和菲利浦共同發明了音頻CD，它們現在正授權其他公司生產CD，對每片銷售的CD收取5美分。正如這個例子所顯示的，很多公司從它們以前的創新上取得了優厚的回報。通過對研究成果和專利的許可授權，讓很多公司能夠在未來的很多年內獲取巨大的回報。但現在索尼和菲利浦在CD銷售上取得的回報正在受到威脅，便宜的仿製品越來越多。有趣的是，技術的進步加劇了這一問題的嚴重性。創新也為仿製品創造了有利條件，先進的碟片壓制機小到只要很小一個角落就可以運行，監管人員很難發現這些碟片壓制機，因為它們通常被放置在小家庭作坊中。公司正努力改變這種狀況的法律途徑，但至今為止收效甚微。

Jakks Pacific被福布斯雜誌評為200家最佳小企業之一，它的兩個創始人杰克·弗里德曼（Jack Frideman）和斯蒂芬·伯曼（Stephen Berman）制定了許可經營的戰略。以14年的許可協議為基礎，這家公司製作了以世界摔跤聯盟選手如史蒂夫·奧斯汀（Steve Austin）為原形的玩具人，由中國製造。其客戶沃爾瑪、美國翻鬥樂和凱瑪特直接從中國製造商那裡接受貨物，因此價格比對手如Mattal和Hasbro的玩具價格低。但Jakks增加了其玩具種類，通過與全國改裝汽車聯盟及印第安納波利斯高速公路汽車協會的協議增加了玩具汽車，通過與Bass（一個體育用品公司）的協議增加了玩具釣竿，以及帶有卡特彼勒商標的玩具安全帽和相應的工具腰帶。憑藉其許可經營戰略，Jakks成為美國第五大玩具公司。

當然，許可協議也有它的缺點。例如，公司對其產品在其他國家的製造和行銷控制權很小。此外，許可協議提供的潛在回報也最少，因為許可者和被許可者分享回報。更糟的是許可期過了以後，受許可公司可能學到了關鍵技術並自己生產銷售相似的競爭產品。如小松，為了進入推土機設備市場同卡特彼勒競爭，它首先從聯合收割機公司、Bucyus-Erie和康明斯發動機公司那裡通過許可獲得了很多技術，然後放棄了這些許可協議，用從這些美國公司學來的技術發展了自己的產品。

7.3.4 併購

隨著自由貿易在全球市場的擴張，跨國收購的數量也在猛增。最近幾年，跨國收

購占了世界收購總量的40%。收購在歐洲尤其盛行，歐洲公司往往用收購來建立市場力量，並向全歐盟擴張。同樣，外國公司也常用收購來進入歐盟市場以獲得立足之地。例如，GE在20世紀90年代完成了133項對歐洲公司的收購，其結果是GE在歐洲的雇員達到了9萬人，歐洲業務的年銷售額約244億美元。還有福特在1999年以60億美元收購了沃爾沃，它的主要目的卻不是進入歐洲市場，而是為了獲得能使福特在全球市場更具競爭力的資產和產品。

收購為進入新市場提供了捷徑。事實上，收購可能是國際擴張最快也是最方便的方式。儘管收購已成為進入國際市場的流行方式，它也並不是沒有代價的。國際收購有著與國內收購一樣的缺點，此外，它昂貴且需要借債融資（這也增加了額外風險）。收購的國際談判可能相當複雜——通常比國內收購複雜得多。例如，據估計只有20%的跨國交易取得了成功，而國內交易的成功率是40%。而目標公司所在國家的法規限制和能否獲得談判所需的準確情報也是頻繁出現的問題。最後，將被收購公司並入收購公司也比國內收購複雜得多。收購公司要對付的不僅是不同的企業文化，還有潛在的不同社會文化和習慣。因此，儘管通過國際收購能快速進入新的市場，它也要承擔相當的代價和風險。

世界最大的零售商沃爾瑪使用了多種進入方式來使其業務全球化。例如在中國，它建立了合資企業進入中國市場；為了進入拉美國家，它也使用了合資企業的方式；但在某些國家（如墨西哥），它收購了其在當地國家的合作夥伴。因此，必須認真地考慮和選擇進入特定國際市場的最有效方法。

7.3.5 新建全資子公司

新建全資子公司是指建立一個全新的企業。這是一個複雜且需要很大代價的過程，但它具有擁有最大控制權的優點。如果成功，將極有可能取得超額回報，尤其是當公司擁有很多整合過無形資產時。但由於在新的國家建立新企業的成本很高，相應的風險也很高。為了建立新公司，需要獲取當地市場的知識和專業技能，或者通過雇用當地員工（可能需要從對手公司挖人），或者通過諮詢公司（可能相當昂貴），但公司維持了對其產品的技術、行銷及分銷的完全控制。替代方法是公司在新的市場中安裝新的裝置設備，建立新的分銷渠道，邊學習邊實施正確是市場行銷策略。與前面提及的幾種進入戰略相比，在這種模式下，企業可以更嚴密的控制戰略和生產決策，以實現其在東道國市場上更大經濟利益和發展潛力的目標。

7.4　國際戰略聯盟[①]

在現實的經營活動中，企業作為一個整體在考慮公司戰略時，不僅需要觀察和支持各經營業務單位的競爭，而且要考慮合作戰略。在競爭日趨激烈的市場上，企業僅

---

① 王鐵男. 戰略管理 [M]. 北京、哈爾濱：科學出版社，哈爾濱工業大學出版社，2010.

僅靠單槍匹馬打天下的做法已經過時，當前即使最大的跨國公司也在研究與實施戰略聯盟。

7.4.1 國際戰略聯盟的含義

近年來，戰略聯盟成了國際擴張的主要方式。戰略聯盟讓公司之間分擔風險、共享資源，以進入國際市場。而且，這樣的聯盟能促進發展對於公司未來戰略競爭力有重要意義的核心能力。此外，大多數戰略聯盟的本地公司熟知和瞭解本國的競爭條件、法律和社會標準及文化特性，有助於製造和銷售具有競爭力的產品，而新技術和創新產品對本地公司來說也頗具吸引力。戰略聯盟的每一個合作方都為合作關係帶來了知識和資源。實際上，戰略聯盟的一個重要目的就是獲取新的能力。其中最主要的是技術。

國際戰略聯盟是指來自不同國家的兩個或兩個以上的公司參與商務活動的合作性協定。這些活動可能包括從研發到銷售和服務的任何價值鏈活動。

國際戰略聯盟能取得當地夥伴的市場知識、滿足政府的要求、共擔風險、共享技術、獲得規模經濟以及取得低成本原材料或勞動力。公司期望達到的目標決定著多國公司在哪裡連接價值鏈。

將相同的價值鏈活動結合在一起的聯盟通常是為了取得有效的經濟規模，整合合格的人才和共擔風險。例如，在研發聯盟中，高技術多國公司通常利用聯合研究與開發兼併不同的技術技能，或分擔開發新產品或高成本技術的風險。

在經營聯盟方面，多國公司通常兼併製造與裝配活動以達到一個有利可圖的經營活動規模。如海爾通過和世界最大的電機企業艾默生建立的聯合，就是同它的供貨方聯合起來，一起滿足最終消費者的需求，現在艾默生不但給海爾供應電機，而且參與了海爾產品的前端設計。

另外，行銷和銷售聯盟可以使多國公司擴大產品銷售的範圍和數量，它們還可以使合作夥伴之間共享分銷體系，有時甚至共享理念。

7.4.2 國際戰略聯盟的分類

國際戰略聯盟的基本類型主要有國際合作聯盟（International Cooperative Alliance，ICA）和國際合資企業（International Joint Venture，IJV）。

國際合作聯盟是指來自不同國家的兩家或兩家以上的公司同意在任何價值鏈上的合作，這是一種契約性的合作協議，並不要求建立獨立的公司。聯盟通常要規定每個公司對相互聯繫貢獻的正式契約，對聯繫的貢獻可能是經理、技術專家、工廠、信息和知識或者資金。要獲得單個公司及靠自身無法取得的某些利益，公司通常必須讓其他公司共享所部具備的某些知識、技能或特殊資源。這種產權或知識的共享提高了公司間參與的水平，意味著雙方公司必須讓出某些對合作夥伴有價值的東西以換取所需的東西。由於研究與開發的高成本和高風險，國際戰略聯盟在某些高技術產業十分普遍。

國際合資企業是指來自不同國家的兩家或兩家以上的公司在一獨立公司（獨立的法律實體）中擁有股權或所有權。如2003年末，TCL宣布收購法國湯姆遜彩電業務，並合資成立全球最大彩電企業；2004年4月，公司又宣布收購阿爾卡特手機業務，合資成立

手機研發、生產與銷售平臺。國際合作聯盟與國際合資企業的特徵和區別見表 7-1。

表 7-1　　　　　　　國際合作聯盟和國際合資企業的特徵和區別

聯盟類型	參與程度	解散難易	對合作者的瞭解	法律實體
國際合作聯盟	要求交換所有者公司的知識和資源	在合同到期前由於公司的法律責任和作出的資源承諾，較難解散	常通過商業出版物發表聲明，但細節是保密的	無
國際合資企業	要求交換財務，所有者公司的知識和管理資源	公司投入了大量資源並對獨立的法律實體有所有權，因此很難解散	由於合資公司是一個法律實體，因此雙發情況都很清楚	是獨立的公司

　　並不是所有的戰略聯盟都能成功，事實上很多都失敗了，主要原因包括合作者間的不一致和衝突。合作者間的相互信任至關重要。德國電信、法國電信和 MCI 世界通信之間雖然結成了曾經廣為宣傳的成為「全球一號」的戰略聯盟，但它們之間卻沒有來得及建立良好的信任關係。當法國電信知道德國電信試圖收購義大利電信時氣惱萬分。當 MCI 世界通信收購了 Sprint 卻沒有同其聯盟者事先商量時，這個聯盟的命運就只能走向滅亡了（Sprint 是與「全球一號」相抗衡的另一歐洲聯盟的成員之一）。據研究顯示，以資產為基礎的戰略聯盟，其中一個公司有更多的控制權，相對來說結果要更好一些。

本章小結

　　1. 企業向全球市場邁進，走向國際化已經成為當今世界經濟發展的一大趨勢。全球產業環境發生了巨大變化，生產與市場正在走向全球化。
　　2. 企業國際化經營的動因有：擴大和尋求市場、優化配置和利用低成本的資源、利用規模經濟優勢和學習效應、利用優惠政策等。企業國際化的類型有國際本土化戰略、全球化戰略、跨國戰略。
　　3. 企業國際市場的進入方式包括：出口、許可協議、併購、新建全資子公司等。
　　4. 國際戰略聯盟是指來自不同國家的兩個或兩個以上的公司參與商務活動的合作性協定。這些活動可能包括從研發到銷售和服務的任何價值鏈活動。國際戰略聯盟的基本類型主要有國際合作聯盟和國際合資企業。

思考題

　　1. 簡述國家競爭優勢理論的主要內容。
　　2. 國際市場進入方式有哪幾種？分別適用於哪些情況？
　　3. 闡述國際合作聯盟和國際合資企業的特徵和區別。

8 競爭戰略

學習目標：

1. 掌握三種基本競爭戰略的適用條件、實施方法和應注意的問題；
2. 理解競爭戰略輪盤模型，利用此模型進行組織戰略分析。

案例導讀

社區型藥店如何進行差異化競爭

有兩家小型藥店開進了武漢市某社區，分別佈局，A藥店生意如火，人來人往；B藥店卻人氣不旺，門可羅雀。按理說，藥店的競爭不比商超，應該相對穩定，藥店的品種和價位都差不多，都是醫保定點單位，利潤體現著效益，為什麼差別這麼大呢？

藥品市場競爭日益激烈，藥店之間的競爭也是針鋒相對，如今店面佈局的速度不僅快，而且多，幾家藥店連鎖都同時進入了社區，互不相讓。據業內人士介紹，武漢市的藥店佈局基本定形，可是在眾多的藥店中，真正能盈利的並不多，大多數都是在生存中發展，特別還有一些根本不盈利的藥店，一直以來不慍不火，長期虧本，眼下又不能輕易轉讓退出，只能是用盈利店來填補這個赤字。B藥店的經營者坐不住了，請了武漢市某管理諮詢公司的顧問查鋼支招。

查鋼認為藥店要在差異化上做文章。於是著手進行市場調研。首先，他分析了兩家社區店的基本情況。兩家藥店都瞄準了社區群體，A藥店在十字路口的主路段處，B藥店在十字路口的次主路段處，從店牌上看，A藥店要醒目一些，但店門口太靠近馬路，不好停機動車；B藥店處於次路段，店門口雖有大片的空地，但是空地遠離馬路，且空地低於馬路面，形成很低的坎兒，也不好停機動車。A、B藥店雖做過廠家促銷，但因門口不合理，一個是不方便展開，另一個是展開了沒人看，所以效果都一般。

按理說，藥店的品種和藥品價格都類似，為什麼會有這麼明顯的差別呢？經過反覆觀察和分析，發現這兩家店還是有所不同的。首先從路段上，A藥店處於主路段，人流量是可以保證的，此外，還發現藥店前面有一個大型的菜市場，在早上不少居民會從此經過，不可避免的會經過A藥店門口，也會有人進入購藥。B藥店旁邊是一個餐飲店，早上吃飯的人是有不少，但是人來人往，進藥店的並不多。從消費者分析，A藥店是主幹道上，有著天然的優勢，進A藥店的人有社區居民，不排除有附近的零散顧客和周邊顧客，而B藥店由於位置偏一點，來購藥的主要都是社區居民。B藥店因空地的原因，在晚飯時間，藥店門口會有社區的團體活動跳舞和鑼鼓隊之類的。

看來，人氣是一個很重要的因素，地段和經營是無法改變的，要改變的只有策略，

需要深入的適應市場環境和落實差異化經營。提出的方案如下：

第一，改變店面格局。俗話說，生意不好整櫃臺。查鋼認為，有時候櫃臺整一整也沒有壞處。首先要求B藥店把貨架的格局變一下，呈錯位式橫式。原因是因單一店面，現有的貨架是排成兩條，這樣並不好，因為這樣顧客在門外就能把藥店看得清清楚楚，不管縱深如何，讓人感覺品種和規模不大。而A藥店是兩個店面，短而扁，無形中貨架排得是橫式靠外，顧客在門上看不到裡面有多大，第一感覺是品種不少。

此外，在貨架中間設置一個液晶電視（特別指出的是，A藥店由於人氣足，沒有液晶電視），主要可以播放各個廠家的相關廣告和會員參與及積分規劃，使平面化的宣傳變為立體化，以聲音吸引顧客駐店的時間，增加店面的人氣和宣傳展示的多樣化訴求。

第二，突出品種的差異化。通過對店面品種的調查，發現兩家藥店的品種差不多，在人氣影響下，B藥店的某些品種價位略低，但也不能聚集人流量，可見，在人氣氛圍環境下，降價並不是一個好方法。對此，查鋼建議要重點突出一群體用藥特點，經過調查，發現社區旁邊有一家幼兒園，且社區內的小寶寶比較多，於是決定擴大兒童藥的宣傳和特色，針對性地把兒童藥這一細分群體做足，要求為兒童藥專設一醒目貨櫃，集中進行陳列和佈局，從兒童廣告入手，基本藥到外用藥，保健藥和兒童護理用品等進行系列細分。同時在店面外製作一個兒童藥的宣傳燈片，以吸引往來人群關注。

第三，服務社區功能。由於B藥店靠近社區大門，雖說是離馬路遠了一點，但是旁邊連鎖餐飲店生意不錯（武漢人有一個特色，早上在外面吃飯的比較多）特別是早上人流比較多。對此，建議B藥店在店面外設一個兩欄式鋼制架構的公共社區宣傳欄，一欄公共信息一欄店面宣傳，以某某藥業公司與社區居委會合作共建的名義，為居民提供一個信息公布和宣傳的窗口，時常發布一些社區信息和產品促銷，這樣社區居民在閱讀的同時就可以自然地關注到最新的產品促銷及健康資訊。

第四，員工服務。首先指出的是，社區型藥店的服務半徑是有限的，另外，藥品是標準化產品（在任一規範化藥店購買都是有一樣的品質），它關係到千家萬户的健康。只有關心員工，才能服務顧客！就業問題在每個社區都是存在的，藥店營業員的基本條件並不高，且工作相對固定，適合大多數女性。針對這一普遍現象，查鋼建議B藥店有選擇性地通過居委會在社區內招聘營業員，招聘信息張貼在社區各個居委會門口，既體現公司的責任態度也解決了員工心態不穩定的職業現象。錄取者一律經過公司的嚴格培訓和考核再返回藥店工作。

結果發現，新員工入職後，消費者在店面停留和進店次數有明顯增加，自然店內銷售有所上升。值得說明的是，這一方式通過後，該藥業公司在其他的一些社區店也進行試行，竟取得了意想不到的效果。

資料來源：http://www.chinamsr.com/col1/0810/3444.shtml

企業確定了公司戰略也就確定了將要經營的領域，如何在其選擇的經營領域中競爭，這就是競爭戰略所要研究的內容了。21世紀，競爭全球化已經成為常態，企業身處其中的競爭環境更加多變和難以預測，要在競爭中獲勝，必須重視競爭戰略。競爭

戰略，又稱業務戰略，是企業參與市場競爭的策略和方法。邁克爾·波特從產業組織的觀點，運用結構主義的分析方法，提出了三種基本的競爭戰略。

8.1 基本競爭戰略

8.1.1 成本領先戰略

（1）成本領先戰略模型

成本領先戰略是指用較低的成本贏得競爭優勢的戰略，企業用很低的單位成本價格為敏感用戶生產標準化的產品。

在討論成本領先戰略時應該注意：成本領先戰略是要使本企業的某項業務成本最低，而不僅僅是努力降低成本。這是因為任何一種戰略之中都應當包含成本控制的內容。它是管理的基本任務，但並不是每種戰略一定要追求在同行業成為成本最低者。

從顧客的角度來看，成本領先戰略是努力通過降低顧客成本以提高顧客價值的戰略，它可以使企業獲得兩個優勢。第一，如果行業的企業以類似的價格銷售各自的產品，成本領先因為有低成本優勢，它可以得到比其他企業高的利潤，從而增加企業價值。第二，如果隨著行業的逐漸成熟，行業內企業展開價格戰的時候，成本領先者可以憑藉其低成本堅持到最後，直到其他企業入不敷出的時候，它仍然還可能獲得利潤，因而具有持久競爭優勢。

降低成本的具體方法包括：擴大企業的經濟規模，提高企業的規模效益；提高生產能力使用率，提高生產效率；改進產品的設計和工藝，從產品結構上降低成本；與供應商和經銷商建立良好的關係，降低原材料和銷售費用；強化成本和管理費用的控制，從管理上加大控制成本的力度；控制廣告、推銷等費用。

進行成本領先戰略選擇需要考慮：與新產品開發或現有產品調整相關的研究與開發成本、勞動成本、稅率、能源成本、運貨成本。目的是使自己的產品價格低於競爭者，從而提高市場份額和銷售額，將一些競爭者逐出市場。因此，企業就要努力提高效率，盡可能地降低管理成本，實行低獎金制度，制止浪費，嚴格審查預算需求，大範圍地控制、獎勵與成本節約掛勾的行為，動員全體員工都參與控制成本的活動。

實行成本領先戰略的優點是：比較便於操作；容易迅速擴大市場份額；容易建立市場壁壘。按照波特的行業分析模型，成本領先者在應對行業的五種力量時可以有很多優勢，例如，它可以極大地降低替代品的威脅，它可以形成較強的進入屏障阻止潛在加入者的侵蝕，它可以有效地應對供應商的行業價格影響，也可以較少地受到買方討價還價的壓力。當然，對競爭者，它更具有成本優勢。因此，成本領先者戰略已成為很多企業的基本戰略。

但是，成本領先戰略又存在著不少缺點。比如，使用不當會影響企業聲譽；競爭過度會影響企業的盈利水平；容易引起競爭者的反抗等。

（2）成本領先戰略適用條件

實行成本領先戰略的適用條件包括：①市場中有很多對價格敏感的用戶；②實現產品差別化的途徑很少；③購買者不太在意品牌間的差別；④存在大量討價還價的購買者；⑤有較高的市場份額和良好原材料供應，能夠靠規模經濟和經驗曲線效應來降低產品成本。

成本領先戰略通常需要的基本技能和資源包括：持續的資本投資和良好的融資能力、工藝加工技能、對工人嚴格監督、所設計的產品易於製造、低成本的分銷系統。成本領先戰略基本組織要求包括：結構分明的組織和責任、以滿足嚴格的定量目標為基礎的激勵、嚴格的成本控制、經常詳細的控制報告。

（3）成本領先戰略的實施方法

成本領先戰略在20世紀70年代由於經驗曲線概念的流行而得到日益普遍的應用。成本領先要求積極地建立起達到有效規模的生產設施，在經驗基礎上全力以赴降低成本，抓緊成本與管理費用的控制，以及最大限度地減少研究開發、服務、推銷、廣告等方面的成本費用。為了達到這些目標，有必要在管理方面對成本控制給予高度重視。儘管質量、服務以及其他方面也不容忽視，但貫穿於整個戰略的主題是使成本低於競爭對手。

成本領先戰略要求企業不把主要精力和資源用於產品差別化上，因為這樣會增加成本。成本領先者只提供標準產品，而不率先推出新產品。例如在彩電行業，成本領先者不會率先推出數字式電視，除非這種電視已成為市場中的主流產品。

成本領先者通常不採用針對每個細分市場提供不同產品的做法，而是選擇一個規模較大的市場提供較為單一的產品。因為這樣可以獲得大量生產和大量銷售的好處。理論上將這種好處概括為經驗曲線效應和規模經濟效應。

經驗曲線效應雖然在企業的各個職能方面都會有所反應，但在生產作業方面表現最為明顯，因此，成本領先戰略特別關注生產製造領域。同時規模經濟性要求企業必須形成較大的產量才能降低成本。這就提出了對原材料及庫存這一最大的成本因素進行管理的要求，因此，生產與庫存管理成了成本領先戰略的核心職能。其他職能圍繞這兩個職能來進行安排。例如技術部門要把主要精力放在生產工藝的改進上，銷售部門要爭取持續穩定的大批訂貨，人力資源部門特別注意對基層人員的技能培訓，財務部門要為此建立與成本領先戰略相適應的財務體系，特別是成本管理新體系和方法，以便識別成本驅動因素並能加以有效控制。

贏得總成本最低的地位通常要求具備較高的相對市場份額或其他優勢，諸如良好的原材料供應，產品設計要便於製造和生產，保持一個較寬的相關產品系列以分散成本，進行批量生產並對所有客戶群進行服務。實行低成本戰略可能要有很高的購買先進設備的前期投資、激進的定價和承受初始虧損，以攫取市場份額。但高市場份額又可引起採購經濟性而使成本進一步降低。一旦贏得了成本領先地位，所獲得的較高的利潤又可對新設備、現代化設施進行再投資以維護成本上的領先地位，形成一種良性循環。

（4）選擇成本領先戰略應注意問題

企業在選擇在實行成本領先戰略時應該注意以下一些問題。第一，成本領先者提供的產品和服務必須是「標準的」，至少不應當被顧客視為是低檔次的，否則成本領先者就很難使自己的價格保持在市場平均價格的水平上。可見，如果成本領先者不能維持這樣的價格，盈利能力將會大大降低。第二，技術的變化可能會使成本領先者賴以形成競爭優勢的經驗曲線效應化為烏有。第三，成本領先戰略在全球市場應用的時候可能會受到來自其他國家低勞動力成本和匯率變動等其他因素衝擊。第四，成本領先戰略易遭到競爭者的模仿。第五，成本領先戰略由於關注成本而容易忽視顧客需求的變化。第六，原材料和能源的價格的變化，可能使該戰略遭受嚴重打擊。這些都是實行成本領先戰略的企業應當加以注意的問題。

8.1.2 差別化戰略

（1）差別化戰略模型

差別化戰略指依靠產品的質量、性能、品牌、外觀形象、用戶服務的特色贏得競爭優勢的戰略。有時也稱作對價格相對不敏感的用戶提供某產業中獨特的產品和服務的戰略。差別化戰略是將公司提供的產品或服務標歧立異，形成一些在全產業範圍中具有獨特性的東西。差別化戰略在本質上是通過提高顧客效用來提高顧客價值。如果顧客能夠感知其產品與服務的獨特性，總會有一部分顧客願意為此支付較高的溢價，相應地，企業也可能獲得較高的利潤。比如，就其功能和質量而言，哈雷摩托車並不比本田摩托車高出多少，但它的價格卻高出許多。由於其獨特性，消費者感到物有所值。

差別化戰略的優點是：用特色降低用戶對價格的敏感性，獲取較高的價格；可以迴避與競爭對手的正面競爭，運用自己的特色贏得顧客；有利於建立市場壁壘，顧客的忠誠和形成特色的成本代價使競爭對手難以模仿。差別化戰略具有許多優勢，核心是可以建立顧客忠誠，這既可以緊密地維繫顧客，又是阻止潛在競爭者進入的屏障。差別化戰略的缺點是：特色化容易提高成本，形成高價，從而失掉顧客，進而影響市場份額的擴大。

（2）差別化戰略適用條件

差別化戰略的適用條件包括：企業具有強大的生產行銷能力、產品設計和加工能力和很強的創新能力和研發能力，具有從其他業務中得到的獨特技能組合，得到銷售渠道的高度合作。在實行差別化戰略時還需要注意研究與產品開發部門和市場行銷部門之間的密切協作、重視主觀評價和激勵而不是定量指標，創造良好的氛圍以吸引高技能工人、科技專家和創造性人才。

（3）差別化戰略的實施方法

實現差別化可以有許多方式，如獨特的設計或品牌形象、技術方面的獨特性等。最理想的情況是公司使自己在多個方面都差別化。應當強調，差別化戰略並不意味著公司可以忽略成本，但此時成本不是公司的首要戰略目標。

差別化戰略對產品與服務的差別化提出了很高的要求，企業可以通過高質量來進

行產品差別化，也可以通過不斷推出新的功能來進行產品差別化。服務也是差別化的重要基礎。服務可以表現在很多方面。海爾公司的五星級售後服務就是一種很有特色的方式。在實踐中，人們已開始由售后服務拓展到售前、售中、和售后的全方位服務。許多企業已經把本企業的價值鏈同顧客價值連成為一體。例如，面向顧客特殊需要進行產品設計、根據顧客生產工藝改進產品設計和提供特殊的供應方式，與顧客建立長期的合作聯盟等。實際上，差別化戰略在很大程度上是一個行銷管理問題，市場細分的許多變量都可以作為差別化戰略的基礎。企業也可以通過喚起顧客的心理慾望來建立產品差別化形象，如「沃爾沃」強調產品安全性喚起顧客對生命的熱愛，「索尼」則始終強調它在家用電器領域的先鋒形象。但也應注意，向顧客提供較之競爭者差別化產品或服務，並不一定就是差別化戰略。差別化戰略除了上述許多戰略活動外，還必須能夠獲得高於行業平均水平的溢價。在企業獨特能力方面，差別化戰略較多地依賴研究與開發，強調產品創新；同時，市場研究、廣告促銷、人員服務等行銷管理職能也非常重要。對實行差別化戰略的企業而言，製造和生產成本控制的地位較為次要。

(4) 選擇差別化戰略應注意的問題

企業在選擇實行差別化戰略時，應該注意以下一些問題：第一，也是最主要的問題是如何維持差別化的形象。在這裡，競爭者模仿是一個重要問題，除非差別化的企業能夠不斷地差別化，否則模仿都將會把差別化戰略企業拉回到成本競爭上來，而這恰恰是差別化戰略的劣勢。技術的重大變革也可能對差別化形成較大的威脅，例如計算機行業的技術變革就曾經使 IBM 面臨嚴重威脅。另外，顧客需要的變化也會削弱差別化戰略的基礎。因此，差別化戰略必須時刻關注市場的變化、技術的變化和模仿者的競爭，努力建立不可模仿的獨特能力。

第二，要處理好差別化與市場份額之間的矛盾。實現產品差別化有時會與爭取佔領更大的市場份額相矛盾。強化差別化與擴大市場份額往往是兩者不可兼顧。強調差別化會造成成本的居高不下，如廣泛的研究、產品設計、高質量的材料或周密的顧客服務等，因而實現產品差別化將意味著以喪失領先的成本地位為代價。然而，即便全產業範圍內的顧客都瞭解公司的獨特優點，也並不是所有顧客都願意或有能力支付公司所要求的較高價格。

8.1.3 集中化戰略

(1) 集中化戰略模型

集中化戰略，又稱集中一點戰略，是指集中滿足細分市場目標的戰略，又稱提供滿足小用戶群體需求的產品和服務的戰略。一般選擇對替代品最具抵抗力或競爭對手最弱之處作為目標市場。集中化戰略的優點是：有利於實力小的企業進入市場；有利於避開強大的競爭對手；有利於穩定客戶，企業的收入也相對比較穩定。集中化戰略的缺點是：企業規模不易擴大，企業發展速度較慢；不易抵抗強大競爭對手來細分市場的競爭。

集中化戰略是主攻某個特定的顧客群、某產品系列的一個細分區段或某一個地區市場。按照邁克爾·波特的觀點，成本領先戰略和差別化戰略都是雄霸天下之略，而

集中化戰略則是穴居一隅之策。其間原因是，對一些企業而言，由於受資源和能力的制約，它既無法成為成本領先者，又無法成為差別化者，而是介於中間。按波特的看法，這種介於兩種基本戰略之間的企業由於上不能差別化，下不能成本領先，因此也就不能獲得這兩種戰略所形成的競爭優勢，波特將其看作是失敗的戰略。波特同時指出，如果這種企業能夠約束自己的經營領域，集中資源和能力於某一部分特殊顧客群，或者是某個較小的地理範圍，或者是僅僅集中於較窄的產品線，那麼，企業也可以在這樣一個較小的目標市場上獲得競爭優勢。換言之，集中化戰略就是對選定的細分市場進行專業化服務的戰略。

集中化戰略的整體活動都是圍繞著如何很好地為某一特定目標顧客服務這一中心建立的，它所制定的每一項職能方針都要考慮這一目標。這一戰略的前提是：公司能夠以更高的效率，更好的效果為某一狹窄的客戶群體進行服務，從而超過在更廣闊範圍內競爭對手。結果是，公司或者通過較好滿足特定對象的需要實現了差異化，或者在為這一對象服務時實現了低成本，或者兩者兼得。儘管從整個市場的角度看，集中化戰略未能取得低成本或差異化優勢，但它的確在其狹窄的市場目標中獲得了一種或兩種優勢地位。採用集中化戰略的公司也具有贏得超過產業平均水平收益的潛力。它的目標集中意味著公司對於其戰略實施對象或者處於低成本地位，或者具有高差異化優勢，或者兩者兼有。正如我們已在成本領先戰略與產品差異化戰略中已經討論過的那樣，這些優勢保護公司不受各個競爭作用力的威脅。集中化戰略也可以用來選擇對替代品最具抵抗力或競爭對手最弱之處作為公司的戰略。集中化戰略的優勢來源於集約資源聚焦於選定的細分市場，從而可以利用有限的資源為有限的顧客提供更為滿意的服務，建立顧客忠誠。

（2）集中化戰略的適用條件

企業選擇集中化戰略，必須考慮它的適用條件，比如，存在著適合的細分市場，否則無法實行集中化戰略；企業無力在大市場參與競爭，不得不屈居一隅，選擇集中化戰略；企業有獨特的生產和服務能力，否則無法集中一點為特定的顧客群體服務。

（3）集中化戰略的實施方法

集中化戰略實施的方法包括單純集中化、成本集中化和差別集中化等。

單純集中化是企業在不過多地考慮成本和差別化的情況下，選擇或創造一種產品和服務為某一特定顧客群體創造價值，並使企業獲得穩定可觀的收入。

成本集中化是企業採用低成本仰仗的方法為某一特定顧客群體提供服務。通過低成本方法，集中化戰略可以在細分市場上獲得比成本領先戰略者更強的競爭優勢。如地區性的小水泥廠較之市場覆蓋面較大的成本領先者，具有較強的運輸成本優勢。集中化戰略者也可以通過選擇某些難以發揮規模經濟效益或經驗曲線效應的產品，阻止成本領先者的侵蝕。實際上，絕大部分小企業都是從集中化戰略開始起步，只是並不一定都意識到它的戰略意義，並採取更具戰略導向的行動。對中國的中小企業而言，面對世界經濟一體化大趨勢，提高對集中化戰略的認識和運用能力具有非常重要的現實意義。

差別集中化是企業在集中化的基礎上突出自己產品和服務的特色。企業如果選擇

差別集中化,那麼差別化戰略的主要工具都應該用到集中化戰略中來。所不同的是,集中化戰略只服務狹窄的細分市場,而差別化戰略要同時服務於較多的細分市場。由於集中化戰略的服務範圍較小,可以較之差別化戰略對所服務的細分市場的變化做出更為迅速的反應;也可能由於對顧客需要更瞭解從而開發出更有針對性和更高質量的特色產品。

(4) 選擇集中化戰略應注意問題

集中化戰略應注意處理好以下問題:第一,一般而言,集中化戰略者由於產量和銷量較小,生產成本通常較高,這將影響企業的獲利能力。因此企業必須在控制成本的基礎上,加強行銷活動。第二,集中化戰略的利益可能會由於技術的變革或顧客需要的變化而突然消失,因此企業必須密切註視市場信號的變化。第三,選擇集中化戰略的企業始終面對成本領先者和差別化戰略者的威脅,因此企業在產品和服務的質量與價格上注意保持優勢,注意培養趕快的忠誠度。

8.2 競爭戰略輪盤模型

8.2.1 競爭戰略輪盤內在關係

邁克爾·波特在其《競爭戰略》一書中談到的「競爭戰略輪盤」(見圖8-1)。他認為,競爭戰略是公司為之奮鬥的終點(目標)與公司為達到他們而尋求的途徑(政策)的結合物。「競爭戰略輪盤」是一個將公司競爭戰略諸關鍵方面僅以一個簡單輪盤來闡明的工具。輪盤中心是公司的總目標,也即關於公司要如何從事競爭及其特定的經濟與非經濟目標的籠統目標。輻條是用來達到這些目標的主要經營方針。在輪盤的每一欄目下,應當根據公司的活動簡要說明在該職能範圍中的主要經營方針。經營方針的具體化所形成的各種戰略觀念即可用於指導企業的整個行動。這個關係就像一個車輪,輪軸與輻條聯成一個整體,輪軸通過輻條而實現其轉動。經營方針一旦具體化,戰略觀念就可用來指導企業的整個行動。正如一個車輪,輻條(方針)出自輪轂又反射回輪轂目標,並且輻條必須相互連接,否則車輪無法轉動。

圖8-1 競爭戰略輪盤模型

8.3.2 運用競爭戰略輪盤注意的因素

競爭戰略輪盤的確定必須充分考慮輪軸與輻條以及輻條之間的協調性。

第一，注意內部一致性，輪盤中的目標能否協同達到？各經營戰略方針之間是否相互促進？

第二，注意外部環境適應性，輪盤目標是否適應產業機遇？面臨的產業威脅及風險如何？是否適應產業演變的影響？

第三，注意資源適應性，目標與戰略方針是否與企業可擁有的資源相吻合？企業組織是否具備應變能力？

第四，注意企業內部溝通，戰略目標是否為主要執行部門及人員所理解？戰略行動能否上下協調一致？

以上這些問題均是在構成競爭戰略輪盤時應廣泛注意的。

專欄

競爭戰略輪盤模型在機頂盒市場競爭狀況分析的應用

邁克爾·波特教授的「競爭戰略輪盤」模型中將競爭實力分為客戶資源、產品狀況、市場行銷、銷售渠道、競爭策略、歷史狀況、銷售區域、銷售力量、組織管理、技術實力等方面。在本案例中，主要分析機頂盒生產企業的客戶、產品狀況、市場策略、市場行銷、競爭策略和歷史狀況。

1. 客戶資源

衡量一個企業的客戶資源可以從數量和質量兩方面來進行。如果一個企業僅僅擁有一個較大的客戶數量，但是其客戶質量卻遠遠遜於另一個只擁有有限數量的企業時，並不能說第一個企業在客戶資源競爭中優於第二個企業。從機頂盒市場上討論，能夠獲得類似深圳這樣的客戶資源將遠遠勝於幾個縣級城市。

2. 產品狀況

可以說產品狀況是一個企業生產發展不斷進步的立足點，如果沒有好的產品，一個企業是無法長期在市場上生產的。企業的產品狀況可以從企業的產品線、產品質量、以及上遊企業的支持力度來考量。

在機頂盒市場上，擁有一套完整的產品線是十分重要的，現階段有較強競爭力的企業大都擁有一個完整的產品線，包括衛星機頂盒、有線機頂盒、地面機頂盒以及 IPTV 機頂盒（雖然大多數企業都沒有進行批量生產，但是仍在研發之中）。

產品的質量是一個企業贏得市場競爭最重要的因素之一。現在的機頂盒大多是基礎型產品，在產品質量上各家企業差距不大，但是在未來的發展中，誰能夠率先研製出優質的高端產品，誰就搶占了市場。

現在的機頂盒生產企業大多都是從其他企業購買芯片和 CA，那麼在激烈的市場競爭中，是否與這些企業有良好的合作關係也就成為企業取得競爭優勢的一大法寶。在深圳的整體轉換過程中就是由於芯片的缺貨使得整個平移速度下降，這是與芯片企業

關係良好的企業能夠率先獲得芯片，也就在競爭中占盡了先機。

3. 市場行銷

現在市場行銷主要是從產品、價格和渠道這三個方面來考慮。在產品方面，由於現在的整體轉換市場上基礎型產品成為主流，產品差異化程度下降，在市場競爭中的地位遠不如價格和渠道。價格方面，營運商的資金有限，自然希望能夠用最低的價位獲得相應的產品，因此產品的價格優勢將會在極大的程度上左右著行銷優勢。

行銷渠道在機頂盒市場發展中短期內不會佔有太大的地位，因為現在的機頂盒大多是由營運商招標採購后免費向用戶發放，因此企業的渠道大都是在廣電部門。但是在未來市場發展中，一些傳統的家電企業下屬的廣電產品部門或分公司的行銷渠道除了在廣電系統內外，還可以利用其原有產品的銷售渠道進行銷售，這樣相對於一些專門的機頂盒生產企業就有更寬的銷售渠道。

4. 市場競爭策略

所謂的市場競爭策略並不是針對所有企業的，而是僅僅針對本企業最大的競爭對手所制定的競爭策略。

在機頂盒市場上，不同的企業有自己不同的競爭對手，隨著市場的發展和企業的不斷發展，其競爭對手也有可能出現變化。以創維公司為例，創維在早期就進入了機頂盒生產領域，在國內市場上一直處於前列，其競爭策略也大多數針對同洲公司設定，但是隨著整體平移的展開，創維最大的競爭對手已經從同洲變成了華為，那麼這時它的競爭策略就要圍繞華為公司展開。

5. 歷史狀況

所謂企業的歷史狀況也就是企業在本行業的發展歷程。目前機頂盒市場上的企業可以分為六類。在這六類企業中，發展最好的是前三類企業：機頂盒的專門生產企業，如同洲、九州等；傳統的家電企業下屬的子公司或事業部，如長虹、創維、海爾、康佳等；由IT、通信等高科技行業進入到機頂盒市場中來，如華為、永新同方、中視聯等。這些企業大多在廣電系統內部有較好的公關關係，使得企業在現在整體平移的競爭中處於更有利的地位。

6. 銷售區域

產品的銷售區域對於企業的競爭力也有很大的影響。中國國土面積很大，地區間的差異也十分的明顯，同樣的產品在不同的銷售區域在競爭力上會有很大的差別。在機頂盒市場上，雖然現在的營運商大多採用了基礎型的產品，但是每個地區的營運商還是在產品上有著不同的要求。例如在的整體轉換中，由於標準的問題，企業生產的機頂盒就必須採用ST公司的芯片，這樣與ST公司有良好合作的企業就更容易獲得這個訂單。

此外，由於廣電部門還是屬於政府，因此在選擇供貨商的時候也容易從支持本地企業發展的角度選擇一些本地機頂盒生產企業，如大連選擇了大顯、杭州選擇了西湖電子，綿陽選擇了九州等。

7. 技術實力

考察一個企業的技術實力大多從以下三個方面：一是企業現有的技術實力；二是

企業的研發實力；三是企業未來的技術發展方向。一個企業只有擁有雄厚的技術實力，才能夠實現產品的不斷升級換代，才能夠從生產上做到降低產品成本，取得競爭的勝利。

在機頂盒市場上，企業現有的技術實力決定了他能不能生產出營運商所要求的產品以及能否在最低的成本上生產出這些產品，而企業的研發實力和未來的技術發展方向決定了企業能否在未來的市場發展中仍就占據有利的地位。

資料來源：根據網路資料整理。

本章小結

1. 邁克爾‧波特從產業組織的觀點，運用結構主義的分析方法，提出了三種基本的競爭戰略：成本領先戰略、差異化戰略、集中化戰略。三種經典競爭戰略具有不同的適用條件、選擇方法和選擇時應注意的問題。

2. 邁克爾‧波特在其《競爭戰略》一書中提出「競爭戰略輪盤」模型。競爭戰略是公司為之奮鬥的終點（目標）與公司為達到他們而尋求的途徑（政策）的結合物。「競爭戰略輪盤」是一個將公司競爭戰略諸關鍵方面僅以一個簡單輪盤來闡明的工具。輪盤中心是公司的總目標，輻條是用來達到這些目標的主要經營方針。

思考題

1. 波特的三種基本競爭戰略是什麼？它們分別具有什麼適用條件？
2. 企業能否同時採用成本領先、差異化和集中化戰略？
3. 企業運用「競爭戰略輪盤」模型時應注意哪些問題？

9 行業競爭戰略

學習目標：

1. 瞭解新興行業、成熟行業和衰退行業的特點；
2. 明確處於不同行業階段企業的戰略選擇；
3. 清楚不同行業階段企業戰略選擇應注意的問題。

案例導讀

「長江」的戰略轉型

1950年，22歲的李嘉誠開辦了一家生產塑膠製品的小型公司，取名「長江」，寓意其事業將如長江之水源遠流長、浩浩蕩蕩。其後，李嘉誠憑藉塑膠花掘得第一桶金，成為「塑膠花大王」。

然而，塑膠花迎合社會發展的快節奏，只能風行一段時間。人類崇尚自然，塑膠花無論如何不能取代有生命的植物花。此外，越來越多的因素在給李嘉誠敲響警鐘：1972年，塑膠業的從業人員達到香港勞工總數的13.3%；塑膠企業達3359家；歐洲、北美的塑膠花已被掃地出門；國際塑膠花市場，正轉向南美等中等發達國家；香港已出現幾次塑膠花積壓。

長江公司擁有穩定的大客戶，作為塑膠業的「大哥大」，自然不愁市場問題。但是整個行業走下坡路，最后走向衰退，是不以人的意志為轉移的大趨勢。這樣，競爭勢必日益殘酷。

李嘉誠早有心理準備。他未雨綢繆，將主要的精力和心血傾注於締造以地產為龍頭的商業帝國。在當時，大富豪的投資分散在金融、航運、地產、貿易、零售、能源、工業等諸多行業。地產商在富豪望族中並不突出——這意味著房地產並非是人人看好的行業。李嘉誠是從香港的特殊環境和社會發展大勢中得出以下判斷的：香港是彈丸之地，不僅狹小，而且多山，加上香港政府採取高價政策，因此寸土寸金，地貴樓昂。

20世紀50年代，香港人口急遽增多，經濟快速發展。1951年，香港人口過200萬，到20世紀60年代，人口就直逼300萬，住宅需求量大增。隨著經濟持久發展，辦公寫字樓、商業鋪位、工業廠房等的需求也急漲。房地產的前景將是一片興旺。

李嘉誠看準了這一點。他身為一業之主，不止一次為租廠房傷透腦筋。而且，許多物業商只肯簽訂短期租約，以待用戶續租時，又大幅度提租。李嘉誠每想到此時總「異想天開」：我要擁有自己的廠房該多好！這種強烈的願望日漸成熟。1958年，在繁盛的工業區北角購地，新建一幢12層的工業大廈，正式進軍房地產。

此后，李嘉誠依靠其穩健的商業作風，在地產界逐漸做大。從塑膠業向房地產業戰略轉移的決策過程正如他所言：「這是我一生中最重大的一次商業行動。在當時，從塑膠業撤退遭到許多人反對，但是我撤出來了，所以現在我活下來了。很多人沒有來得及撤退，后來者塑膠業栽了跟頭。」

資料來源：根據網路資料整理。

企業在建立了成功的商業模式之后，仍然面臨著一項艱鉅的任務，即在不同的行業環境下如何持續保持競爭優勢。行業市場在不斷演進，其發展具有動態的生命週期，從初始期、成長期、成熟期到衰退期，具有不同的特點，身處其中的企業也將面臨不同的機會和威脅，企業的商業模式必須行業環境的變化而做出調整。本章將討論企業在新興行業、成長行業、成熟行業和衰退行業中建立和保持持續競爭優勢所面臨的挑戰。

9.1 新興行業的競爭戰略

新興行業是新形成的或重新形成的行業。其形成的主要原因是技術創新、新消費需求的推動，或其他經濟、技術因素的變化。新興行業任何時候都會不斷地被創造出來。

9.1.1 新興行業的特點

（1）不確定性

①技術的不確定性。新興行業往往生產技術不成熟，需要經常性的試驗和調整；企業的生產經營沒有形成一整套方法和規程；技術水平的評估沒有量化指標；沒有明確的行業標準；沒有標杆企業可供參照。

②經濟不確定性。有許多不可預測的突發因素或漏測因素，使企業在資源投入上超預算，新產品投入市場的時間滯后，市場發展前景未知，企業最終實現收益呈離散型概率分佈。

③組織的不確定性。創新帶來了巨額的利益，往往導致企業內部利益格局要重新劃分，組織結構要重新調整。

④策略的不確定性。企業對競爭狀況、用戶特點和處於新興階段的行業特點等方面只有較少的信息，沒有企業知道自己的競爭對手是誰，戰略上都處於一種探索階段，在制定企業戰略中主觀因素佔有很大比例。

（2）風險性

很多顧客是新購買者，市場行銷的中心是引導他們進行初始購買。但是顧客對新興行業產品的最初需求往往非常有限，市場需求發展往往非常緩慢，原因包括：第一批產品功能不足，品質不佳；顧客對新產品的功能不熟悉；缺乏有助於增加顧客價值的互補性產品，等等。很多顧客往往持觀望態度，在期待第二代、第三代產品的出現，

所以，新興行業的發展具有一定的風險性。

美國高技術企業中，完全失敗的占 20%～30%，經受挫折後可獲得一定程度成功的企業占 60%～70%，獲得顯著效益的只占 5% 左右。美國每年建立高技術企業約 50 萬家，其中 3/4 在四五年內很快破產，只有 1/4 的企業在競爭及創新技術開發中艱難曲折地生長起來。

(3) 進入壁壘低，競爭小

新興行業中，企業一般規模都較小，各企業都忙於發展自己的技術能力和進行產品開發，不能全力以赴地參與競爭，更無暇顧及是否有新的競爭對手進入，因此，新興行業進入壁壘較低。

(4) 產品銷售困難

一方面，新產品價格相對較高，只有少數購買者才有能力購買，還有些顧客不願意改變原有的消費行為模式；另一方面，產品銷售量少，分銷及促銷費用高，分銷網路也不建全，顧客難以方便購買。企業在這一階段往往虧本或利潤很低。為了達到告訴潛在消費者新的和他們所不知道的產品，引導他們試用該產品，使產品通過零售網點獲得分銷，企業需要高水平的促銷努力。

(5) 原材料、零部件等供應不足

新技術、新產品的出現，往往要求開闢新的原料來源，或要求現有的供應者改進其供應品的質量，以符合企業的要求。因供應商還未做好準備，導致企業採購時遇到困難。

9.1.2 新興行業的戰略選擇

行業初始期，企業的戰略選擇主要解決兩個問題：一是是否作為首入者進入市場；二是如果決定進入，如何競爭。

(1) 市場首入者模式

計劃進入一個新產品市場的企業必須精心選擇市場進入的時機。有的企業傾向於首先進入（索尼公司），而有的企業傾向於跟隨（松下公司）。研究表明，首入者能夠獲得很大的優勢：①具有隨著市場成熟而獲得競爭優勢和市場份額的很大可能。②首入者通常是「遊戲規則」的制定者，這對其建立競爭優勢很有利。③首入者還可以獲得其他競爭優勢。例如，首入者容易在顧客中建立品牌形象。前面提到過的立邦公司通過高強度的廣告促銷首先將建築塗料概念引入中國市場並取得成功，是一個很好的例子。這具有鎖定顧客的意義，使人們一想某種產品或服務就會想到這個品牌。④首入者也可以通過在競爭者通過廣告抵消其影響之前，使產品和服務再次差別化。最後，顧客也會認為由首入者提供的產品是最新款的，從而使首入者獲得差別化優勢。首入者可以設想自己一開始進入各種各樣的市場，但是一下子全部進入是不可能的。他應該分析每一細分市場各自組合的利潤潛量，並做出科學的市場擴展戰略決策。

(2) 市場競爭模式

影響市場競爭的兩個方法手段——促銷與定價的組合可以形成四種競爭戰術：

①快速撇脂戰術，即以高價格和高促銷水平的方式推出新產品。採用高價格是為

了在每個單位銷售中盡可能獲得更多的毛利。同時，企業花費巨額促銷費用旨在向市場上說明雖然產品定價水平是高的，但有其獨特的價值。採用這一戰術的假設條件是：潛在市場的大部分人還沒有意識到該產品；知道它的人渴望得到該產品並有能力照價付款；公司面臨著潛在的競爭，必須在競爭者出現之前建立消費者的品牌偏好。

②緩慢撇脂戰術，即以高價格和低促銷方式推出新產品。採用高價格是為了盡可能多地回收每單位銷售中的毛利；而採用低水平促銷是為了降低行銷費用。兩者結合可望從市場上獲取大量利潤。採用這一戰術的假設條件是：市場的規模有限；大多數的消費者已知曉這種產品；購買者願出高價；潛在競爭並不迫在眼前。

③快速滲透戰術，既以低價格和高促銷水平的方式推出新產品。這一戰術期望能給企業帶來最快速的市場滲透和最高的市場份額。採用這一戰術的假設條件是：市場是廣闊的；市場對該產品不知曉；大多數購買者對價格敏感；潛在競爭很強烈；隨著生產規模的擴大和製造經驗的累積，今后企業的單位製造成本會下降。

④緩慢滲透戰術，即以低價格和低促銷水平推出新產品。低價格將促進市場迅速接受該產品；同時，公司降低其促銷成本以實現較多的利潤。公司確信市場需求對價格彈性很高，而對促銷彈性很小。採用這一戰術的假設條件是：市場是廣闊的；市場上該產品的知名度較高；市場對價格相當敏感；有一些潛在的競爭。

在新興行業，不論企業強弱，它們所注重的都是獨特企業競爭力的開發和與之相關的商業模式的建立，在這一階段，投入的需求很大，因為企業需要建立一種競爭優勢，許多羽翼未豐的企業尋求資源來建立獨特的企業競爭力，此時，適當的業務層投資戰略應當是建立市場份額戰略。其目標是通過建立穩定和獨特的競爭優勢吸引對公司產品不瞭解的顧客，並由此建立市場份額。

研發能力或銷售和服務方面的能力的建立需要投入巨資，企業不可能在內部產生足夠的資本，因此，企業的成功取決於向外部投資者或者風險資本家證明自己獨特的競爭力。如果企業獲得了發展獨特競爭力所需要的資源，他就會取得較強的競爭地位，如果失敗，它唯一的選擇就是退出市場。

9.2　成長期行業的戰略選擇

9.2.1　成長期行業的特點

當產業進入成長階段後，市場快速增長，技術不確定性已消除，潛在進入者特別是財力雄厚的旁觀者紛紛湧入，競爭開始激烈起來。行業成長階段的標誌是需求迅速增長。需求增長的原因是多方面的：

第一，早期的消費者起到了示範作用帶動了其他人的追隨消費；

第二，進入成長階段，產品在質量和性能上較之引入期已經有了很大的改進，開始成為「真正的」好產品；

第三，生產技術大大提高，大規模生產已成為可能，產品成本下降。

第四，由於需求的飆升，整個行業的銷售額也迅速增長。同時，企業花在產品開發與促銷上的費用由於被大量的銷售額所分攤，使得行業利潤增加。由於利潤的吸引，新的競爭者開始紛紛湧入，行業的激烈競爭拉開了序幕。

進入產業的成長階段，市場首入者也可能出現不利：新產品過於粗糙或技術不夠成熟，定位不恰當或太超前於需求高峰；產品開發成本耗盡了首入者的資源；開創市場的費用很高（顧客宣傳、創造市場等），而市場開創后並不能為企業所專有；技術的發展很快，首入者可能自我封閉於已被淘汰的某種技術，而后入者卻有可能採用最新的技術；追加投入的能力可能不及新來的。而跟進者的成功在於，提供低價格，技術比較成熟，不斷改進產品，或使用了戰勝首入者的殘酷市場商戰。

9.1.4 成長期產業的戰略選擇

市場首入者根據在產業的成長階段自己有無雄厚的追加投資和可能的仿效障礙的高低，一般來說，有三種戰略可供選擇（見表9-1）：①繼續單獨發展；②與其他企業聯合發展；③自己退出而讓別的企業去發展。當然，無論是單獨發展或聯合，都要同基本競爭戰略結合起來，繼續尋求競爭優勢。

表9-1　　　　　　　　　　成長期產業競爭戰略選擇表

可供選擇的戰略	首入者有無雄厚的投資	可能的仿效障礙的高低
單獨發展	有	高
聯合發展	無	高
讓別人去發展	無	低

9.3　成熟行業的戰略選擇

9.3.1　成熟行業的特點

行業經歷了引入期、成長期而進入成熟期，成熟期的行業又呈現新的變化，主要有以下特點：

（1）進入低速增長期

進入成熟期后，行業產量或銷售量的增長速度下降，企業要保持原有的增長率就必須擴大其市場佔有率，從而使行業內企業競爭加劇。

（2）行業的盈利能力下降

由於行業增長緩慢，技術更加成熟，購買者對產品的選擇越來越取決於企業所提供的產品的價格與服務的組合。而用戶在選購商品上又越來越挑剔，知識和經驗更加豐富。這些都迫使企業在成本、售價和服務方面展開激烈的競爭。此外，行業出現第二次投資幻覺，導致企業投資過量，出現了生產能力及人員的冗余，生產設備閒置。

（3）企業間的兼併和收購增多

激烈的競爭導致兼併收購大增，弱小者被淘汰，產業由少數大企業控制，出現企業集團。這時的中小企業作用已不大，且常淪為大企業的附庸。

9.3.2　成熟行業的競爭戰略選擇

（1）合理調整產品結構

成熟行業中企業產品的價格在市場上呈逐漸下降的趨勢，行業盈利能力下降。企業為了增強自身的競爭能力，需要進行產品結構分析，淘汰部分虧損和不賺錢的產品，將企業的注意力集中於那些利潤較高的、用戶需要的項目和產品，使產品結構趨於合理化。

（2）加強行銷的靈活性

在產業的成熟期，企業應採取更為有效的行銷手段，可以控制供應和分銷渠道，也可以延長保修期、提供更為優惠的價格、提高產品等級、擴展產品系列等來增加現有顧客的購買數量，還可以開發新的細分市場以擴大顧客的購買規模。

（3）提高創新能力

同行業不同企業生產的產品在產業成熟期趨向同質化，產品差異化程度減少，產品競爭力減弱。為了提高產品的競爭能力，企業需注重以生產為中心的技術與過程的創新，通過創新，企業推出低成本或差異化的產品設計、生產方法和行銷方式，以增強自身的市場競爭力。

（4）開發國際市場

某一地區或國家對某產品的消費總量是有限的。當行業進入成熟期後期時，產品出現供大於求的局面，國內市場趨於飽和。在這種情況下，企業可以採取國際化戰略，開發國際市場，進入到那些相對需求大的國家或地區，獲得更大的比較競爭優勢。

（5）實施橫向兼併

當行業處於成熟期時，會出現一批經營不好或處境艱難的企業，此時，如果本企業競爭地位較強，可以橫向兼併企業。這樣可以減少競爭者，使「競爭」變為「合作」，又可以獲得市場份額，增加盈利。

9.3　衰退產業的競爭戰略

9.3.1　衰退產業的特點

大多數的產品市場最終都會走向衰退。這種衰退也許是緩慢的，也許是迅速的。這時期的產品銷售可能會下降到零，或者也可能在一個低水平上持續許多年。當衰退產業的市場總值開始下降時，衰退產業內企業競爭將會加劇，競爭的強度取決於四項因素，如圖9-1所示。

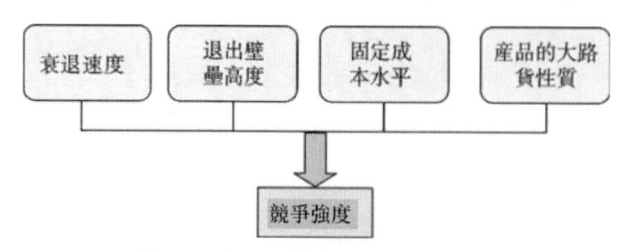

衰退速度　退出壁壘高度　固定成本水平　產品的大路貨性質

競爭強度

圖 9-1　衰退行業的競爭強度影響因素

首先，衰退迅速的產業內競爭強度大於衰退緩慢的產業，后者的例子如菸草產業。

其次，在退出壁壘高的產業中，競爭的競爭強度較高。退出壁壘高將迫使企業在需求迅速下降時仍不得不固守本產業，其結果將是過剩的產能和價格戰威脅增大。

再次，在固定成本高的衰退產業中競爭強度較高（例如鋼鐵產業）。為了彌補固定成本，例如保持產能的成本，企業將不惜降價以令產能得到利用，由此觸發價格大戰。

最后，如果產品被視為大路貨（比如鋼鐵）而缺乏品牌忠誠（菸草產業則擁有品牌忠誠），則競爭強度較高。

9.3.2　衰退產業的競爭戰略選擇

衰退產業的競爭戰略選擇主要考慮三個因素（見表 9-2）：①產業結構特徵是否有利。競爭對手較少，退出壁壘較低，不確定性較少，則為有利；反之，則為不利。②企業有無競爭優勢，指在剩餘需求上有無相對競爭對手的優勢。③企業留在本產業中的戰略需要，從技術一體化、經營一體化等方面來考察。三個因素中，前兩者是主要的，應優先考慮。

表 9-2　　　　　　　　　　衰退產業的戰略選擇

	有相對的競爭優勢	無相對的競爭優勢
產業結構有利	統治市場戰略或保有市場戰略	選擇性收縮戰略
產業結構不利	選擇性收縮戰略	放棄戰略

（1）統治市場戰略

採取統治市場戰略的企業主要是利用正在衰退的市場，競爭者紛紛撤走的機會，挖掘穩定的或需求緩慢下降的細分市場，追加投資，奪取市場領導地位，成為市場上的統治者。

（2）保有市場戰略

企業維持現有的投資水平，保持與競爭對手相應的市場地位。採用這一戰略，企業首先要認清衰退行業中某細分市場仍有較高的收益。

（3）選擇性收縮戰略

企業盡量多地從衰退行業中回收投資，同時對某個無利可圖或無發展潛力的細分市場停止一切新的投資，停止廣告費用，削減設備維修費，停止研究開發費的支出，

減少分銷渠道的數目等。

（4）放棄戰略

當企業所在的衰退行業結構不利，即競爭對手較多，退出壁壘較高，預期市場銷售的不確定性較多，且又無相對的競爭優勢，則企業採取這一戰略。即企業將經營不善的單位，企業所擁有的部分或全部固定資產通過轉讓或出售的方式收回投資。早期採用此戰略，可以讓企業較容易以高價賣出獲得較高收益，減少損失。越晚退出，除了維持經營需投入資金外，對現有資產出售的難度加大，可能價格還低。

本章小結

1. 新興行業具有不確定性、風險性、進入壁壘低、產品銷售困難等特點。新興行業中，企業戰略選擇主要關注解決兩個問題：是否作為首入者進入市場；如果決定進入，如何競爭。新興行業企業的競爭模式有：快速撇脂戰術、緩慢撇脂戰術、快速滲透戰術、緩慢滲透戰術。

2. 當產業進入成長階段后，市場快速增長，技術的不確定性已消除，潛在進入者特別是財力雄厚的旁觀者紛紛湧入，競爭開始激烈起來。行業成長期企業戰略選擇一般有三種：繼續單獨發展；與其他企業聯合發展；自己退出而讓別的企業去發展。

3. 行業經歷了引入期、成長期而進入成熟期，成熟期的行業又呈現新的變化，主要有以下特點：進入低速增長期、行業的盈利能力下降、企業間的兼併和收購增多。成熟行業的企業要：合理調整產品結構、加強行銷的靈活性、提高創新能力、開發國際市場、實施橫向兼併。

4. 大多數的產品市場最終都會走向衰退。這種衰退也許是緩慢的，也許是迅速的。這時期的產品銷售可能會下降到零，或者也可能在一個低水平上持續許多年。當衰退產業的市場總值開始下降時，衰退產業內企業競爭將會加劇，競爭的強度取決於衰退速度、退出壁壘的高低、固定成本水平以及產品的大路貨性質四項因素。衰退行業中企業的戰略選擇有：統治市場戰略、保有市場戰略、選擇性收縮戰略和放棄戰略。

思考題

1. 新興產業有什麼特點？可供選擇的戰略有哪些？
2. 成熟產業有什麼特點？可選擇哪些戰略？
3. 衰退產業有什麼特點？有哪些競爭戰略可供選擇？
4. 尋找一家企業，判斷其所處的行業態勢，並判斷企業當前的發展戰略是否最優，如不是，如何改進？

10 戰略評價及戰略選擇

學習目標：

1. 掌握 BCG 分析方法；
2. 運用通用矩陣分析法對企業進行戰略選擇；
3. 掌握企業戰略選擇的逐步推移法；
4. 理解並會運用 SWOT 分析法；
5. 理解戰略評價的定性方法，掌握戰略評價的定量方法。

案例導讀

做「加法」還是做「減法」

全球化浪潮的衝擊，使越來越多的中國企業站在了多元化的十字路口。事實上，越來越多的企業開始放棄單一化戰略，投向多元化的懷抱。這份名單包括：海爾、TCL、美的、聯想、春蘭、創維、五糧液、藍星等。

隨著越來越多的旗幟性公司加入多元化的陣營，中國企業在戰略選擇上的傳統模型，如「不熟不做」漸漸被打破，也屢次衝破企業家的心理底線。

美的集團的掌門人何享健也放棄素來堅守「咬定家電不放松」的立場，巨資進入汽車業。2013 年 8 月，在昆明交易會期間，美的集團與昆明高新技術專業開發區管理委員會簽訂了總金額高達 20 億元的雲南美的汽車整合項目。

多元化戰略背後是中國企業長大的夢想。TCL 集團總裁李東生的那句經典傳達了中國企業的一個主流聲音：「大，不一定強，但不大一定不強。」

家電業之外的五糧液最不甘寂寞，繼進入制藥、酒精、果酒、塑膠加工、模具製造、印務、電子器材、運輸、外貿、汽車等市場之後，又發力進入日化行業。

但在做多元化「加法」的洪流中，卻有不少中國企業開始踩煞車，開始做多元化「減法」，比如聯想、創維等。創維集團董事長黃宏生在回憶前兩年的多元化道路時語出驚人，他說：「有病亂投醫，錯上加錯。」

在對數十個多元化的案例分析之后，我們把目光瞄向兩個截然不同的案例節點上：一個是五糧液案例，他們在做多元化「加法」不僅大步流星，而且步伐堅定；另一個是創維案例，他們在做多元化「減法」，甚至在迴歸專業。

他們的選擇，到底是基於什麼？是否合適呢？

資料來源：根據網路資料整理。

戰略本質上是一種行動方案，這種行動方案是根據企業內外環境條件來制訂和選擇的，也就是說企業戰略是將企業內部的資源、能力與外部因素帶來的機會、威脅相匹配而產生的。在確定了可用的戰略方案之後，接下來的任務就是要從這些方案中進行選擇。管理人員應該根據一定的標準對戰略方案進行評估，以決定哪種方案最有適用性、可行性和可接受性。戰略選擇的正確與否，直接關係到企業的命運。選擇一種戰略將受多種因素的影響，主要包括：公司過去的戰略，高層管理者的態度，公司外部所處的宏觀和行業環境，企業文化與權力關係，企業所擁有的資源和能力，競爭者的行為和反應，等等。本章集中介紹一些常用的戰略選擇方法。

10.1　BCG 分析法及其改進模型

10.1.1　BCG 分析法

BCG 分析法是由美國大型商業諮詢公司——波士頓諮詢集團（Boston Consulting Group）首創的一種規劃企業產品組合的方法，也被稱為波士頓矩陣和市場增長率—相對市場佔有率矩陣法。

BCG 分析法假定企業擁有複雜的產品系列，並且產品之間存在明顯差別，具有不同的市場細分，在這種情況下，企業決定產品結構時主要考慮兩個基本因素：

一是企業的相對競爭地位，以相對市場佔有率指標表示，指本企業某種產品的市場份額與該產品在市場上最大的競爭對手的市場份額的比率，相對市場佔有率通常以 0.5 為高低界限，表示公司的市場份額為本產業領先公司的一半，相對市場佔有率為 1 則表示最大的競爭對手就是自己，表明已成為行業領先者。

二是業務增長率，以市場增長率指標表示，指前后兩年整個產品市場銷售額增長的百分比，市場增長率通常以 10% 作為高低產業增長率的分界點。需要注意的是，這些數字的範圍可能在方法使用的過程中根據實際情況的不同進行修改。

這兩個因素相互影響，共同作用，形成以下四種具有不同發展前景的產品類型，企業就應針對不同類型的產品採取相應的戰略對策，如圖 10-1 所示：

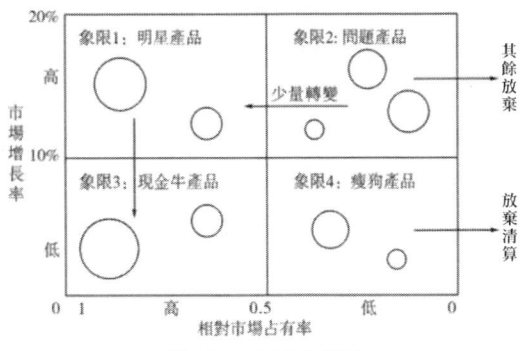

圖 10-1　BCG 分析圖

註：圖中每個圓代表一個產品類別，圓圈的位置表示這個產品的市場增長率和相對市場佔有率的高低，圓圈面積大小表示該產品的收益與企業全部收益的比值。

（1）明星產品（Stars）：指市場增長率和相對市場佔有率為「雙高」的產品群，是企業最具有長期發展和獲利機會的產品。

由於該類產品增長較快，它所需要的投資量一般超過其自身的累積能力，因此在短期內應成為企業資源的優先使用者，應用擴張性的發展戰略，即增加資源投入，積極擴大經濟規模和市場機會，以長遠利益為目標，提高市場佔有率，加強競爭地位。

（2）現金牛產品（Cash Cow）：指低市場增長率、高相對市場佔有率的產品群。這類產品已進入市場成熟期，銷售量大，產品利潤率高，負債比率低，無需擴大投資，因而其創造的現金量高於自身對現金的需要量，成為企業回收資金，支持其他產品，尤其是明星產品發展的投資后盾。

這類產品，過去曾經是明星產品，一旦成為現金牛產品后，其市場佔有率的下跌已成為不可阻擋之勢，因此可採取收穫戰略，即投入資源以達到短期收益最大化為限。一方面把設備投資和其他投資盡量壓縮，另一方面可採用榨油式方法，爭取在短時間內獲取更多利潤，為其他產品提供資金。

（3）問題產品（Question Marks）：指高市場增長率，低相對市場佔有率的產品群。這類產品是企業的新生力量，但前途未卜。由於市場佔有率低，其獲利能力不明顯，現金創造力較低。

因此，對問題產品應採取選擇性投資戰略，即首先確定對那些經過改進可能會成為明星的產品進行重點投資，提高其市場佔有率，使之逐步轉變為明星產品；對其他將來有希望成為明星的產品，則在一段時期內採取扶持的政策；而對那些經「教育培養」仍難成長的產品，則採取放棄戰略。

（4）瘦狗產品（Dogs）：指低市場增長率，低相對市場佔有率的產品群。這類產品的市場已經飽和，因而競爭激烈，利潤率低，處於保本或虧損狀態，負債比率高，無法為企業帶來收益。

因此，瘦狗類產品應採取撤退戰略，即應減少批量，縮小業務範圍，逐漸撤退，甚至立即淘汰，並將剩余資源向其他產品轉移。

10.1.2　BCG 改進模型

BCG 改進模型是由市場增長率和企業競爭地位兩個坐標所組成一種模型，是可供企業選擇戰略使用的一種指導性模型，它是由小湯普森（A. A. Thompson. Jr.）與斯特里克蘭（A. J. Strickland）根據波士頓矩陣修改而成，他們將處於不同象限中的經營單位可以採用的戰略列入象限中，從而使戰略的選擇變得更為清晰，如圖 10-2 所示。

案例分析 1：

1. 甲公司有三個事業部，分別從事 A、B、C 三類家電產品的生產和銷售，這些產品的有關市場數據如表 10-1。

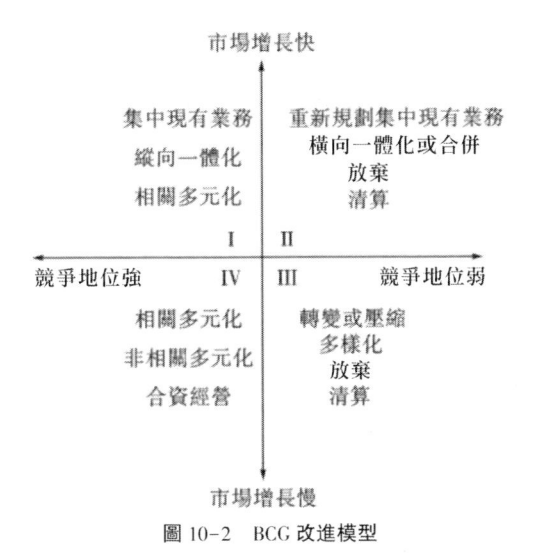

```
                    市場增長快
                        ↑
   集中現有業務    │  重新規劃集中現有業務
   縱向一體化      │  橫向一體化或合併
   相關多元化      │  放棄
                   │  清算
            I      │   II
競爭地位強 ───────IV──III──────── 競爭地位弱
                   │
           相關多元化│  轉變或壓縮
           非相關多元化│ 多樣化
           合資經營  │  放棄
                   │  清算
                        ↓
                    市場增長慢
```

圖 10-2　BCG 改進模型

表 10-1　　　　　　　　　市場銷售數據　　　　　　　單位：萬元

產品＼統計對象	A	B	C
甲公司銷售額	8,800	2,600	14,500
最大競爭對手銷售額	22,000	8,667	19,333
近年全國市場增長率	13%	6%	1%

(1) 用波士頓矩陣分析甲公司的 A、B、C 三類產品分別屬於何種業務？

[解答]（1）三類產品的相對市場份額，如表 10-2 所示。

表 10-2　　　　　　　三類產品的市場份額　　　　　　單位：萬元

產品＼統計對象	A	B	C
甲公司銷售額	8,800	2,600	14,500
最大競爭對手銷售額	22,000	8,667	19,333
相對市場份額	0.40	0.30	0.75
近年全國市場增長率	13%	6%	1%

(2) 根據上面表格的計算結果畫出波士頓矩陣，如圖 10-3 所示。
所以 A 產品是問題業務，B 產品是瘦狗業務，C 產品是現金牛業務。

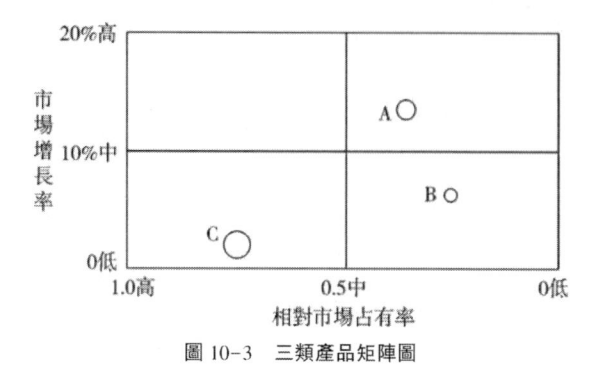

```
                    20%高
                        │
            市         │              A ○
            場  10%中 ──┼─────────────────
            增         │           B ○
            長         │
            率      C  │
                     ○ │
                  0低   │
                       └─────────────────
                     1.0高    0.5中     0低
                           相對市場占有率
                       圖 10-3  三類產品矩陣圖
```

2. 甲公司對 A、C 兩類產品應分別採取什麼策略？為什麼？

[解答]（1）產品 A 處於是問題業務，對產品 A 的策略是進一步深入分析企業是否具有發展潛力和競爭力優勢，從而決定是否追加投資，擴大市場份額。因為該業務特點是市場增長率較高，需要企業投入大量資金予以支持，但企業該業務的市場佔有率不高，不能給企業帶來較高的資金回報。

（2）產品 C 是現金牛業務，對業務 C 採取的策略是維持穩定生產，不再追加投資，盡可能回收資金，獲取利潤。因為其特點是市場佔有率較高，但行業成長率較低，行業可能處於生命週期中的成熟期，企業生產規模較大，能帶來大量穩定的現金收益。

10.2 通用矩陣模型

通用矩陣模型是 1970 年通用電器公司為優化產品組合而重新制定公司戰略時形成的。該模型認為，在評價各經營單位時除了要考慮市場佔有率和市場增長率以外，還要考慮其他許多因素，這些因素可以包括在市場引力和公司實力兩大因素中。其中市場引力包括：市場容量、市場增長率、利潤率、競爭強度、技術要求等。公司實力包括：市場佔有率、產品質量、品牌信譽、銷售能力、技術力量、生產能力、單位成本等。

根據以上因素對企業產品加以定量分析評價，劃分出九種類型，針對每一種類型列出相應的發展、維持及淘汰等對策，在此基礎上調整產品結構，確定企業產品發展方向。具體步驟如下：

（1）選擇能反應產品主要經營特徵的項目作為考核市場引力和企業實力的具體因素，並根據每一具體因素的重要程度決定其權重（所有因素的權重總和為 1），然后根據具體情況確定各因素的等級評分，一般選用五級分法（即評分範圍為 1~5）；

（2）通過加權匯總，得出每一產品市場引力和企業實力的總分，並按大中小分為三個等級（這裡三個等級的分界點不妨選為 3.0 和 1.5）；

（3）根據 BCG 原理，縱軸表示市場引力，橫軸表示企業實力，按大中小三個等級

標準，畫成九象限圖，並將各產品的市場引力和企業實力按其大中小標準分別填入相應的象限內，如圖10-4所示；

（4）對9個象限內的不同產品分別採取不同的戰略。

①張性戰略，企業應將重點放在①、②、④象限區域內的產品群上，重點投資，重點經營，類似於波士頓矩陣中的明星產品；

②緊縮或放棄戰略，而對⑥、⑧、⑨象限區域內的產品群，類似於波士頓矩陣中的瘦狗產品，應採取維持收益或撤退收縮；

③選擇型投資戰略，對於③、⑤這種沒有優勢或沒有特色的經營單位應一分為二對待，選擇其中確有發展前途的業務實施擴張型戰略，其餘業務採取放棄戰略，類似於波士頓矩陣中的問題產品；

④穩定或抽資戰略，對於⑦這類經營單位宜於採用維持現狀、抽走利潤、支持其他單位的策略，類似於波士頓矩陣中的現金牛產品。

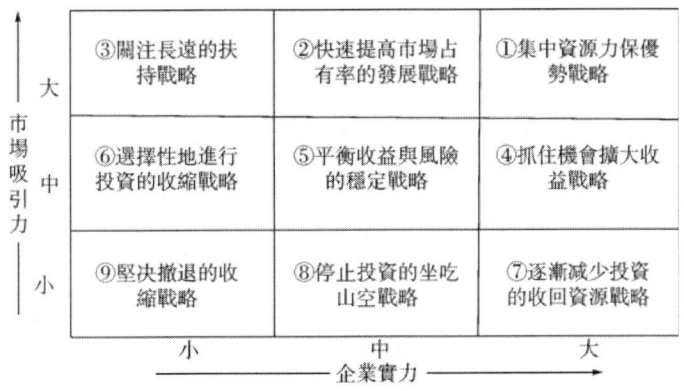

市場吸引力	小	中	大
大	③關注長遠的扶持戰略	②快速提高市場占有率的發展戰略	①集中資源力保優勢戰略
中	⑥選擇性地進行投資的收縮戰略	⑤平衡收益與風險的穩定戰略	④抓住機會擴大收益戰略
小	⑨堅決撤退的收縮戰略	⑧停止投資的坐吃山空戰略	⑦逐漸減少投資的收回資源戰略

企業實力 →

圖10-4 通用9種標準戰略分析圖

案例分析2：

某紡織集團是集紡紗、織布、服裝、家紡為一體的國家大型紡織企業集團，公司年產棉紗70,000噸，坯布5,000萬米，服裝、床上用品900萬件套。2006年實現銷售收入22億元，出口創匯萬美元。

（1）指標判定

按照企業目前的產品結構，筆者按大類將企業產品劃分為：純棉精梳高支紗（A）、純棉普梳低支紗（B）、混紡紗（C）、布（D）、家紡（E）五大類。由企業相關領導和專家組成專家組，採用五級度量法對市場吸引力和競爭能力進行打分，最後對各個專家的評分取加權平均值，其結果如表10-3所示。

表 10-3　　　　　　　　　　　評分表

市場吸引力評價指標	權重 an	A 得分	B 得分	C 得分	D 得分	E 得分	競爭能力評價指標	權重 bm	A 得分	B 得分	C 得分	D 得分	E 得分
X1	0.13	3	4	4	3	2	Y1	0.05	4	2	2	2	2
X2	0.11	4	2	3	3	4	Y2	0.10	4	2	3	3	2
X3	0.04	3	2	3	2	4	Y3	0.08	4	3	3	4	3
X4	0.05	4	3	3	3	3	Y4	0.15	4	4	4	4	3
X5	0.07	3	3	3	3	4	Y5	0.05	4	4	4	4	4
X6	0.06	3	2	2	3	4	Y6	0.14	3	2	3	2	2
X7	0.09	3	3	2	3	3	Y7	0.05	3	3	3	3	3
X8	0.16	3	3	3	3	4	Y8	0.10	4	4	4	3	3
X9	0.10	3	3	3	3	3	Y9	0.16	4	3	3	3	3
X10	0.09	3	3	3	3	4	Y10	012	4	3	3	3	2
X11	0.06	3	3	2	3	4							
X12	0.04	3	3	4	4	4							
總計	1.00	3.16	2.67	2.96	2.91	3.50		1.00	3.65	2.96	3.25	3.09	2.64

(2) 矩陣分析

行業吸引力和競爭能力的分值均分佈在 [0, 5] 區間內，根據經驗，可把高、中、低三個等級的分界點定為 3.0 和 1.5。

根據上表所得到的判定結果，確定出該紡織企業各個產品大類在矩陣圖中的位置，如圖 10-5 所示。

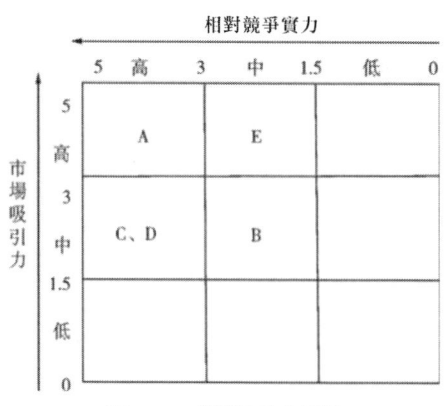

圖 10-5　通用矩陣分析圖

（3）產品戰略選擇

①純棉精梳高支紗（A）其處於第一象限。則企業對於這部分產品應優先保證其發展所需要的一切資源，以保證其有利的市場地位。

②純棉普梳低支紗（B）其處於第五象限。而這一區域通常競爭者較多，企業應密切關注市場動向，有選擇地進行投資，但投資不宜太大，必要時可以退出。

③混紡紗（C）與布（D）這兩大類產品均處於第四象限。企業應對其發展分配足夠的資源，使其能適應市場的發展需要。

④家紡（E）其處於第二象限。

企業應在資源配置上做出調整，加大投資力度，以提高其競爭能力，促進其快速發展。通過綜合考慮企業自身及外部市場環境這兩方面特點，通用矩陣為紡織企業產品戰略選擇提供了一種理論輔助工具，使其更具量化性和可操作性。

而通用矩陣應用的有效性很大程度上取決於各評價指標的正確選定。

10.3　逐步推移法

美國喬治大學教授格魯克提出了就企業總體來選擇戰略的逐步推移法（見圖10-6），對業務比較簡單的中小企業更為適用。他認為，戰略選擇並不是一個例行公事或容易決策的過程。管理者往往由於能力有限，或缺乏足夠的信息，或環境變化很快，無法遵循「理性的模式」，戰略管理者只能在有限的範圍內選擇戰略，選擇的餘地並不很大，而只能採用逐步推移的辦法來選擇其戰略。

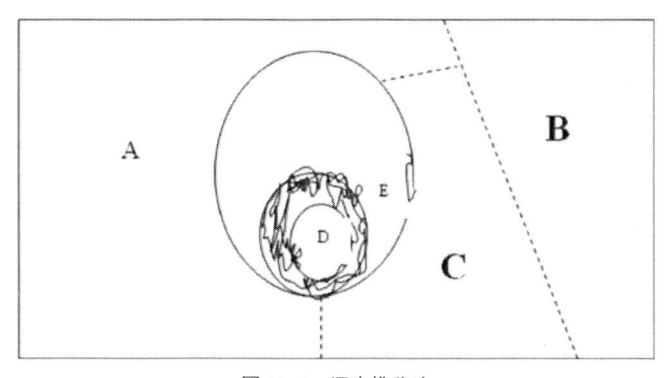

圖 10-6　逐步推移法

說明：

A　風險過大區

B　政策限制區

C　外界條件限制區

D　過去執行的戰略

E 可供選擇區

圖 10-6 用一個矩形來代表所有的各種戰略，其中歸屬於 A、B、C 三區域的戰略因各種原因而無法採用，只有 D 是過去執行的戰略，E 才是可供選擇的戰略，所以選擇余地不大。

逐步推移法從穩定發展戰略起步（見表 10-4），按下述步驟進行：

（1）首先比較現在的戰略（假定是穩定發展）與在職能上作些變化的穩定戰略，考察能否實現既定的戰略目標；

（2）如果不能實現目標，再將穩定發展戰略與同時採用發展（即擴張型）戰略相比較；

（3）若仍不能實現目標，就考慮單純採用發展戰略；

（4）若仍不能實現目標，再將發展戰略與既發展又緊縮的組合戰略相比較；

（5）若仍不能實現目標，就考慮單純採用緊縮型戰略。

（6）總之，從現在的戰略逐步推移，在預定目標得到滿足時，決策者就可做出自己的戰略選擇。

表 10-4　　　　　　　　　　逐步推移步驟表

步驟	選擇	戰略
I	1 2	穩定發展：照舊不變 穩定發展：職能上做些變化
II	3	穩定+發展
III	4	發展：縱向/橫向一體化、相關多元化、混合多元化
IV	5	發展+緊縮
V	6	緊縮：退縮/轉向、放棄、依附、清算

10.4　SWOT 分析法

有效的戰略應能最大程度地利用企業內部優勢和外部機會，同時使企業的劣勢和威脅降至最低限度。SWOT 分析法就是對企業外部環境中存在的機會、威脅和企業內部條件的優勢、劣勢進行綜合分析，據此按照 SWOT 矩陣選擇出戰略方案。

10.4.1　SWOT 的內涵

SWOT 分別是優勢（Strengths）、劣勢（Weaknesses）、機會（Opportunities）、威脅（Threats），其中優勢和劣勢是指企業的內部因素，機會、威脅是指企業所面臨的外部環境因素。

優勢是指能使企業獲得戰略領先並進行有效競爭，從而實現自己目標的某些強大的內部因素或特徵，通常表現為企業的一種相對優勢。例如，充足的資金來源，良好

的經營管理方法，在顧客中具有良好的形象，市場領導地位，完善的服務系統，獨有的專利技術，較好的廣告宣傳，產品的創新能力，先進的工藝設備，別具一格的產品包裝設計，極其低廉的產品成本，健全的行銷網路等。

劣勢是給企業帶來不利，導致企業無法實現其目標的消極因素和內部的不可能性。例如，技術落後或設備陳舊，銷售渠道不暢，成本居高不下，缺乏管理經驗和科學知識，內部管理混亂等。

機會是那些不斷地幫助企業實現或超過自身目標的外部因素和狀況。企業面臨的機會很多，如出現了新的市場，降低了的外國市場的關稅壁壘等。

威脅是對企業經營不利並導致企業無法實現既定目標的外部因素，是影響企業當前地位或其所希望的未來地位的主要障礙。企業面臨來自各個方面的威脅，主要有：低成本競爭者進入，替代品的銷售額上升，市場增長速度趨緩，國外有關國家貿易政策和匯率出現了不利於企業的變化等。

10.4.2 SWOT 分析過程

SWOT 分析是在企業外部分析和內部分析的基礎上，將分析結果分別依照機會、威脅、優勢、劣勢進行歸納梳理，如下表 10-5 所示。

表 10-5　　　　　　　　　　　　SWOT 梳理表

	優勢（Strength）	劣勢（Weakness）
內部條件	產權和技術 產品 良好的財務 高素質的管理人員 公認的行業領先者 ……	設備老化 產品範圍太長 行銷能力較弱 成本高 企業形象一般
	機會（Opportunity）	威脅（Threat）
外部環境	縱向一體化 市場增長迅速 能爭取到新的用戶群 有可能進入新的市場領域 可以增加互補產品 ……	競爭壓力增大 政府政策不利 用戶需求正在轉移 新一代產品已經上市 ……

這樣，依據 SWOT 梳理表，可以有兩種主要方法，得出企業在 SWOT 矩陣圖（如圖 10-7）上所處的具體象限位置，據其所處象限位置，確定企業應該採用的戰略。這兩種方法，一種是定性的方法，主要根據經驗和直覺，對 SWOT 梳理表結果做出綜合判斷，另一種是定量的方法，可以採用因素打分然后算術加權平均法計算。

10.4.3 SWOT 矩陣圖

SWOT 矩陣圖如圖 10-7 所示。

企業戰略管理

```
                         機會（Opportunity）
                                ↑
                                │
              扭轉型戰略        │       發展型戰略
              （WO戰略）        │       （SO戰略）
                                │
      劣勢（Weakness）   III    │    I    優勢（Strength）
      ←───────────────────────┼───────────────────────→
                         IV    │    II
                                │
              防禦型戰略        │       多元化戰略
              （WT戰略）        │       （ST戰略）
                                │
                                ↓
                         威脅（Threat）
```

圖 10-7　SWOT 矩陣圖

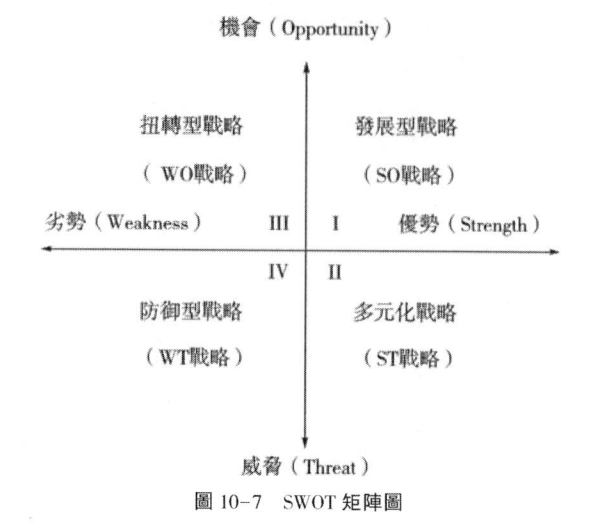

處在第 I 象限的企業，它的機會大於威脅，優勢大於劣勢，這種情況是最理想的，企業可以採取充分利用環境機會和內部優勢的大膽發展戰略，如集中化戰略等。

處在第 II 象限的企業，其威脅多於機會，優勢大於劣勢。針對這種情況，利用現有優勢在其他產品或市場上建立長期機會，實行多種經營戰略來分散環境帶來的風險，這是具有其他發展機會的企業通常採取的態度。

處在第 III 象限的企業，其機會大於威脅，劣勢強於優勢。這就要求企業應採取扭轉型戰略，以減少內部劣勢，有效地利用外部環境帶來的機會。

處在第 IV 象限的企業，其機會小於威脅，劣勢強於優勢。在這種情況下，企業可以採取減少產品或市場的防禦型戰略。

綜上所述，SWOT 分析法是將內外部分析的結果在 SWOT 矩陣圖上具體定位，從而確定企業應該採取的戰略，給我們提供了一種戰略思考的思路和框架。

10.5　SPACE 矩陣分析法

戰略地位與行動評價矩陣（簡稱 SPACE 矩陣）主要用於分析企業外部環境及企業應該採用的戰略組合。

SPACE 矩陣有四個象限分別表示企業採取的進取、保守、防禦和競爭四種戰略模式。矩陣的兩個數軸分別代表了企業的兩個內部因素——財務優勢（FS）和競爭優勢（CA）；兩個外部因素——環境穩定性（ES）和產業優勢（IS）。這四個因素對於企業的總體戰略地位是最為重要的，如圖 10-8 所示。

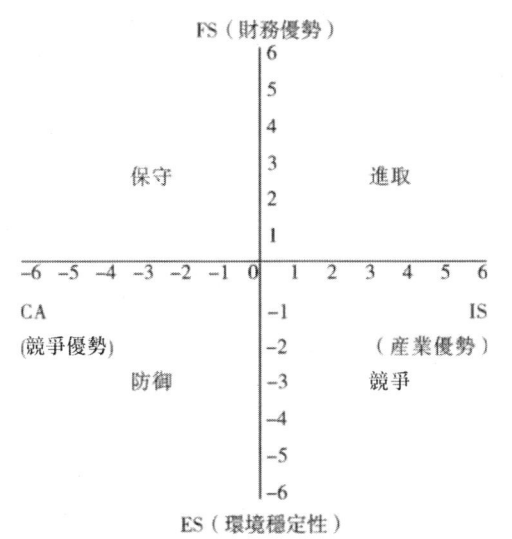

```
                    FS（財務優勢）
                         6
                         5
                         4
         保守            3           進取
                         2
                         1
  -6 -5 -4 -3 -2 -1  0  1  2  3  4  5  6
   CA                   -1                  IS
 (競爭優勢)              -2              （產業優勢）
         防禦           -3           競爭
                        -4
                        -5
                        -6
                   ES（環境穩定性）
```

圖 10-8　戰略地位與行動評價矩陣

　　向量出現在 SPACE 矩陣的進取象限時，企業正處於一種絕佳的地位，可以利用自己的內部優勢和外部機會選擇自己的戰略模式，如市場滲透、市場開發、產品開發、后向一體化、前向一體化、橫向一體化、多元化經營等。

　　向量出現在保守象限意味著企業應該固守基本競爭優勢而不要過分冒險，企業更適宜採取市場滲透、市場開發、產品開發和集中多元化經營等保守型戰略。

　　當向量出現在防禦象限時，意味著企業應該集中精力克服內部弱點並迴避外部威脅，防禦型戰略包括緊縮、剝離、結業清算和集中多元化經營等。

　　當向量出現在競爭象限時，表明企業應該採取競爭性戰略，包括后向一體化戰略、前向一體化戰略、市場滲透戰略、市場開發戰略、產品開發戰略及組建合資企業等。

　　矩陣的軸線可以細分包含多種不同的變量，具體如表 10-6 所示。

表 10-6　　　　　　　　　　戰略地位與行動評價矩陣變量表

財務優勢（FS）	環境穩定性（ES）
——投資收益	——技術變化
——槓桿比率	——通貨膨脹
——償債能力	——需求變化性
——流動資金	——競爭產品的價格範圍
——退出市場的方便性	——市場進入壁壘
——業務風險	——競爭壓力
	——價格需求彈性

表10-6(續)

競爭優勢（CA）	產業優勢（IS）
——市場份額 ——產品質量 ——產品生命週期 ——客戶忠誠度 ——競爭能力利用率 ——專有技術知識 ——對供應商和經銷商的控制	——增長潛力 ——盈利能力 ——財務穩定性 ——專有技術知識 ——資源利用 ——資本密集性 ——進入市場的便利性 ——生產效率和生產能力利用率

建立 SPACE 矩陣的步驟：

（1）選擇構成財務優勢（FS）、競爭優勢（CA）、環境穩定性（ES）和產業優勢（IS）的一組變量；

（2）對構成 FS 和 IS 的各變量給予從+1（最差）到+6（最好）的評分值。而對構成 ES 和 CA 的軸的各變量給予從-1（最好）到-6（最差）的評分值；

（3）將各數軸所有變量的評分值相加，再分別除以各數軸變量總數，從而得出 FS、CA、IS 和 ES 各自的平均分數；

（4）將 CA 和 IS 平均分數相加，並在 X 軸上標示出來；將 FS 和 ES 的平均分數相加，並在 Y 軸上標示出來；

（5）從 SPACE 矩陣原點到 X、Y 軸數值的交叉點畫一條向量，這一向量所在的象限就表明了企業可以採取的戰略類型：進取、競爭、防禦或保守。

案例分析 3：

應用 SPACE 矩陣對某農業銀行進行戰略選擇分析

1. 對該農業銀行應用 SPACE 矩陣的步驟

（1）建立構成財務優勢、競爭優勢、產業優勢、環境穩定性的各組變量。變量不一定要全面，但要將能反應四個指標的主要變量放進去，具體各指標的變量選擇見表10-7。

表 10-7　　　　　某農業銀行的 SPACE 矩陣評分表

財務優勢（FS）	評分
銀行一級資本充足率	1
銀行核心資本充足率	1
銀行資產收益率	1
銀行淨資本收益率	3
銀行收入增長率	2

表10-7(續)

財務優勢（FS）	評分
產業優勢（IS）	
地域經營自由度	4
產品經營自由度	2
銀行存款占公眾資產的比例（公眾對銀行的依賴度）	4
成長空間（進3年行業資產擴張速度）	2
環境穩定性（ES）	
政治波動	−4
通貨膨脹（CPA或PPA）	−4
國內金融管理制度	−3
與國際金融市場的結合度（匯率制度選擇）	−3
競爭優勢（CA）	
客戶群規模	−3
存款業務量占貸款市場份額	−2
貸款業務量占貸款市場份額	−2
中間業務利潤佔有總額比例	−1
員工數量	−1

（2）對構成財務優勢和產業優勢指標軸的各變量給予從1到6的評分值，其中1表示該變量最差，6表示該變量最好，對環境穩定性和競爭優勢指標軸的各變量則給予從−1到−6的評分值，其中−1表示該變量最好，−6表示該變量最差。對於農行的評價我們採用評分值評價。

（3）將各指標軸上的所有變量的評分相加，再分別除以各指標軸上的採用變量的數量。從而得出FS、CA、IS、ES指標的各自平均分數。

（4）將FS、CA、IS、ES指標的平均值標在各自數軸上。

（5）將X軸上的IS指標值與CA指標值相加，結果標在X軸上，將Y軸上的FS指標值和ES指標值相加，結果標在Y軸上，標出交叉點（x, y）。

（6）自SPACE矩陣上的原點到點（x, y）畫一條向量。該向量表明了農業銀行在上市問題上的正確戰略選擇是進取型、競爭型、防禦型、還是保守型。

2. 評價

根據該農業銀行年報以及金融年鑒（2004）所公布的數據，我們確立了以下SPACE矩陣指標，採用波士頓諮詢集團（BCG）對SPACE銀行業評價的指標分制評分標準，有以下結果：

FS的平均值為：(1+1+1+3+2) /5＝1.6
IS的平均值為：(4+2+4+2) /4＝3
ES的平均值為：(−4−4−3−4) /4＝−3.
CA的平均值為：(−3−2−−2−1−1) /5＝−1.8

向量坐標值 x 為：3+（-1.8）= 1.2

向量坐標值 y 為：1.6+（-3.75）= -2.15

交叉點（x, y）為（1.2, -2.15），如圖 10-9。

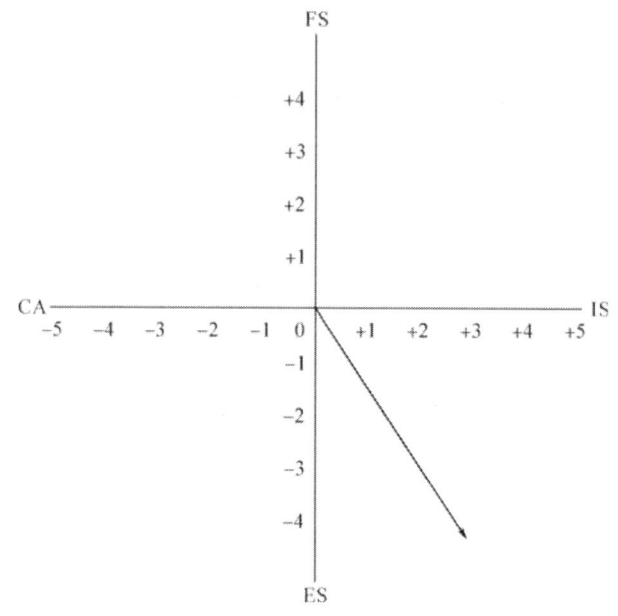

圖 10-9　該農行的 SPACE 分析矩陣

由圖可知，該農業銀行應採用競爭型戰略。

10.6　戰略評價的方法

通過以上所講的戰略選擇方法選出的戰略方案，可以用一套較完整的體系或標準其進行評價，戰略評價的方法可以採用定性和定量的評價方法。當然，它同時也可以是一種戰略分析和選擇的方法，在幾個備選戰略中，評價分值最高的戰略即被選中。

10.6.1　戰略的定性評價方法

通過戰略的選擇方法可知，一個企業根據外部環境的機會、威脅和自身條件的優勢、劣勢，可能會有多種可供選擇的戰略方案。然而現實的複雜性使得企業在制定戰略時要考慮眾多因素，這其中有很大一部分是無法量化的，因此，戰略評價主要是採用定性評價法。

定性評價法的主要步驟為：

（1）根據檢驗標準，擬定若干具體問題；

（2）回答上述的這些問題以考察戰略符合標準的程度；

(3) 評價優劣並決定其取捨。

然而，實際中的困難是即使問題問得再多，也不可能包羅無遺，而且也不是對每個戰略都適合回答所有這些問題。如何對問題進行取捨，完全憑著戰略決策者對影響戰略的各種因素進行權衡和把握，這是戰略定性評價方法的缺點。

10.6.2 戰略的定量評價方法

在有些情況下也可以對戰略方案進行定量化的評價，從而選擇出最有效的戰略。美國一位學者提出了定量戰略計劃矩陣法（QSPM 矩陣）。

QSPM 矩陣是對備選方案的戰略行動的相對吸引力做出評價，從定量的角度來評判其戰略備選方案的優劣程度。

建立 QSPM 矩陣的步驟：

（1）在 QSPM 矩陣的左欄上根據先前分析過的 EFE 矩陣和 IFE 矩陣中得到關鍵外部機會與威脅和內部優勢與劣勢，並給出相應的權重；

（2）將得出的匹配的戰略備選方案填到矩陣頂部的橫行中；

（3）確定每一組備選方案的吸引力分數（AS），根據所考察的關鍵因素與備選戰略的關係給出評分。評分值在 1~5 之間，根據機會、威脅、優勢和弱勢來分別確定，具體定義見表 10-8 所示。

表 10-8　　　　　　　　　吸引力分數說明

分數	機會	威脅	優勢	劣勢
5 分	充分抓住機會	很好應對威脅	充分利用優勢	很好的彌補劣勢
4 分	較好把握機會	較好應對威脅	較好利用優勢	較好的彌補劣勢
3 分	把握機會程度一般	應對威脅能力一般	利用優勢程度一般	彌補劣勢程度一般
2 分	不能較好把握機會	不能較好應對威脅	不能較好利用優勢	不能較好彌補劣勢
1 分	完全沒有抓住機會	完全不能應對威脅	完全不能利用優勢	完全不能彌補劣勢

（4）計算吸引力總分（TAS）。吸引力總分表示各備選戰略的相對吸引力，吸引力總分越高，戰略的吸引力越大。

吸引力總分是關鍵因素的權重與吸引力評分的乘積。即

TAS＝權重×AS

（5）計算吸引力總分和。它是通過將 QSPM 矩陣中各個備選戰略的 TAS 總分相加而得。分數越高，表明戰略越具有吸引力。

值得注意的是，由於 QSPM 矩陣是對備選方案進行對比評價，因此 AS 評分應該橫向進行，即對某一因素在各個備選方案間進行比較。

案例分析 4：

現以成都某房地產企業為例，來具體說明 QSPM 矩陣的應用，如表 10-9 所示。

表 10-9　　　　　　　　　　某房地產公司 QSPM 矩陣表

關鍵因素	權重	市場開發 AS	TAS	市場滲透 AS	TAS	產品研發 AS	TAS	品牌戰略 AS	TAS	戰略聯盟 AS	TAS	前向一體化 AS	TAS	相關多元化 AS	TAS	差異化戰略 AS	TAS
機會 成都經濟發展增加房產需求	0.11	4	0.44	4	0.44	4	0.44	4	0.44	4	0.44	4	0.44	4	0.44	4	0.44
「十一五」規劃的實施	0.13	3	0.39	4	0.52	4	0.52	4.5	0.585	5	0.65	4	0.52	4	0.52	3.5	0.455
住房消費信貸業務迅猛發展	0.12	3	0.36	4	0.48	4	0.48	4	0.48	4	0.48	3.5	0.42	3.5	0.42	4	0.48
商品房存在大量需求缺口	0.11	4	0.44	3	0.33	4.5	0.495	4	0.44	3.5	0.385	2.5	0.275	3	0.33	4	0.44
國外資金提供多種融資渠道	0.08	2	0.16	4	0.32	3.5	0.28	3	0.24	4	0.32	4	0.32	3.5	0.28	3	0.24
威脅 房地產業市場競爭加劇	0.09	3	0.27	2	0.18	3.5	0.315	3	0.27	4	0.36	3	0.27	4	0.36	4	0.36
消費者品味要求進一步提高	0.07	4	0.28	3	0.21	4	0.28	4	0.28	4	0.28	4	0.28	4	0.28	4	0.28
銀行的貸款條件變高	0.13	3	0.39	3.5	0.455	4	0.52	3	0.39	5	0.65	4	0.52	3	0.39	3	0.39
外來開發商進入	0.07	3	0.21	3	0.21	2.5	0.175	3	0.21	4.5	0.315	3.5	0.245	3.5	0.245	4	0.28
匯率提高增加建築成本	0.07	3	0.27	2.5	0.225	3.5	0.315	3	0.27	4	0.36	3	0.27	4	0.36	4	0.36
總計	1.0																
優勢 靈活的反應機制	0.1	5	0.5	4.5	0.45	3	0.3	4	0.4	4	0.4	4	0.4	4	0.4	3.5	0.35
較強的資源整合能力	0.15	4	0.6	4.5	0.675	3.5	0.525	4	0.6	4	0.6	4	0.6	4	0.6	4	0.6
準確地把握客戶心理	0.08	4	0.32	4	0.32	4.5	0.36	4	0.32	3	0.28	3.5	0.28	3.5	0.28	4	0.32
較好的盈利能力	0.11	4	0.44	4	0.44	3	0.33	3.5	0.385	4	0.44	4	0.44	4	0.44	3.5	0.385
人才眾多	0.09	4	0.36	4	0.36	3.5	0.315	4	0.36	3	0.27	3	0.27	4	0.36	3.5	0.315
劣勢 規模較小，融資困難	0.2	3	0.6	3	0.6	2.5	0.5	3	0.6	4	0.8	4	0.8	3.5	0.7	3	0.6
研究開發投入經費不足	0.07	2	0.14	4	0.28	3	0.21	3.5	0.245	4	0.28	3	0.21	3.5	0.245	4	0.28
內部管理制度很不完善	0.07	2	0.14	3.5	0.245	3	0.21	4	0.28	3	0.21	4	0.28	4	0.28	3	0.21
管理的提升停留在口號階段	0.06	3	0.18	3.5	0.21	3	0.18	3	0.21	3	0.18	3	0.18	3.5	0.21	4	0.24
內部凝聚力不高	0.07	3	0.21	2.5	0.175	3	0.21	4	0.21	3.5	0.245	3.5	0.245	3	0.21	3.5	0.245
總計	1.0		6.7		7.125		6.89		7.18		7.84		7.265		7.28		7.47

本章小結

1. 波士頓矩陣分析法是由波士頓諮詢集團首創的一種規劃企業產品組合的方法。波士頓矩陣分為四個象限：問號類產品、明星類產品、現金牛類產品和瘦狗類產品，通用矩陣是對波士頓矩陣的改進，它不但擴大了縱橫兩個坐標的選取範圍，而且原來的 2×2 矩陣演變為 3×3 矩陣，從而提高了分析企業產品組合和資金配置的可行性。企業可以結合自身類型、產品和經營業務特點來選擇合適的分析評估工具。

2. 逐步推移法是從現在的戰略逐步推移，在預定目標得到滿足時，決策者就可做出自己的戰略選擇。

3. SWOT 分析法是一種把企業外部環境和內部資源相結合的綜合性分析工具。它從注重內部優勢和劣勢、外部環境的機會與威脅四個方面加以系統運籌，進而制訂切實可行的戰略實施方案。

4. 除 SWOT 矩陣、BCG 矩陣和逐步推移法外，SPACE 矩陣和戰略評價模型也是為企業選擇適合自己的戰略而提供的有效工具。

11　戰略實施

學習目標：

1. 掌握戰略實施的有關概念；
2. 瞭解組織結構的類型及與戰略實施的匹配；
3. 瞭解公司治理對戰略實施的影響；
4. 探索企業文化與戰略實施的關係。

案例導讀

案例1　三星的戰略實施

幾年前三星還是索尼的追隨者，但幾年後，三星電子已經成為行業的領軍人物。1999年在三星30周年慶典之際，三星提出了「數字三星」的概念，宣布在未來要成為數字融合革命的一個領導者的戰略計劃。這一戰略的目標是將消費電子、信息、電信產品、電視機、PC機等在線和離線的世界融合起來。為此，三星在戰略實施上作了很多努力：①公司進行了超強度的機構改革，裁撤了那些不穩定的企業，員工由47000人削減到38000人；②設計了自上而下的市場行銷策略，為配合數碼高附加價值這一新定位和品牌形象，三星選擇歐洲和美國市場作為一級市場，以一整套的行銷策略配合公司新的戰略；③對員工進行培訓，為新雇員設計了長達近400頁的電子課程，幫助員工瞭解行銷背景知識、市場戰略和品牌原則；④公司設計了一套新的數碼科技的商業執行原則：要能夠搶先觀察市場變化，比競爭對手先動手研發，壓制競爭對手，搶先佔領市場。

案例2　星巴克咖啡的戰略實施

2001年史密斯擔任公司CEO時提出了「第三空間」的戰略定位，即不想回家，不想去辦公室，那麼來星巴克吧。為了實現這一戰略定位，史密斯做了以下工作：加速全球化擴展，在美國、加拿大開設了300家店，在奧地利、瑞士等咖啡店相對飽和的國家開設分店。為顧客營造「第三空間」的環境和氛圍，增加軟椅和壁爐等設備，提高了食物和其他產品的比例。2001年11月引入了一種預付卡，開始提供金融服務，顧客只要提前向卡內存入5~500美元後，就可以通過高速因特網連接，在1000多個連鎖店內刷卡消費。2002年8月底，與惠普等公司合作開展了無線上網服務，顧客利用筆記本和掌上電腦可以在店內檢查電子郵件、上網衝浪，觀看網上視頻節目和下載文件等。2004年3月16日推出了店內音樂服務活動，顧客一邊喝咖啡，一邊可以戴耳機利

用惠普的平板計算機選擇自己喜歡的音樂。每週走進星巴克的顧客有 3000 萬人，2003 年公司的營業額上升了 24%，達到 41 億美元。

資料來源：譚白英，熊莎莎．企業戰略管理［M］．武漢：武漢大學出版社，2014．

沒有戰略，企業必死無疑，但這並不是說，制定戰略后，企業就可以高枕無憂了，戰略實施是一個比戰略制定更重要的過程，如果沒有實施，戰略只是企業家美好的空想，沒有實施，戰略只是蒼白無魂的教條。戰略不是用來欣賞的「花瓶」，它是用來實施的理念、方向和目標。而且在戰略實施的過程中，要不斷調整企業內部的組織結構、企業文化和資源配置，來適應企業戰略的發展。

11.1　戰略實施概述

11.1.1　戰略實施的概念及根本任務

戰略實施是為實現企業戰略目標而對戰略規劃的執行，企業在明確了自己的戰略目標後，就必須專注於如何將其落實為實際的行動並確保它的實現。在戰略管理中，戰略實施是戰略制定的后續工作，即企業選定了戰略以後，必須將戰略的構想轉化成戰略的行動。也就是說，戰略實施是將選擇好的戰略方案轉化成戰略行動的過程。如果戰略方案無法實施，那麼戰略制定對企業來說就沒有什麼價值。有效的戰略實施不僅可以保證一個合適的戰略達到預期目標，而且還可以減少一個不合適的戰略對企業造成的損害。

企業戰略管理的根本任務不僅在於制訂適宜、優秀的方案，更要重視將其轉化為企業的經營效益。企業的戰略思想只有通過轉化為實際行動才能發揮作用，體現戰略的價值所在。如果企業投入大量的時間、人力和資源用於戰略的制定和選擇，而忽視戰略實施的條件、方法、成本和收益，這樣做的結果只能是事倍功半，大量浪費資源。

11.1.2　戰略實施的階段

戰略實施是一個動態的管理過程。所謂「動態」，是指在戰略實施的過程中，通常要經歷以下幾個階段：

（1）戰略發動階段

此階段要調動起大多數員工實現新戰略的積極性和主動性，要對企業管理人員和員工進行培訓，給他們灌輸新思想、新觀念，使大多數人都能接受新戰略。

（2）戰略計劃階段

此階段需要經總體戰略分解為幾個具體的戰略實施階段，每個戰略實施階段都有階段性的目標，相應的也有每個階段的政策措施、部門策略及相對應的方針等。企業戰略管理者要對各分階段目標進行統籌規劃並進行全面安排。

（3）戰略運作階段

企業戰略的實施運作主要與各級領導人員的素質和價值觀、企業組織機構、文化、資源結構與分配、信息溝通、控制及激勵制度等因素有關。

（4）戰略的控制與評估階段

戰略是在變化的環境中實踐的，企業只有加強對戰略執行過程的控制與評價，才能適應環境的變化，完成戰略任務。這一階段主要包括建立控制系統、監控績效和評估偏差以及糾正偏差三個方面。

11.1.3 戰略實施的特性

（1）戰略實施需要具備嚴格性

企業戰略管理者必須明確，無論企業所處的經營環境和競爭對手的戰略發生什麼樣的變化，企業的戰略意圖和宗旨陳述中所表達的戰略承諾和價值取向是不能輕易改變的，這些承諾和原則對企業戰略管理者在戰略實施過程中所作出的經營決策具有嚴格的約束和宏觀指導意義。

在開始實施新的企業戰略之前，企業戰略管理者，甚至企業內部的所有管理者，都應該明確戰略意圖、宗旨陳述、經營目標和企業戰略之間的關係。在戰略實施的過程中，企業一般不應隨內外部環境的變化和競爭對手戰略的變化而改變自身的戰略承諾，如戰略意圖、宗旨等。儘管決策要科學，行動要迅速，但是決策科學和創新的要求不應該成為企業高層管理者在戰略實施中輕易改變企業戰略承諾的理由。例如，不能因為多數競爭對手在產品中添加了有害或者過量的「三聚氰胺」，企業的戰略管理者就可以在戰略實施中隨意就作出「跟進」的決策，這不僅違背了企業經營目的、經營方式、社會責任和商業倫理等構成的制度約束，還直接傷害了包括顧客、股東、政府等利益相關團體的利益。再如，因為行業競爭激烈，經營越來越困難，一個企業的戰略決策者能否在戰略實施的過程中就隨意作出改變行業或者經營方式的決策呢？顯然不行，除非向董事會或者股東大會提出並獲得批准後方可更改企業的戰略意圖和宗旨。一般而言，增加企業經營範圍、商業模式和競爭定位更改的難度，有利於建立競爭優勢。如果中集集團在遇到連續多年的虧損後就隨意更改主營業務的範圍，那麼它就不會成為集裝箱行業的「世界級企業」了。

在戰略實施過程中，企業戰略決策者決策和行為的嚴格性就在於承諾是不可以隨意更改的，但兌現承諾的方式是可以動態調整的。要想藝術地處理好這種目的和方式的關係，企業戰略管理者必須對企業戰略意圖和宗旨具有深刻的理解和執拗的堅持。因此，在戰略實施之前，企業戰略管理者應該在企業內部針對如何理解企業的戰略意圖和宗旨進行大規模的培訓，以確保在戰略實施的過程中能夠有效地處理好以下三者之間的關係：承諾堅定、決策科學和行動迅速而富於創新。

（2）戰略實施需要具備應變性

企業戰略實施是一個動態決策的過程，可以用「流動的河水」來比喻戰略管理的過程。如圖 11-1 所示，在已經確定河水基本流向和寬窄的河床中，當遇到障礙（A點）時，很難確定 A 點之后河水流動的具體路徑。與此類似，在動態環境下，企業戰

略管理者只能事先制定企業的戰略意圖、宗旨、定位和相對比較寬泛的目標，至於戰略實施過程中的一些應變和博弈性的決策，例如，A點之后河水流動的具體路徑，則被留給了實施過程中的戰略管理者。實施過程中的管理者需要在理解企業事前決定的戰略意圖、宗旨、定位和相對比較寬泛的目標的基礎上，結合「當時和當地」（A點）的具體情況動態地作出決策。

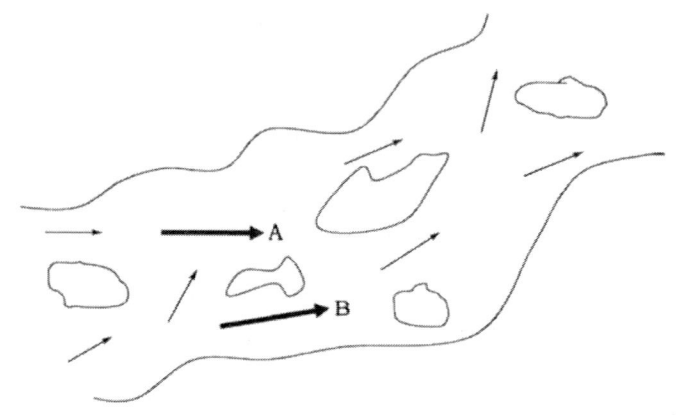

圖 11-1　戰略管理的動態模式示意圖

在相對靜態的條件下，企業戰略管理者可以準確地預測企業外部和內部環境的變化，也可以在進行戰略決策的時候預先決定企業所有的戰略目標和行為，包括計劃、行動方案、行動程序、預算，甚至是應急計劃。但是，在動態的條件下，企業戰略管理者很難準確預測企業外部和內部經營環境的變化，自然也很難預先決定企業所有戰略目標與行為，尤其是具體的目標和行為。隨著環境從相對靜態朝相對動態逐漸轉變，企業戰略管理者越來越不可能預先決定所有的戰略行為，因而不得不逐步增加一些事中反應性的行為以應對內外環境和對手的突然變化。從這個意義上來說，戰略的實施並不等於戰略的實現，其中還包括實施過程中的創造性適應和改變。在新的環境條件下，企業戰略管理者在戰略制定階段應該決定什麼？應該將哪些具體決策留給實施過程中的戰略管理者？在什麼情況下應該嚴格實施事前決定的戰略，什麼情況下應該給予實施中的戰略管理者以多大程度的應變和創新的空間？這是企業戰略管理者在戰略實施過程中遇到的一個挑戰，即圖中A點上的戰略管理者有多大的空間作出應變和創新。

在動態環境下，企業戰略管理者在戰略實施過程中的決策越來越難以採用理性方法，而必須借助於主管的價值判斷。這種情況下，企業戰略管理者應該追求戰略決策的速度與創新，因為速度與創新已經成為越來越重要的優勢來源，即企業戰略管理者在戰略實施過程中必須重視「應變性」。

（3）戰略實施需要具備恰當性

動態環境下，評價企業戰略實施有效與否的標準並不是企業是否一成不變地執行了事先制定的戰略，而是企業是否能靈活有效地實施戰略，使企業適應環境、贏得競

爭。在環境發生劇烈變化時，企業可能需要進行戰略調整甚至是轉型，但是在大多數情況下，環境的改變是連續的、微小的，並不需要重新審視企業的戰略。因此，企業需要清楚瞭解環境變化的程度，並作出針對性的戰略或戰術調整，即強調了戰略實施的「恰當性」。

在圖 11-1 中，當企業處於 B 點時，只需要作出少許的調整，即可避開岩石，而不需要劇烈的深層次的組織變革；而當企業處於 A 點時，則必須要進行戰略層面的調整或轉型了。企業的戰略管理者必須具備卓越的管理藝術，在環境發生變化時準確地作出判斷，究竟企業是處於「河流」中的 A 點還是 B 點或者其他位置，以決定企業下一期的戰略實施。因為，如果環境的變化程度並不需要企業作出戰略層面的調整，如處於 B 點，而戰略管理者卻錯誤地放大了危機，就會導致組織資源的浪費以及適應新戰略的時間損耗，甚至可能會由於新戰略無法匹配當前環境而導致失敗。反之，如果企業處於 A 點，卻無法及時且準確地進行轉向，就會一頭撞向「岩石」。當今市場環境的動態性要遠強於以往任何時代，在這種背景下，企業戰略管理者應該採取什麼方法保證戰略實施過程中的決策能夠快速而準確呢？或者說，採取什麼機制能夠保證決策的速度和恰當性的平衡呢？這是企業戰略管理者在戰略實施過程中遇到的又一個挑戰。

面對環境和競爭動態化給企業戰略實施所帶來的挑戰，企業戰略管理者，不僅包括企業的董事會或者高層管理團隊，而且也包括企業的中層管理者，都需要認真理解和明確企業戰略對實施的具體要求，靈活運用靜態和動態條件下戰略實施的方法，並且將戰略實施的重點放在保證企業戰略管理者動態決策的有效性，以及優化行為恰當性的保證機制上。

11.1.4 戰略實施的基本原則

在戰略實施過程中，常常會遇到很多問題。由於環境的不確定性和企業員工能力等原因，使得管理者在戰略制定時沒有考慮到或不可能完全考慮到現實問題。據一項調查顯示，美國財富 500 強中的 93 家公司中，過半數以上的公司在戰略實施過程中常常遇到以下問題：

（1）戰略實施過程比預定過程要慢；
（2）可能出現沒有預料到的大問題；
（3）行動協調無效；
（4）競爭對手的舉動和突發的危機，使注意力偏離戰略目標；
（5）參與活動的員工能力不足；
（6）對基層員工培訓不夠、指導不力；
（7）難以預見和不能控制環境因素的影響；
（8）對部門經理領導和指導不足；
（10）對關鍵戰略實施任務和行動的描述不清晰；
（11）信息系統對行動監測不力。

由於這些問題會給戰略實施帶來巨大的阻力，阻礙了戰略計劃的有效執行，所以我們在戰略實施過程中有必要遵循一些基本原則，以便盡可能減少這些阻力的出現。

這些原則主要有：

(1) 統一性原則

統一性原則就是統一指揮和統一領導。企業高層管理者通常是戰略的制定者，他們對戰略有著深刻的理解和認識且掌握著大量的信息。當戰略實施中出現問題時，他們會從企業整體利益出發去解決問題，避免各個部門因片面的追求本部門的利益而給企業整體利益帶來損害。另外，統一性原則使上下級的行動保持協調一致，有效地應對由於環境不確定性所帶來的問題。此外，統一性原則使各個部門責任更加明確，保證戰略計劃有效地執行。

(2) 應變性原則

任何企業戰略都是在一定的環境下制定出來的，那麼原擬定的環境就是戰略制定和執行的前提條件。同時，環境又是不斷發生變化的。在戰略實施過程中，實際的環境條件可能與原來假設的條件產生一定的偏差，戰略實施試圖解決因環境偏差所產生的問題。當企業內外環境發生重大變化而導致原定戰略無法實現時，就需要對原定的戰略進行重大調整並作出相應的變化，這就是戰略實施的應變性原則。在作戰略調整之前要判別這些環境因素是否影響戰略的實現。如果環境發生了變化，這些變化的環境因素對戰略影響不大，此時修改原戰略會造成員工的人心浮動和企業資源的浪費。因為在戰略執行過程中需要企業投入大量資源。但如果環境發生重大改變，這些變化的環境因素直接影響到企業戰略的實現，此時如不能及時地對戰略進行相應的調整，則導致企業經營虧損，因而無法實現原定的戰略目標。關鍵在於分析和識別影響戰略的關鍵性因素，列舉影響戰略所有的環境因素，並按其重要性確定關鍵性影響因素。當關鍵的環境因素發生變化時，要對這些關鍵的環境因素對戰略影響做出評估與分析，根據影響的大小對原戰略作出相應的調整，只有這樣才能保證企業戰略目標得到有效的實現。

(3) 有效溝通性原則

所謂有效的溝通，是指信息發出方對信息進行有效的編碼，通過一定的媒介把信息傳遞給信息的接收者，使得發出方的信息與接收方信息達到完全一致。溝通是上下級和同級之間聯繫的橋樑。上級對戰略計劃的有效傳達，在戰略實施過程中至關重要。同時，下級對環境變動的因素和戰略執行的情況要及時向上級反饋。

11.2　組織結構與戰略實施

11.2.1　戰略與組織結構的關係

戰略與組織結構是相互聯繫和彼此影響的。戰略與組織結構匹配度越高，則戰略實施的效率就越高並且更加有效。組織結構既服務於戰略並制約著戰略的實施。

(1) 組織結構服從於戰略

戰略的變化必然要求組織結構做出相應的變化。錢德勒（A. D. Chandler）在研究美國杜邦、通用汽車和標準石油等公司的戰略與組織結構的演變過程中，發現組織結

構隨著戰略變化而變化。他認為，新的戰略實施會給企業管理帶來一些新問題，如導致組織績效水平的下降。要提高組織績效，就必須建立新的相適應的組織結構，促使戰略目標實現，如圖11-2所示。

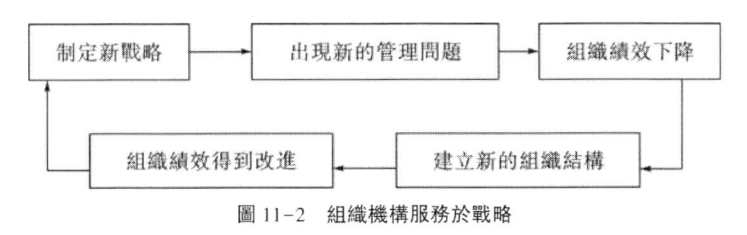

```
制定新戰略 → 出現新的管理問題 → 組織績效下降
    ↑                                    ↓
組織績效得到改進 ← 建立新的組織結構
```

圖11-2　組織機構服務於戰略

（2）組織結構制約著戰略

學術界普遍認為戰略的變化將導致結構的變化，結構的重新設計又能促使戰略的有效。有些學者則認為組織結構不僅隨著戰略的變化而變化，同時也會影響戰略。在實踐中，組織結構的變化會受到組織內外部環境的制約，並不是無限的隨著戰略的變化而變化。在戰略隨環境變化的同時，組織結構也對戰略起到一定的制約作用。

（3）組織結構服務於戰略調整的必要性

企業是一個開放系統，它存在於不斷變化的環境中。組織結構是企業內部任務分工協調的規範化形式，具有相對穩定性和慣性。組織結構的變革通常需要一個過程，一旦形成，具有相對穩定性。戰略可以直接隨著環境的變化而作出調整，與組織結構相比，它對環境的變化較為敏感。當企業外部環境變化時，戰略首先做出反應，隨後在必要時對組織結構作出相應的調整。

①戰略的先導性。企業戰略的變化先於組織結構的變化。企業管理者一旦意識到環境給企業帶來新的機遇時，他們會在戰略上作出反應。新的戰略需要一個新的組織結構與之匹配，至少在一定程度上調整原有的組織結構。反之，如果組織結構不作出或延緩作出相應的變化，都會影響新戰略的整體效能。

②組織結構的延后性和慣性。組織結構的變化通常慢於戰略的變化速度。人們通常習慣於原有溝通方式和崗位職責，對待新的組織結構，適應需要一個過程。同時，實施組織結構變革可能會損害到一部分人的地位、權力、安全感和利益，所以在實施過程中會遇到很大的阻力。

從戰略的先導性與組織結構的延后性和慣性可以得出，當影響戰略的關鍵環境因素發生變化時，企業首先要從戰略上作出調整。在新戰略下，組織結構變革不能操之過急，要正視組織變革延后性和慣性，但同時也要增強變革的動力，減少變革的阻力，來推動變革早些完成。

11.2.2　組織結構的基本類型

常見的組織結構類型主要有以下幾種：

（1）層次型組織結構

層次型組織結構通常包括職能型、事業部型和項目型，是目前最常見的企業組織

結構。

①職能型組織結構

職能型組織結構起源於斯密的勞動分工理論，盛行於泰勒的科學管理，該類型組織結構不需要太多的跨部門間的聯繫，組織系統中的信息流通常是縱向的，如圖11-3所示。

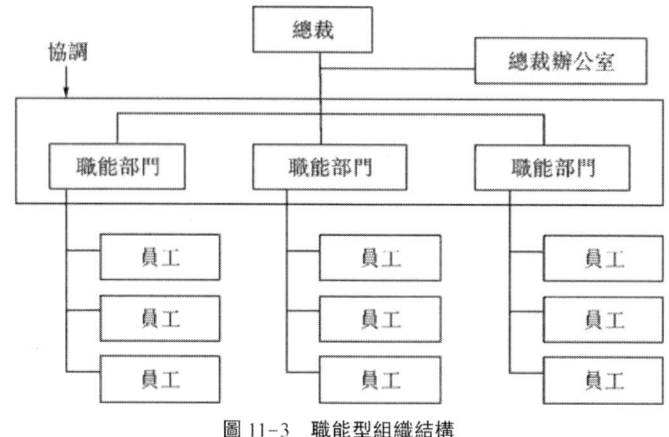

圖11-3 職能型組織結構

②事業部型組織結構

事業部型組織結構是第二種層次型組織結構，當企業發展到一定規模時，面臨多元化的需求，產品的種類也會相應地增多。在面臨多元化的選擇中，事業部型是比較適合的企業組織方式，如圖11-4所示。

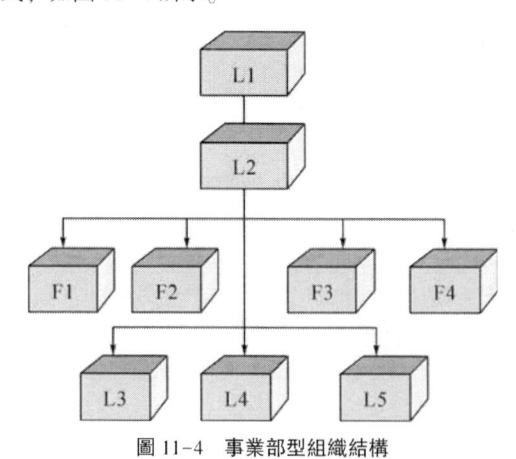

圖11-4 事業部型組織結構

專欄 11-1

事業部型組織的擴展

1. 超事業部制組織結構

20 世紀 70 年代中期，企業出現了事業部制的變種：超事業部制。其原因在於隨著大企業的迅速擴張，事業部越來越多。以通用電氣公司（GE）而言，自 20 世紀 50 年代初期共分 20 個事業部，到 1967 年便膨脹到 50 多個，這使得組織的協調成本加大。於是從 1971 年開始，通用電氣在最高領導和事業部之間設立了 5 個「超事業部」（執行部），統轄協調所屬事業部活動。

2. 區域式組織結構

區域式組織結構是根據組織的用戶所在的不同地區來對組織的結構進行整合，在結構中，每個地理單位包括所有的職能，以便在該地區生產和銷售產品。跨國公司常在世界不同的國家或地區設立自主經營的分部。當區域環境的高度差異性，技術非例行性，而區域又需要較全的功能支撐時，這種結構是最有效的。

3. 項目型組織結構

在現代經濟社會中，企業面對的是更加複雜多變的產品結構。於是有些企業乾脆把事業部改成項目部，如圖 11-5 所示。項目部比事業部更具環境適應能力。基於項目的一次性的特點，只要項目完成，項目部即告解散，或重新組合成新的項目。

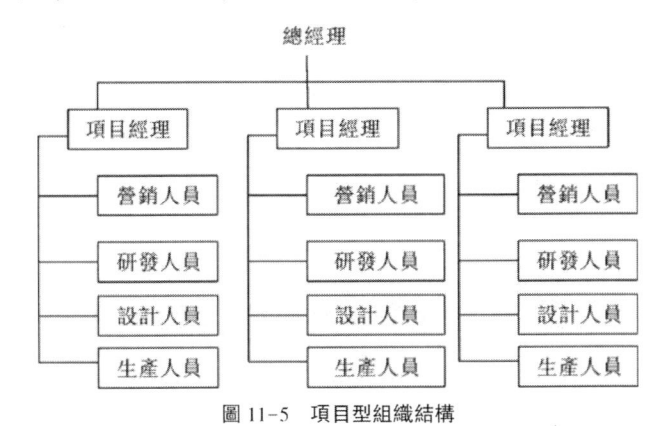

圖 11-5　項目型組織結構

4. 矩陣型組織結構

面對企業規模的擴大、產品類型的增多和信息技術的發展，又要保持一定的內部效率，矩陣型的組織結構是不錯的選擇，它往往能達到前面幾種組織結構無法實現的效果。矩陣型組織結合了職能型組織和項目型組織的優點，克服了兩者的缺點。它在職能式組織的垂直層次結構上，疊加了項目式組織的水平結構，如圖 11-6 所示。

專欄 11-2

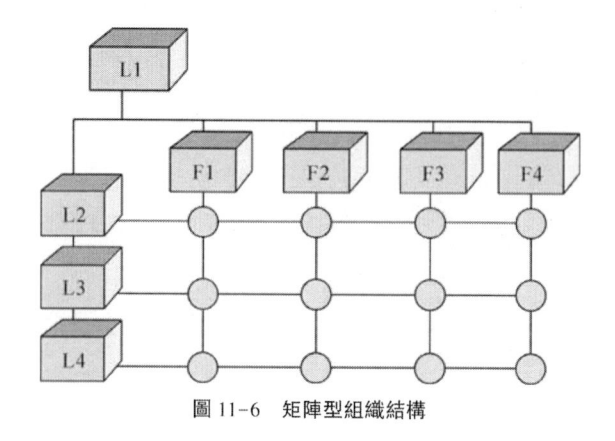

圖 11-6　矩陣型組織結構

矩陣型組織的擴展

1. 強矩陣型與弱矩陣型

強矩陣型組織結構是指把主要權力集中在產品經理手中；而弱矩陣型組織結構則是將主要權力集中在職能經理手中。

2. 多維立體型組織結構

多維立體型組織結構是由美國道—科寧化學工業公司（Dow Corning）於1967年首先建立的。它是矩陣型和事業部型機構形式的綜合發展，又稱為多維組織。在矩陣制結構（即二維平面）基礎上構建產品利潤中心、地區利潤中心和專業成本中心的三維立體結構，若再加時間維可構成四維立體結構。雖然其細分結構比較複雜，但每個結構層面仍然是二維制結構，而且多維制結構未改變矩陣制結構的基本特徵，多重領導和各部門配合，只是增加了組織系統的多重性。因而，其基礎結構形式仍然是矩陣制，或者說它只是矩陣制結構的擴展形式。

3. 網路型組織結構

網路型組織結構是在現代經濟社會中外部環境特別是信息技術不斷發展的條件下出現的，是一種靈活的、自適應的企業組織結構形式，如圖11-7所示。由於信息技術的出現，一方面信息傳遞的快捷使得企業的高層管理者可以直接與企業的職員對話，另一方面信息技術帶來的高效率專業服務可以把原來的一部分職能部門兼併到一起。這樣，企業就可以由較少的模塊或單元（Agent）構成，每個單元不但可以與企業內部的其他單元很方便地溝通，而且還可以直接接觸到充分的外部環境信息。

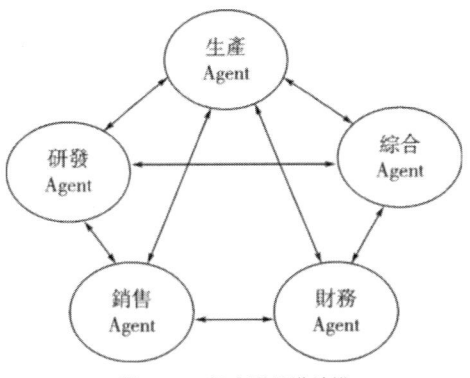

圖 11-7　網路型組織結構

4. 流程型組織結構

流程型組織是為了提高對顧客需求的反應速度與效率，降低對顧客的產品或服務供應成本建立的以業務流程為中心的組織，如圖 11-8 所示。

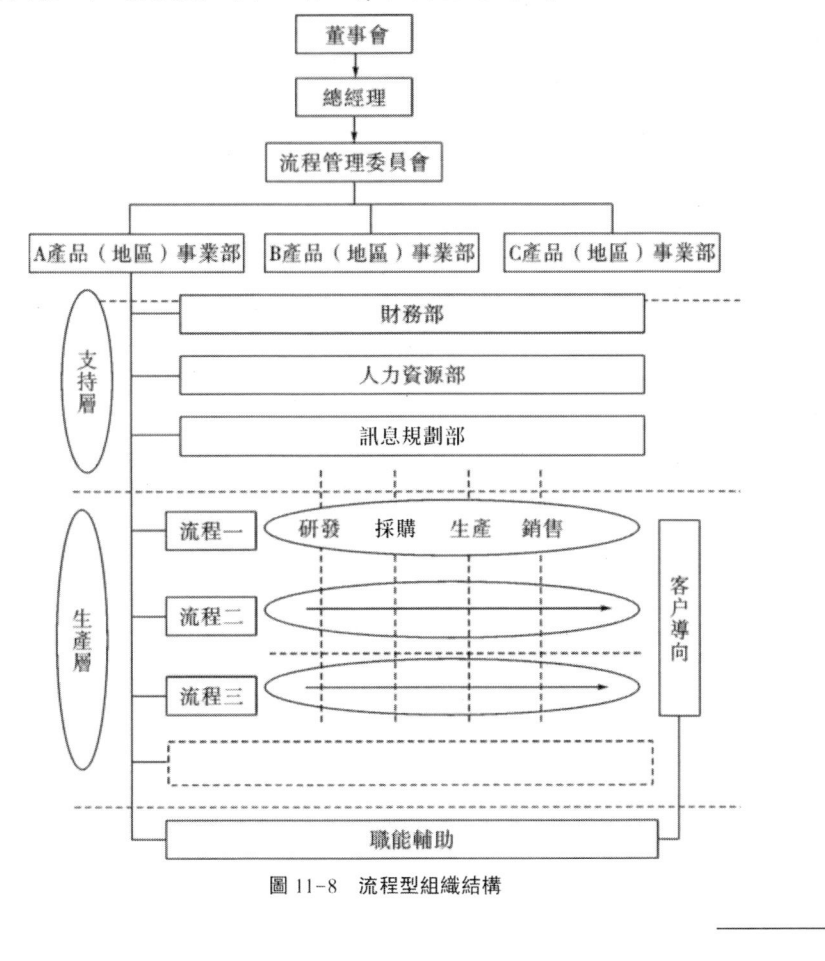

圖 11-8　流程型組織結構

11.2.3 戰略與組織結構的匹配

雖然「公司戰略決定其組織結構」，但是組織結構也反作用於企業戰略，兩者相互影響、相互制約。企業戰略決定組織結構，企業戰略具有前導性，而組織結構具有滯后性。企業戰略影響業務範圍，導致組織結構不同。企業戰略重點的改變又會引起組織中各部門與職務在組織中重要程度的改變，導致各管理職務及部門之間關係的相應調整，最后影響到組織結構的變動。組織結構反作用於企業戰略，組織結構對企業戰略的作用主要表現在：一是組織結構直接影響組織行為的效果和效率，從而影響企業戰略的實現；二是組織結構存在交易成本，要調整或重建組織結構，就要耗費大量的時間、人力、物力，會增加實施戰略的總成本；三是組織結構影響企業信息傳遞，若組織結構不能將信息及時由底層向高層傳遞，將影響組織戰略的制定和修正。

成功的企業，是制定了明確的發展戰略，並以有限的資源組合實現企業目標的企業。有效的企業戰略可指導建立組織結構，而合理的組織結構可保障企業戰略順利實施。鑒於企業戰略與組織結構的關係，在不同發展階段和經營環境下，企業應建立不同的組織結構。

（1）產品經營戰略與相應組織結構

不同產品經營戰略涉及的經營範同、集權程度等不同，對組織結構的需求也不同。

①專業化產品經營戰略。因產品品種單一、管理較簡單、管理人員較少。企業通常採用集權的直線職能制。

②主副業多元化產品經營戰略。企業生產和經營副產品，差別不大，但為了避免給主業形成干擾，企業通常採用附有單獨核算單位的職能制。

③限制性相關多元化（縱向一體化）產品經營戰略。企業因產業價值鏈上的各環節同時對外對內進行產品經營，一般實行有利於保持活力和控制的混合組織結構，即主要的集權職能部門加產品事業部。

④非限制性相關多元化（共享價值鏈中某一環節）產品經營戰略。共享價值鏈某一環節的企業，大多適用於徹底分權的事業部制。

⑤無關多元化產品經營戰略。由於企業主要共享的是無形資源，因此對這種產品經營戰略，企業通常實行母子公司制，以避免總部對相關業務過度干預。

（2）基本競爭戰略與相應的組織結構

基本競爭戰略是指成本領先戰略、差異化戰略和集中化戰略，不同戰略對集權程度、規範化程度、標準化程度均有不同的要求。

①成本領先戰略。需要組織結構提高效率，要求高強度的集權，嚴格實行成本控制，執行標準化的操作程序，建立高效率的採購和分銷系統，進行嚴密的監督，實行有限的員工授權。

②差異化戰略。組織結構應具有靈活性和彈性，強調橫向協調，擁有強大的研發能力。樹立密切聯繫顧客的觀念，建立為顧客服務的機制，鼓勵員工不斷學習，增強他們的創造性和創新性。

③集中戰略。企業只為產業內一個或一組市場細分服務，要求高層指導與下屬

特定戰略目標相結合；密切與顧客的關係，衡量為顧客提供服務和維護顧客的成本；強調提高顧客的忠誠度；加大員工與顧客接觸的授權獎勵。

(3) 邁爾斯和斯諾組織戰略與組織結構

邁爾斯和斯諾提出了以組織戰略、市場環境、組織目標之間的匹配為基礎的三種戰略類型和相應的組織結構。

①防守型戰略。組織目標：保持並擴大產品的市場份額，追求穩定和效益。組織結構特徵：致力於改善內部管理，提高經營效率，降低成本，專業化、規範化、集權化的程度較高，相應地組織結構強調管理的規範性和嚴格的等級制度，以嚴密的控制、統一的行動提高工作效率，一般會採用以集權的職能式為主的組織結構。

②進攻型戰略。組織目標：追求具有快速、靈活的反應能力。組織結構特徵：松散型、勞動分工程度、規範程度低；分權化，以事業部式組織結構為主。

③分析型戰略。組織目標：追求穩定效益與靈活性相結合。組織結構特徵：進行適當的集權控制，對現有的活動實行嚴格控制；對一些部門採取讓其分權或相對獨立的方式，通常建立分權與集權、機械性與有機性相結合的混合式或矩陣式組織結構

專欄 11-3

聯想集團戰略與結構的匹配

聯想集團之所以成為在國際市場上競爭力較強的企業，其中戰略和組織結構調整作出了很大貢獻。聯想集團進行過四次大戰略和組織結構調整。聯想集團成立初期，企業規模小，其目標是開發出一種產品或服務以求生存。為了保持組織的靈活性和快速決策能力，採用了非正規化的簡單結構，由總經理直接指揮，權力高度集中。但隨著企業規模逐步擴大，高層領導者需要處理的問題日益增多，於是實行了「集中指揮，分工協作」的直線職能制，適應了當時市場需求多樣化和進軍海外市場的要求。聯想集團在 1990 年獲得 PC 機生產許可證後，直線職能制難以適應規模、業務和經營區域擴大及多樣化、國際化的要求。為了實施「發展戰略」，聯想集團將經營部門按產品劃分為 14 個事業部，建立了多中心事業部制的組織結構，這一轉變成為其走向成熟的重要標志。聯想集團在 20 世紀 90 年代中後期，為了解決在世界存儲器市場劇烈動盪下，北京和香港沒有一個統一的指揮中心等問題，進行了一系列組織結構調整，進一步完善了公司總部和事業部的集權、分權體系，建立地區平臺，整合後設立了 6 大業務部門，形成了以產品事業部為基礎、以地區平臺為全國性網路基礎的新的「艦隊結構」。聯想集團在 2004 年服務上沒有突破時，調整了企業戰略，把技術、服務、國際化作為戰略目標，提出先做好兩元化，再發展多元化的方針；統一了中央市場部，把 7 個銷售大區細分為 18 個分區，實行組織結構扁平化，減少管理層次；將 6 大業務群組調整為 3 大業務群組。調整後的組織結構為：在 CEO 領導下，建立市場系統，運作系統，研發系統，營運系統；信息產品業務群，移動通信業務群，IT 服務業務群，國際業務，其他業務；中央企劃系統，中央職能系統，管理平臺。

資料來源：姜豔、黃桂萍. 企業戰略與組織結構如何匹配 [J]. 經營與管理，2010, (9).

(4) 企業戰略與組織結構的匹配措施

①選擇與企業戰略相適應的組織結構。企業在選擇組織結構前，要對企業戰略的特點進行認真的分析，對組織結構類型的優缺點進行比較，結合自身所處的環境、發展階段、發展戰略，選擇最合適的組織結構類型。有200多年歷史的杜邦公司的成功秘訣，就是根據環境變化制定新的經營戰略，然后正確選擇組織結構以適應變化。

②對各項業務進行認真分析。企業應認真分析各項業務，根據企業戰略要求區分核心業務和非核心業務，並將業務分配到組織結構中的相關位置。如將核心業務分配給企業組織的核心單位，以獲得必要的資源和組織影響力，促進戰略的實施。

③根據企業戰略的變化進行組織結構調整。企業生存在一個複雜多變的環境中，需要根據實際需求調整企業戰略。企業戰略與組織結構是一個動態變化的過程，若將兩者孤立起來，企業不可能成功。因此，當企業戰略發生變化時，必須進行相應的組織結構調整。

④加強企業文化建設。企業文化是員工共同遵守的價值準則，相當於企業的「魂」。企業戰略與組織結構僅僅在「形」上相匹配是不夠的，還要加強企業文化建設，以使兩者在「神」上相匹配，保障企業在競爭中獲得成功。

11.2.4 組織結構的戰略創新趨勢

組織結構追隨戰略，戰略通過組織結構來實現。環境因素對組織結構起著至關重要的影響。隨著經濟全球化，企業面臨著全球化的競爭。為了適應全球化競爭趨勢，組織結構正在呈現出一些新的特點。

(1) 扁平化

組織結構扁平化即減少管理層次，擴大管理幅度。傳統管理體制中的組織結構趨向於等級森嚴的金字塔結構。這種結構最大的特點就是層次多，信息傳遞鏈長，應變能力差。因此，這種組織結構已不再適應新的競爭形勢下企業發展的要求。組織結構扁平化成為當今企業組織結構的發展新趨勢。信息技術的發展使組織結構扁平化發展成為可能。信息技術的發展使企業更加有效地獲取信息、傳遞信息和處理信息，為組織結構扁平化提供了物質技術基礎和手段。對人性的看法是組織結構扁平化發展的一大動力，傳統企業把員工看做缺乏創造性、沒有責任心和不具有任何管理能力的勞動者。因此，採取命令—支配型管理方式，很少授權。這種組織結構極大地壓抑了組織員工的積極性、主動性和創造性。現代企業主張發揮人的積極性、主動性和創造性，充分授權，激發員工工作熱情，培養員工自主工作能力與協調能力，提高企業的市場應變能力。因此，組織結構扁平化成為趨勢。

專欄 11-4

組織結構的創新與發展

為了適應經濟環境和競爭環境的變化，企業組織結構呈現出多樣性，但其發展方向和趨勢是扁平化的。所謂企業組織結構扁平化，是一種通過減少管理層次，壓縮職

能機構，裁減人員，使組織的決策層和操作層之間的中間管理層級越少越好，以便使組織最大可能地將決策權延至最遠的底層，從而提高企業效率的一種緊湊而富有彈性的新型團隊組織。它具有敏捷、靈活、快速、高效的優點。

目前國際上有很多公司都大刀闊斧地壓縮管理層次，擴大管理幅度，通過組織結構扁平化來提高企業競爭優勢。例如，美國的通用電氣公司通過「無邊界行動」及「零層次管理」，即組織結構的扁平化，使公司從原來的24個管理層次壓縮到現在的6個層次，管理人員從2,100人減少到1,000人，雇員人數由41萬減少為29.3萬，瓦解了自20世紀60年代就根植於通用公司的官僚系統。這樣不但節省了大筆開支，還有效地改善了企業的管理功能，企業效益也大大提高，銷售額由200億美元增加到1,004億美元，利潤也大幅度增長。

中國已經有一些企業進行了組織結構扁平化方面的嘗試與創新，並且取得了很好的效果。例如，海爾集團根據國際化發展思路及時對組織結構進行了戰略調整，對原有的職能結構和事業部進行了重新設計，把原來的職能結構轉變成流程網路結構，把垂直業務結構轉變成水平業務流程，形成首尾相接、連貫完善的新業務流程，海爾在流程化的基礎上，用市場鏈把各流程有效地咬合起來。海爾的實踐結果證明，實行扁平化后企業達到「三個零」，即顧客零距離、資金零占用和質量零缺欠，使海爾的經營進入了更高的層次。

資料來源：康麗，張燕. 企業戰略管理［M］. 南京：東南大學出版社，2012.

（2）網路化

組織網路化有廣義和狹義之分。廣義的組織網路化，是指一些獨立的相關企業通過長期契約和股權的形式，為達到共享技術、分攤費用以及滿足市場需求等目標，發揮各自專長，基於現代信息技術而聯結起來形成的一種合作性企業組織群體。狹義的組織結構網路化是指企業中的多個部門組合成相互合作的網路，各網路結點通過密集的多邊聯繫、互利和交互式的合作來完成共同追求的目標。

隨著市場競爭的日益激烈，龐大的規模和臃腫的組織機構極大地阻礙了橫向機構之間的協調與溝通。網路化趨向在精簡機構和縮小經營範圍的基礎上，對企業的組織結構進行重新構建，打破原有的層級模式，組建由小型、獨立自主的經營單元構成的網路化組織。同時，為了提高市場競爭能力，企業趨向於聯合和併購，使組織結構呈現出橫向一體化為特徵的網路化趨勢。

（3）虛擬化

組織結構的虛擬化是在信息技術的基礎上，依靠發達的網路技術把供應商、生產商、銷售商甚至競爭對手等獨立的企業連接成一個臨時性網路，其主要目的就是共享技術、聯會開發、共攤費用。虛擬化是針對企業的某項虛擬功能而言的，是功能的虛擬化。企業可以借用外力來實現自身某一薄弱的功能，使組織內部資源優勢與外部資源優勢得到有效整合，避免企業內部某一功能弱化或缺失而影響企業的發展。

（4）柔性化

柔性化是指組織內部積極參與國際變化，對突發變化能不斷做出反應以及根據可

預期變化的意外結果迅速調整自身的能力。由於全球競爭壓力和環境的變化，無論是工商界還是公共組織，都發動了向新組織形式轉變的運動。新組織形式一般是一種具有較強的彈性、靈活性、適應性、反應力的組織形態。可以把這種反應敏捷、富有彈性的組織形態稱作「柔性化」組織形態。柔性同適應性一樣是指連續地做出臨時性調整，因此，在複雜、動態的環境下，組織環境的持續優化對企業成長和發展至關重要。

（5）團隊性

羅賓斯認為：團隊就是由兩個或者兩個以上相互作用、相互依賴的個體，為了特定目標而按照一定規則結合在一起的組織。近年來團隊建設一直是西方企業進行組織變革關注的焦點。每個團隊的成員擁有共同的宗旨、績效目標，並且共同承擔責任。高效團隊的主要特徵：①清晰的目標。高效的團隊對所要達到的目標有清楚的瞭解，並堅信這一目標包含著重大的意義和價值。②相關的技能。高效的團隊是由一群有能力的成員組成的，他們具備實現理想目標所必需的技術和能力，而且相互之間有能夠良好合作的個性品質，從而出色地完成任務。③相互的信任。成員間相互信任是有效團隊的顯著特徵，也就是說，每個成員對其他人的品行和能力都確信不疑。④一致的承諾。高效的團隊成員對團隊表現出高度的忠誠和承諾，為了能使群體獲得成功，他們願意去做任何事情。⑤良好的溝通。毋庸置疑，這是高效團隊必不可少的特點。群體成員通過暢通的渠道交流信息，包括各種言語和非言語信息。⑥談判技能。以個體為基礎進行工作設計時，員工的角色由工作說明、工作紀律、工作程序及其他一些正式文件明確規定。但對於高效的團隊來說，其成員角色具有靈活多變性，總在不斷地進行調整。這就需要成員具備充分的談判技能。⑦恰當的領導。有效的領導者能夠讓團隊跟隨自己共同度過最艱難的時期，因為他能為團隊指明前途所在。他們向成員闡明變革的可能性，鼓舞團隊成員的自信心，幫助他們更充分地瞭解自己的潛力。

（6）學習性

知識經濟迅速崛起，對企業提出了嚴峻的挑戰。企業要想始終保持競爭優勢，就必須持續不斷地學習和創新。學習型組織最初的構想源於美國麻省理工大學佛瑞斯特教授。所謂學習型組織是一個能熟練地創造、獲取和傳遞知識的組織，同時也要善於修正自身的行為，以適應新的知識和見解。它能為企業的發展注入活力，能為組織內部員工個人成長和發展創造一個很好的學習機制。這個學習機制使個人、團隊和整個組織得到共同發展。

11.3 公司治理與戰略實施

公司治理是指存在於企業的利益相關團體，尤其是股東和高層管理團隊之間的一種結構關係以及由此所決定的制度安排，這種結構關係和制度安排將主要用於控制代理成本，決定和控制一個企業的戰略和績效。合理的公司治理將有利於保證股東對企業予以足夠的關心，並且能夠通過董事會有效地發揮作用，促使企業高層管理者願意做出最有利於企業長期發展的戰略決策。公司治理可以分為外部治理和內部治理，考

慮到企業戰略管理者可以發揮作用的範圍，本節主要介紹公司治理機制對戰略實施過程決策的影響。

在現代企業的發展過程中，所有權和經營權的分離無疑是一個非常重大的歷史進步，它給了現代企業無限的發展潛力。但是，所有權和經營權的分離也同時造成了代理問題，這是導致企業戰略管理過程中出現戰略失誤和行為不恰當的最重要的原因。只要企業戰略管理者想做不利於股東的事情，他們總是可以想出辦法。只要企業戰略管理者不想為股東利益最大化而盡力，他們隨時可以找到足夠的理由。因此合理的公司治理必須注意處理好以下幾方面的問題，從公司治理結構的安排上降低企業戰略管理者「謀私」「不作為」的可能和所造成的損失。

11.3.1 股權結構

根據《中華人民共和國公司法》，股東代表大會是公司的最高權力機構，並且依照《中華人民共和國公司法》將行使對企業戰略選擇和經營績效具有重大影響的若干職權，包括決定公司的經營方針和投資計劃；選舉和更換非由職工代表擔任的董事、監事，決定有關董事、監事的報酬事項；審議批准董事會、監事會或者監事的報告；審議批准公司的年度財務預算方案、決算方案；審議批准公司的利潤分配方案和彌補虧損方案；對公司增加或者減少註冊資本作出決議；對發行公司債券作出決議；對公司兼併、分立、解散、清算或者變更公司形式作出決議；修改公司章程以及公司章程規定的其他職權。

研究表明，股權結構過於集中，例如股權全部集中在一個股東手上，並不是合理的公司治理安排。如果企業各個相關利益團體之間缺乏制衡機制，那麼股東個人利益對企業經營的影響就難以得到控制，企業管理者也很難有效發揮職業經理的作用。但是，股權過於分散，例如股權高度分散於幾百萬個股東手中，也不是合理的公司治理安排。股權的過於分散會導致股東既不會關心企業，又不懼怕風險，此時企業很容易出現「內部人控制」。因此，合理的公司治理安排必須讓股東對企業予以足夠關心，同時令各個利益團體的利益形成制衡，股東也能夠對管理者的戰略決策予以足夠的監督和參與。考慮到證券市場的有關規定，越來越多的企業希望引入機構投資者，在保證公司股權適度集中的同時，有效地利用專業投資機構的知識和能力。

11.3.2 董事會

董事會是公司股東大會選舉產生、代表股東大會行使權利的公司經營決策和管理機構。董事會的主要職責是：負責召集股東會；執行股東大會決議並向股東大會報告工作；決定公司的生產經營計劃和投資方案；決定公司內部管理機構的設置；批准公司的基本管理制度；聽取總經理的工作報告並做出決議；制訂公司年度財務預算、決算方案和利潤分配方案、彌補虧損方案；對公司增加或減少註冊資本、分立、兼併、終止和清算等重大事項提出方案；聘任或解聘公司總經理、副總經理、財務部門負責人，並決定其獎懲等。

一個企業董事會能否有效運作將在很大程度上決定企業戰略決策的有效性和效率。

因此，世界各個國家，尤其是中國上市公司，一直致力於：①增加董事會成員的構成和知識背景，使之不僅能夠代表各個相關團體的利益，又能夠匯集企業戰略決策所需要的知識和經驗；②增加董事會成員的知情權，使董事會成員瞭解企業情況，企業有責任向董事提供所要求的信息，同時董事必須主動瞭解有關的信息；③加強對董事會，尤其是外部董事參與企業決策活動的監督和記錄。只有成員結構合理、內外信息對稱以及成員願意盡職盡責，董事會才更有可能保證企業在戰略實施過程中的決策正確和行為恰當。

在企業戰略決策中，董事會與高層管理者的關係也是一個非常重要的公司治理問題。如前所述，雖然董事會與高層管理者在企業戰略決策中的分工有所不同，但是，高層管理者的作用「略大」可能是更為合理的治理安排。首先，董事會不應消極地參與企業的戰略決策，但是又不能夠過於積極地地參與企業的戰略決策，董事會的主要職責首先應該是形成企業的戰略意圖與宗旨；其次，是要將合適的人安置到企業高層管理者的位置上，並且通過合適的激勵和監督去保證他們能夠和願意提出正確的計劃和方案；最後，還需要具備相應的信息和知識去判斷企業高層管理者所提出的計劃和方案是否正確。

11.3.3 高層管理者的激勵機制

所有權和經營權的分離客觀上形成了股東和管理者之間的委託代理關係和委託代理問題。例如，股東一般偏好相對集中經營，而管理者則相對偏好多元化經營，這種偏好差異的存在就是各自立場和利益不同所導致的典型的委託代理問題。如果這個問題解決不好，管理者在戰略實施過程中就會無心甚至有意出現一些決策失誤和行為不當的情況。例如，過分多元化不僅會導致股東收益下降，更重要的還會威脅股東財產的安全。在越來越動態的條件下，股東很難監督企業管理者決策的正確性和行為的恰當性。這是因為：首先，高層經理所做的戰略決策通常非常複雜並且沒有規律性，僅僅通過對高層經理的直接監控並不能有效地判斷他們決策的質量。其次，高層經理的決策對公司財務狀況的影響要在一定時期后才能表現出來，從而造成很難評估現有決策對公司未來業績的影響。實際上公司戰略決策對公司長期業績的影響要大於其對公司短期業績的影響。最後，高層經理的決策及行動和公司的實際表現之間的關係還受到許多不確定因素的影響。不可預見的經濟、社會或法律的變動，會造成對決策效果評估的難度加大。

在解決股東與管理者的代理問題上，股東們採取的還是以激勵為主、懲罰為輔的方法。首先，董事會要確定企業高層管理者的工資和辦公條件等方面的待遇。這種待遇主要是與其佔據的「位置」有關，包括位置的價值和相應的工作及生活待遇。其目的是希望企業高層管理者基於對「位置」的珍重，而善待股東和其他利益團體的利益。其次，董事會要考慮給予企業高層管理者一定的獎金，這種激勵是與企業的短期（一般是年度）績效的超預期增長掛鉤。當然，這種激勵不應該構成管理者收入的主要部分，因為其容易導致企業管理者在戰略決策中的短期行為。最後，董事會還應考慮給予企業高層管理者一些長期激勵，如股權、期權激勵等，目的是讓高層管理者在決策

過程中多考慮企業和股東的長期利益。除此之外，股東可能還會提供給企業高層管理者很高的退休金或者退休以後的其他社會或者福利方面的待遇，其目的同樣是希望將管理者個人的長久幸福與企業、股東的長期利益掛勾，不要因為個人利益而做不利於員工的事情。

高層管理者的激勵問題不僅適應於企業高層管理者，同樣也適用於企業的中層管理者，例如產品事業部或者區域事業部的管理者。如果企業進入的行業或者區域是自己不熟悉的或者難以控制的，那麼企業董事會同樣應該考慮給予他們一定的長期激勵，因為他們需要在董事會所不瞭解的行業或者市場上進行管理，需要大膽而富於創新地做出很多重要的戰略決策。如果不能夠讓他們與股東的利益掛勾，那麼他們就很難具備做出這些重大決策的長期考慮和創新精神。

11.4　企業文化與戰略實施

加強企業文化建設，保證企業文化同企業宗旨、理念、目標統一，是企業戰略實施成功的一個重要環節。通過企業文化的導向、激勵和凝聚作用把員工統一到企業的戰略目標上是戰略實施的保證，因此企業文化應適應並服務於新制定的戰略。但由於企業文化的剛性較大，且具有一定的持續性，當新戰略要求企業文化與之相匹配時，企業原有文化的變革會非常慢，舊的企業文化常常會對新的戰略實施構成阻力。中國一些企業在戰略實施過程中，常常忽視企業文化建設，這會影響戰略實施的效果。

11.4.1　企業文化的含義

企業文化是企業內部的一種共享價值觀體系，是企業全體職工在長期的生產經營活動中培育形成並共同遵循的最高目標、價值標準、基本信念及行為規範，它在很大程度上決定著員工的行為。

麥肯錫（McKinsey）公司提出的「7S」模型認為，企業為了保證戰略的成功實施，必須整合七個方面的因素，其中包括戰略（Strategy）、結構（Structure）、制度（System）、共同價值觀（Shard Value）、作風（Style）、人員（Staff）和技能（Skill）。企業成員共同的價值觀處於中心地位，表明它所具有的導向、約束、凝聚、激勵及輻射作用，可以激發全體員工的熱情，統一企業成員的意志與慾望，齊心協力地為實現企業的戰略目標而努力，如圖11-9所示。

企業文化是一種管理文化、經濟文化及微觀組織文化，包括以下四個方面的內容：

（1）企業的最終目的或宗旨

企業是一個經濟實體，必須獲取利潤，儘管盈利是企業生存和發展的基礎和必要條件，但不能把盈利作為企業的最終目的或宗旨。企業經營實踐證明，單純把盈利作為最終追求，往往適得其反。世界上比較優秀的企業，大都以為社會、顧客、職工服務等作為最高目標或宗旨。例如，奇瑞汽車公司的宗旨為：自主創新，世界一流，造福人類；用戶第一，品質至上，效益優先；目標管理，規範流程，持續改進；以人為

图 11-9 麦肯锡的「7S」模型

本、誠信合作、勤儉廉潔。
　　(2) 共同的價值觀
　　所謂價值觀，就是指人們評價事物重要性和優先次序的一套標準。企業文化中所講的價值觀是指企業中人們共同的價值觀。共同的價值觀是企業文化的核心和基石，它為企業全體員工提供了共同的思想意識、信仰和日常行為準則，這是企業取得成功的必要條件。因此，優秀的企業都十分注意塑造和調整其價值觀，使之適應不斷變化的經營環境。例如，聯想公司的核心價值觀為：成就客戶——致力於客戶滿意與成功；創業創新——追求速度與效率，專注於對客戶和公司有影響的創新；精準求實——基於事實的決策與業務管理；誠信正直——建立信任與負責任的人際關係。
　　(3) 作風和傳統習慣
　　作風和傳統習慣是為了達到企業最高目標和價值觀念服務的。企業文化從本質上是講員工在共同的聯合勞動中產生的一種共識和群體意識，這種群體意識與企業長期形成的傳統和作風關係極大。例如，海爾的名牌戰略和多元化戰略都是與其「迅速反應，馬上行動」的作風分不開的；樹立全球化戰略目標后，海爾又提出了「人單合一，速決速勝」的新的工作作風。
　　(4) 行為規範和規章制度
　　如果企業文化中的最高目標和宗旨、共同的價值觀、作風和傳統習慣是「軟件」，那麼行為規範和規章制度就是企業文化的「硬件」，在企業文化中「硬件」要配合「軟件」，使企業文化在企業內部得以貫徹。例如，沃爾瑪規定主管必須參與商店拜訪、與顧客交談、詢問員工的建議。

11.4.2　企業文化與戰略的關係

　　在企業戰略管理中，企業文化與企業戰略的關係主要表現在以下三個方面：

(1) 優秀的企業文化是企業戰略獲得成功的重要條件

優秀的企業文化能夠突出企業的特色，形成企業成員共同的價值觀念，而且企業文化具有鮮明的個性，有利於企業制定出與眾不同的、克敵制勝的戰略。

(2) 企業文化是戰略實施的重要手段

企業戰略制定以後，需要全體成員積極有效地貫徹實施，正視企業文化的導向、約束、凝聚、激勵及輻射等作用，激發員工的熱情，統一企業成員的意志及慾望，為實現企業的目標而努力奮鬥。

(3) 企業文化與企業戰略必須相互適應和相互協調

企業戰略制定以後需要與之相配合的企業文化的支持，如果企業原有的文化與新的戰略存在很大的一致性，那麼新戰略實施就很順利。如果原有的企業文化與新制定的戰略有衝突，則新戰略的實施就會遇到困難，這時需要變革企業文化使之適應新戰略的需要。但是，一個企業的文化一旦形成以後，要對企業文化進行變革難度很大，也就是說企業文化具有較大的剛性，而且它還具有一定的持續性，在企業發展過程中會逐漸得以強化。因此，從戰略實施的角度來看，企業文化要為實施企業戰略服務，又會制約企業戰略的實施。當企業制定了新的戰略要求企業文化與之相配合時，企業的原有文化變革速度非常慢，很難馬上對新戰略做出反應，這時企業原有的文化就有可能成為實施新戰略的阻力。因此，在戰略管理的過程中，企業內部新舊文化的更替和協調是保證戰略順利實施的重要條件。

11.4.3 企業文化與戰略的匹配

為了建立與戰略相匹配的企業文化，首先需要明確現有的企業文化是否與戰略相匹配，企業文化中哪些方面能夠支持戰略的實施，哪些不能支持戰略的實施，並且要對那些需要改變的文化進行公開說明，並採取行動進行改變。對於不符合戰略需要的企業文化進行改變並不是一蹴而就的事情，需要採取一系列的行動。例如，採取標杆管理和最佳方法，設立一流的業務目標，不斷改進業務流程和經營績效；吸引符合企業文化的新人，取代傳統的管理者，這是改變文化的一種快捷的方式；改變組織結構，改變獎懲制度，加強員工培訓，重新配置資源，縮小或擴大企業規模，這些行動都能夠對企業文化產生重要的影響。

由上述企業文化與戰略的關係可以看出，要想成功實施企業戰略，一定要有與之相匹配的企業文化。企業在進行戰略實施時，企業的各種組織要素（如結構、技能、生產、運作等）會發生變化，這些變化與目前企業文化之間的一致性或低或高。以縱軸表示各種組織要素的變化程度，橫軸表示組織要素發生的變化與目前企業文化相一致的程度，這樣組成四個象限的矩陣，處於不同象限的企業文化與戰略匹配呈現出四種不同的模式，如圖 11-10 所示。

第一象限以企業使命為基礎，指企業實施一個新戰略，組織要素會發生很大的變化，但這些變化與企業目前的文化有潛在的一致性。這種企業由於有企業文化的大力支持，實行新戰略沒有太大困難，一般處於較有前途的地位。

企業在進行重大變革時，必須考慮以企業使命為基礎。主要體現在：高層管理人

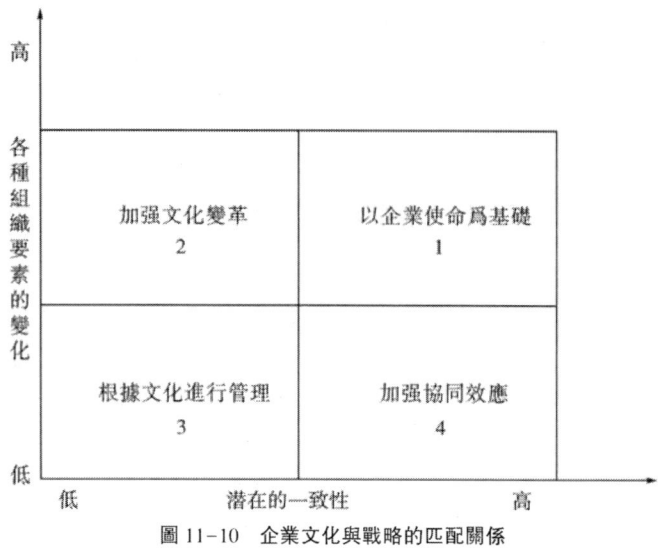

图 11-10　企业文化与战略的匹配关系

　　员在处理战略与企业文化关系的过程中，一定要注意到企业的任务可以发生变化，但战略的变化不能从根本上改变企业的基本性质和地位，因为仍然与企业原有文化保持着不可分割的联系；企业可以发挥企业现有人员的作用，因为这些人员保持着企业原有的价值观念和行为准则，这样可以保证企业在原有文化一致的条件下实施变革；在必须调整企业奖惩制度时，要注意与目前企业的奖励措施相连接；企业高层管理者要著重考虑与企业原有文化相适应的变革，不要破坏企业已经形成的行为准则。

　　第二象限需要加强文化变革，表示企业实施一个新的战略时，组织要素发生了很大的变化，而且这些变化与企业现有文化很不一致。在这种情况下，企业的高层管理层要下定决心进行变革，并向全体员工讲明变革企业文化的意义。为了形成新的企业文化，下定决心进行变革，并向全体员工讲明变革企业文化的意义。为了形成新的企业文化，企业要招聘一批具有新的企业文化意识的人员或在企业内部提拔一批与新企业文化相符的人员；企业要奖励具有新企业文化意识的分部或个人，以促进企业文化的转变；企业要让全体职工明确新企业文化所需要的行为，要求企业职工按照变革的要求进行工作。

　　第三象限需要根据文化进行管理，是指企业实施新战略时，组织要素变化不太大，但这些要素的变化却与企业现有文化不太协调。在这种情况下，企业的高层管理者需要在不影响企业总体文化一致的前提下，对某种经营业务实施不同的文化管理，但同时要注意加强全局性协调。因此，企业要对于企业文化密切相关的因素进行变革时，根据文化的不同要求进行分别管理是一个重要手段。

　　第四象限是加强协同效应，表示企业实施一个新战略时，组织要素变化不大，而且这种变化与企业原有变化一致。在这种情况下，高层管理者可以利用目前的有利条件，鞏固和加强企业自己的企业文化，并且利用企业文化相对稳定及持续性的特点，

充分發揮企業文化對戰略實施的促進作用，加強兩者之間的協同效應。

需要注意的是，原有企業文化持續時間越久，則企業文化變革就越困難；企業規模越大、越複雜，則企業文化的變革就越困難；原有企業文化越深入人心，則企業文化變革就越困難。但不管改變企業文化的難度如何，如果實施的戰略與原有的文化不相匹配，就必須要考慮決策。企業高層高層管理應該認識到，急遽地、全面地改變企業文化在多數情況下難以辦到，但逐步地調整也不是不可能。當然，這是一個耗費時間和精力的過程。因此有人認為改變企業文化的最方便的辦法是更換人員，甚至是更換企業高層管理者，即當企業的確有必要實行新的戰略，而漸進式改變企業文化的措施又不能立即取得預期的效果，這時企業只能做重大的人事變動，更換領導人員，聘用新的工作人員，並對他們灌輸新的價值觀念。對企業職工要加強教育和培訓，抓住每一個機會不斷使職工理解實施新戰略的必要性及重大意義，最終使新戰略與職工的價值觀念達成一致，從而實現企業文化的變革。

本章小結

1. 戰略實施，即戰略執行，是為實現企業戰略目標而對戰略規劃的實施與執行。企業在明晰了自己的戰略目標後，就必須專注於如何將其落實轉化為實際的行為並確保實現。成功的戰略制度並不能保證成功的戰略實施，實際做有一件事情（戰略實施）總是比決定做這件事情（戰略制定）要困難的多。

2. 組織結構既是企業戰略實施的工具又是企業總戰略的子戰略，其設置與變革必須服從於企業總體戰略。適應企業戰略的組織結構是戰略實施保障，不適應戰略的組織結構則是戰略實施的障礙。

3. 公司治理對戰略實施的影響，回答了在管理權和經營權相分離的現代企業中，企業戰略管理如何在既定的公司治理制度框架內運作、戰略決策機制如何運行等問題。

4. 企業文化是企業特有的文化形象，是在長期經營管理實踐中形成並為成員共享的穩定獨特的指導思想、發展戰略、文化觀念、道德規範、經營精神和風格。企業文化引導企業戰略定位，是企業戰略實施的關鍵支撐。企業文化與企業戰略是相互影響、相互促進、相互約束的關係。

思考題

1. 如何理解戰略實施的應變性原則？
2. 企業組織結構對戰略實施有什麼影響？
3. 如何建立企業文化與戰略的匹配關係？
4. 怎樣才能使組織結構與企業戰略相適應？
5. 為什麼說建立優秀的企業文化應該成為企業的一個戰略？

12　戰略控制與戰略變革

學習目標：

1. 瞭解戰略控制的含義和類型；
2. 掌握戰略控制的過程及戰略控制工具的應用；
3. 瞭解戰略變革的基本含義和類型；
4. 掌握戰略變革的過程及戰略變革應注意的問題。

案例導讀

沃爾瑪的戰略控制系統

總部設在阿肯色本頓維爾的沃爾瑪公司是世界上最大的零售商，2004年銷售額為800億美元。它的成功基於創始人山姆·沃頓實施商業模式的方法。沃頓要求所有的經理在工作中採取親力親為的風格並且充分獻身於沃爾瑪的主要目標，他將之定義為全面顧客滿意。為了激勵員工，沃頓創立了一個複雜的控制系統和向各級員工公布員工和企業績效的文化。

首先，沃頓設計了一項財務控制系統，逐日向經理們提供商場經營績效的反饋。通過複雜的全公司範圍內的衛星系統，本頓維爾總部的公司經理可以評估每家商場和商場內每個部門的績效。有關商場利潤和商品週轉率的信息每天都會提供給商場經理，然后再由商場經理發布給62.5萬名員工（稱為合夥人）。通過信息分享，沃爾瑪鼓勵所有的合夥人學習零售業務的基本要素，從而可以在工作中加以改進。

如果商場表現不佳，經理們和合夥人們就會進行檢查，找出改進的方法。沃爾瑪的高層經理定期走訪有問題的商場，提供專業意見。高級管理人員每個月都會用公司的飛機巡視各地的沃爾瑪商場，從而把握公司的脈搏。沃爾瑪公司的高層管理者還習慣於在週末開會討論本周的財務成果和未來的影響。

其次，沃頓堅持在績效和獎勵之間建立聯繫。每個經理的個人績效表現為能否完成具體的目標，績效決定了經理的工資上漲和晉升機會（升遷到更大的商場或公司總部，沃爾瑪的傳統是從內部提升經理）。根據公司的績效和股票價格，高級經理獲得大額的期權。即使普通合夥人也能獲得股票。一位20世紀70年代與沃頓一起創業的合夥人到現在應當可以累積價值25萬美元的股票（來自多年的股票升值）。

再次，沃頓創建了一套複雜的控制系統來規範員工的行為，包括各項管理規定和預算制度。每家商場的業務活動都是一樣的，所有的員工接受相同的培訓，瞭解自己應當怎樣對待顧客。通過這些方法，沃爾瑪實現了營運的標準化，從而獲得了很大的

成本節省，與此同時經理們也可以很容易地實現整個商場的變革。

最后，沃頓不滿足於產出和行為控制以及用貨幣獎勵來激勵員工。為了吸引員工參與企業營運並且鼓勵他們用自己的行為提供高品質的客戶服務，他還為公司創建了強大的文化價值和行為規範。合夥人必須遵循的規範包括「10 英尺態度」，這是沃頓在走訪商場時提出來的，意思是「保證在距離顧客 10 英尺（1 英尺＝0.305 米）時應註視顧客的眼睛，對他表示歡迎並且詢問是否需要幫助」；「日落原則」，是指員工應當在接受顧客請求的當天就給予滿足，以及沃爾瑪歡呼（來一個 w，來一個 A，等等），這些都適用於所有的沃爾瑪商場。

沃爾瑪創建的強烈的顧客導向價值觀通過商場員工口耳相傳的故事體現了公司對顧客的關注。有一個故事說一名叫希拉（Sheila）的員工不顧危險在轎車輪下救出小男孩；菲利斯（Phyllis）的故事則講述他是如何為在商場內發作心臟病的顧客實施心肺復甦術；還有一個關於安妮塔（Annette）的故事，她將給自己的孩子留的「超級戰隊」玩具賣給了一位顧客以滿足那位顧客孩子的生日願望。強烈的沃爾瑪文化幫助公司控制和激勵員工，也幫助合夥人實現公司要求的嚴格的產出和財務績效。

資料來源：C. 希爾，G. 瓊斯，周長輝．戰略管理（中國版）[M]．北京：中國市場出版社，2007．

在企業的戰略實施過程中，戰略的相對穩定性和內外環境的多變性之間的矛盾，使得戰略的實施結果與預期的戰略目標之間會產生某種差異，企業若不及時採取糾正措施，戰略目標往往很難達成。為了實現預期的目標，企業必須加強對戰略實施的控制，必要時要進行戰略變革。

12.1　戰略控制

戰略決策付諸行動之后，如何保證決策的順利落實就成為戰略成敗的關鍵。有兩種不確定因素使得企業必須對戰略決策的落實過程進行控制。一是企業內部的組織活動中存在著不確定性。當有些管理人員錯誤地理解了決策的內容，或是工作中出現問題時，工作進度可能與預期的目標相偏離。二是外部環境可能發生意想不到的變化，戰略的實施可能偏離了預定的方向和軌道，或者企業的戰略可能不再利於企業的發展。這時企業或許有必要對某些戰略決策的內容進行調整。

12.1.1　戰略控制的含義

所謂戰略控制是指監督戰略實施過程，及時糾正偏差，確保戰略有效實施，使戰略實施結果基本上符合預期計劃的管理過程。

企業戰略實施的控制是企業戰略管理的重要環節，控制能力和效率的高低決定了戰略行為能力的高低。控制能力強、效率高，則企業高層管理人員可以做出較為大膽的、風險較大的戰略決策。而且戰略實施的控制和評價可為戰略決策提供重要的反饋，幫助戰略決策者明確哪些是符合實際的、正確的，有助於提高戰略決策的適應性和水

平。同時，戰略實施的控制可以促進企業文化等企業基礎建設，為戰略決策奠定良好的基礎。

12.1.2 戰略控制的類型

戰略控制著眼於企業發展與內外環境條件的適應性，通常有避免型控制、事前控制、事中控制和事後控制四種類型。

(1) 避免型控制

避免型控制是指採用適當的手段消除不適當行為產生的條件和機會，從而達到不需要控制就能避免不適當行為發生的目的。如通過與外部組織共擔風險減少控制；或通過自動化使工作的穩定性得以保持，按照企業的預期目標正確地工作。

(2) 事前控制

事前控制又稱前饋控制、跟蹤型控制。它是指在戰略行動成果尚未實現之前，對戰略行動的結果趨勢進行預測，並將預測結果與預期結果進行比較和評價，如果發現可能出現戰略偏差，則提前採取預防性的糾偏措施，使戰略實施始終沿著正確的軌道推進，從而保證戰略目標的實現。要進行事前控制，管理者必須對預測因素進行分析與研究。一般有三種類型的預測因素：①投入因素，即戰略實施投入因素的種類、數量和質量，將影響產出的結果；②早期成果因素，即依據早期的成果，可以預見未來的結果；③外部環境和內部條件的變化，對戰略實施的制約因素。事前控制對戰略實施中的趨勢進行預測，對其後續行動起調節作用，能防患於未然，是一種卓有成效的戰略控制方法。

(3) 事中控制

事中控制又稱開關型控制或行與不行的控制。它是指在戰略實施控制中，要對戰略進行檢查，對照既定的標準判斷是否適宜；如果發現不符合標準的行動就隨時採取措施進行糾偏。這種方式類似於開關的通與止的控制，因而稱為開關型控制。這種方式一般適用於實施過程標準化、規範化的戰略項目。

事中控制方法的具體操作有多種形式：①直接領導，管理者對戰略活動進行直接指揮和指導，發現差錯及時糾正，使其行為符合既定標準；②自我調節，執行者通過非正式、平等的溝通，按照既定標準自行調節自己的行為，以便和協作者有效配合；③共同願景，組織成員對目標、戰略宗旨認識一致，在戰略行動中表現出一定的方向性、使命感，從而達到和諧一致，實現目標。

(4) 事後控制

事後控制又稱反饋型控制。它是指在戰略結果形成後，將戰略行動的結果與預期結果進行比較與評價，然後根據戰略偏差情況及其具體原因，對後續戰略行動進行調整修正。事後控制方法在戰略控制推進中控制監測的是結果，糾正的是資源分配和人的戰略行動；根據行動的結果，總結經驗教訓來指導未來的行動，將戰略推進保持在正確的軌道上。事後控制方法的具體操作主要有兩種方式。

①聯繫行為。即對員工的戰略行動的評價與控制直接同他們的工作行為聯繫起來。員工較易接受，並能明確戰略行動的努力方向，使個人行為導向和企經營戰略導向接

軌；同時，通過行動評價的反饋可以修正戰略實施行動，使之更加符合戰略的要求；通過行動評價，實行合理的分配，從而強化員工的戰略意識。

②目標導向。即讓員工參與戰略行動目標的制定和工作業績的評價，既可看到個人行為對實現企業戰略目標的作用和意義，又可從工作業績的評價中看到成績與不足，從中得到肯定和鼓勵，為戰略推進增添動力。

12.1.3 戰略控制的原則

（1）漸進性原則

雖然人們可以經常在平時的點滴想法中發現一些十分精煉的正規戰略分析內容，但真正的戰略卻是在公司內部的一系列決策和一系列外部事件逐步得到發展，最高層管理班子中主要成員有了對行動的新的共同的看法之後，才會逐漸形成。在管理規範的企業中，管理人員積極有效地把這一系列行動和事件逐步概括成思想中的戰略目標。另外，管理部門基本上無法控制的一些外部或內部的事件常常會影響公司未來戰略姿態的決策。從某種程度上來說，突發事件是完全不可知的。再說，一旦外部事件發生，公司也許就不可能有足夠的時間、資源或信息來對所有可能的選擇方案及其後果進行充分的正規的戰略分析。

認識到以上這些之後，高級經理們經常有意識地採用漸進的方法來進行戰略控制。他們使早期的決策處於大體上形成和帶有試驗性質的狀態，可以在以後隨時復審，在有些情況下，公司和外界都無法理解變通辦法的全部意義。大家都希望對設想進行檢驗，並希望有機會獲悉和適應其他人的反應。為了改善戰略控制過程，其邏輯要求而且實踐也證明：通常最好是謹慎地、有意識地以漸進的方法加以處理，以便盡可能推遲做出戰略決策，使其與新出現的必要信息相吻合。

（2）互動性原則

現代企業面臨的環境控制因素的多樣性和相互依賴，決定了企業必須與外界信息來源進行高度適應性的互相交流。

對企業戰略來說，最起碼的先決條件是要有一些明確的目標，以便確定主要的行動範圍。在這一問題上做到統一指揮，留有足夠的時限以使戰略有效。要使公眾形成對自己有利的觀點和政治行動需要很長的時間，而這需要積極地、源源不斷地投入智力和資源。戰略控制要求保持高質量的工作效果、態度、服務和形象等有助於提高戰略可靠性的因素。由於許多複雜因素的影響，必須進行適當的檢驗、反饋和動態發展，注重信息收集、分析、檢驗，以便喚起人們的意識，擴大集體的意見，形成聯合和其他一些與權力和行為有關的行動。

（3）系統性原則

有效的戰略一般是從一系列的制定戰略的子系統中產生的。子系統指的是主要為實現某一重要的戰略目標而相互作用的一組活動或決策。每一子系統均有自己的、與其他子系統不相關的時間和信息要求，但它又在某些重要方面依賴於其他子系統。通常情況下，每一子系統牽涉的人員和班子各不相同，但這些不同的班子一般並不組成分立的單位去單獨實現戰略目標。相反，許多高級經理們通常都是這類班子的兼職人

員。他們每人都要制定出一個子系統的戰略，並在制定的過程中，請不同的輔助小組參加。子系統各自有組織的針對全公司的某個具體問題（如產品系列的佈局、技術革新、產品的多種經營、收購企業、出售產業、與政府及外界的聯絡、重大改組或國際化經營等）做出科學具體的戰略決策，且邏輯形式十分完善規範，是企業總體戰略科學完善的關鍵。不過每個戰略子系統在時間要求和內部進度上，往往很少能夠滿足同時進行的其他戰略子系統的需要，而且各子系統都有它自己的認知性限度和過程限度，因此必須採取有目的的、有效率的、有效果的管理技巧把各子系統整合起來。

(4) 層次性原則

戰略控制系統中有三個基本的控制層次，即宏觀層面上的控制、業務層面的控制和作業層面的控制。宏觀層面上的控制是以企業高層領導為主體，它關注的是與外部環境有關的因素和企業內部的績效。業務層面的控制指企業的主要下屬單位，包括戰略經營單位和職能部門兩個層次，他們關注的是企業下屬單位在實現構成企業戰略的各部分策略及中期計劃目標的工作績效，檢查是否達到了企業戰略為他們規定的目標，業務控制由企業總經理和下屬單位的負責人進行。作業層面的控制是對具體負責作業的工作人員的日常活動的控制，他們關注的是員工履行規定的職責和完成作業性目標的績效，作業控制由各級層主管人員進行。應當指出，這不同層面的控制還有四個基本區別：

①執行的主體不同，宏觀層面主要有高層管理者執行，業務及作業層面主要由中層管理者執行。

②宏觀層面控制具有開放性，業務及作業層面控制具有封閉性。宏觀層面既要考慮外部環境因素，又要考慮企業內部因素，而業務及作業層面主要考慮企業內部因素。

③宏觀層面的目標比較定性、不確定、不具體；業務及作業層面的目標比較定量、確定、具體。

④宏觀層面主要解決企業的效能問題，業務及作業層面主要解決企業的效率問題。

在進行戰略控制時，必須按照層次原則有條不紊的進行。

12.1.4 戰略控制的過程

戰略控制過程可以分為五個步驟，即確定目標，制定戰略評價標準，衡量戰略實施效果，評價戰略實效差異，採取糾正措施（如圖12-1所示）。

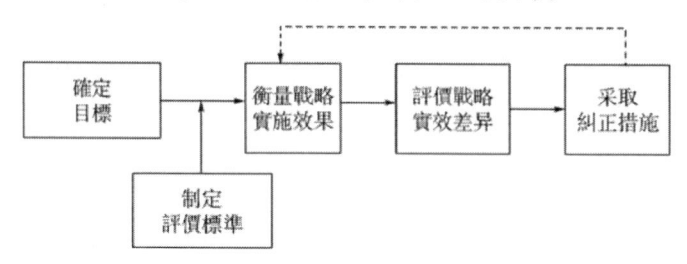

圖 12-1 戰略控制過程

（1）確定目標。即明確行業的戰略總目標及具體的階段目標，並將其分解到下層，以便協調和檢查。

（2）制定戰略評價標準。範圍應包括各級公司及部門，衡量標準包括定性的和定量的。戰略標準是進行戰略控制的首要條件。評價標準可採用定量和定性相結合的方式。無論是定量還是定性指標，都必須與企業的發展過程做縱向比較，還必須與行業內平均水平及業績優異者進行橫向比較。

（3）衡量戰略實施效果。標準是衡量戰略績效的工具，衡量績效的關鍵是及時獲取有關工作成果的真實信息。工作成果是戰略在執行過程中實際達到目標水平的綜合反應。通過信息系統把各種戰略目標執行的信號匯集起來，這些信號必須與戰略目標相對應。要獲取實際的準確成果，必須建立管理信息系統，並採用科學的控制方法和控制系統。建立報告和聯繫等控制系統，這是戰略控制的中樞神經，是收集信息並發布指令所必須的、對行業戰略的實施必不可少的。具體可通過口頭匯報、書面匯報、直接觀察等方式取得信息，以此衡量實際戰略業績。

（4）評價戰略實效差異。評價戰略實施績效是將實際的成果與預定的目標或標準進行比較。即對收集到的信息資料與既定的行業衡量標準和戰略目標進行比較和評價，找出成效與標準之間差距及產生原因。通過比較就會出現三種情況：第一種是超過目標和標準，即出現正偏差，在沒有做特定的要求的情況下，出現正偏差是一種好的結果；第二種是正好相等，沒有偏差，這也是好的結果；第三種是實際成果低於目標，出現負偏差，這是不好的結果，應該及時採取措施糾偏。

（5）採取糾正措施。通過對結果的審查，如達不到預定的目標與要求，則應採取相應的措施進行糾正。糾正的方法包括：加大戰略實施的投入力度，調整組織結構和人事，強化企業文化建設，協調與外部的關係。如果上述手段收效甚微，則要重新審查戰略本身是否適合，是否需要進行戰略調整。

12.2　戰略控制的工具——平衡計分卡

通過對戰略控制的學習可知，績效的測量與評價是戰略控制的基礎。但如何從戰略角度對組織績效做全面評估，一直是困擾管理者的難題。平衡計分卡的出現為企業的戰略決策者提供了一個極佳的工具。

平衡計分卡（The Balanced Card，BSC）是20世紀90年代初由哈佛商學院的羅伯特·卡普蘭（Robert Kaplan）和諾朗諾頓研究所所長（Nolan Norton Institute）、美國復興全球戰略集團創始人兼總裁戴維·諾頓（David Norton）提出的一種績效評價體系。平衡計分卡被《哈佛商業評論》評為75年來最具影響力的管理工具之一，它打破了傳統的單一使用財務指標衡量業績的方法。

平衡計分卡認為，傳統的財務會計模式只能衡量過去發生的事情，卻無法評估組織前瞻性的投資。正是基於這樣的認識，平衡計分卡方法認為，組織應從四個角度審視自身業績：學習與成長、內部流程、顧客、財務，如圖12-2所示。

在平衡計分卡的評估體系中，財務績效只是其中的一個部分，顧客、流程、學習與成長這些重要的戰略要素在此得到了充分重視。平衡計分卡的核心思想就是通過財務、客戶、內部流程及學習與成長四個方面的指標之間相互驅動的因果關係展現組織的戰略軌跡，實現績效考核—績效改進及戰略實施—戰略修正的戰略目標過程。

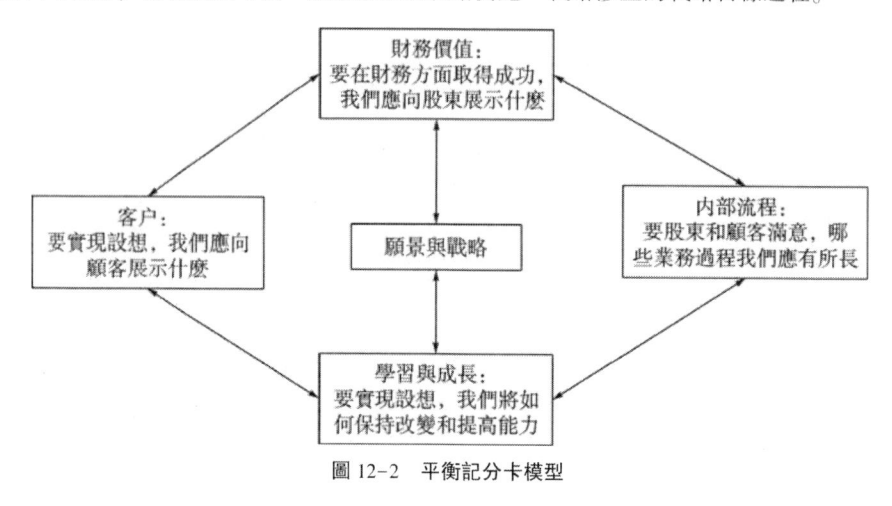

```
                    ┌──────────────────┐
                    │     財務價值：     │
                    │ 要在財務方面取得成功， │
                    │ 我們應向股東展示什麼  │
                    └──────────────────┘
                             ↕
┌──────────────┐    ┌──────────────┐    ┌──────────────────┐
│    客戶：     │    │              │    │    內部流程：      │
│ 要實現設想，我們應向│←→│  願景與戰略   │←→│ 要股東和顧客滿意，哪│
│  顧客展示什麼   │    │              │    │ 些業務過程我們應有所長│
└──────────────┘    └──────────────┘    └──────────────────┘
                             ↕
                    ┌──────────────────┐
                    │    學習與成長：    │
                    │ 要實現設想，我們將如 │
                    │ 何保持改變和提高能力 │
                    └──────────────────┘
```

圖 12-2　平衡記分卡模型

可以看出，平衡計分卡之所以稱之為「平衡」計分卡，是因為平衡計分卡反應了財務、非財務衡量方法之間的平衡，長期目標與短期目標之間的平衡，外部和內部的平衡，結果和過程的平衡，管理業績和經營業績的平衡等多個方面的平衡關係。在實踐中，平衡計分卡的操作流程如下：

（1）以組織的共同願景與戰略為內核，運用綜合與平衡的哲學思想，依據組織結構，將公司的願景與戰略轉化為下屬各責任部門（如各事業部）在財務、顧客、內部流程、學習與成長四個方面的具體目標（即成功的因素），並設置相應的四張計分卡。

（2）依據各責任部門分別在財務、顧客、流程、學習與成長四個方面設計對應的績效評價指標體系，這些指標不僅與公司的戰略目標高度相關，同時兼顧和平衡公司長期和短期目標、內部與外部利益，綜合反應戰略管理績效的財務與非財務信息。

（3）由各主管部門與責任部門共同商定各項指標的具體評分規則。一般是將各項指標的預算值與實際值進行比較，對應不同範圍的差異率，設定不同的評分值。以綜合評分的形式，定期考核各責任部門在財務、顧客、內部流程、學習與成長四個方面的目標執行情況，及時反饋，適時調整戰略偏差，或修正原定目標和評價指標、確保公司戰略得以順利和正確地實行。借著對四項指標的衡量，組織得以用明確和嚴謹的手法來詮釋戰略。這種方法，不僅保留傳統上衡量過去的財務指標，還兼顧了對促成財務目標的其他績效指標的衡量；在支持組織追求業績之餘，也監督組織的行為，兼顧學習與成長，使組織得以把產出（Outcome）和績效驅動因素（Performance Driver）串聯起來。此外，該方法還能有效地把組織的使命和策略轉變為一套前後連貫的績效評價系統，把複雜而籠統的概念轉化為精確的目標，不僅促進了戰略的實施，也為戰

略控制奠定了基礎。

12.3 戰略變革

12.3.1 戰略變革的含義

戰略變革是企業為取得或保持持續的競爭優勢，在企業內部及其外部環境的匹配方式正在或將要發生變化時，圍繞企業的經營範圍、核心資源與經營網路等戰略內涵的重新定義，而改變企業的戰略思維以及戰略方法的過程。可見，戰略變革是企業為了實現持續成長，應對外部環境的變化所做出的形式、性質和狀態上的轉變。這種變革包含兩層含義：企業戰略內容方面的變革，包括企業的經營範圍，資源配置，競爭優勢以及這些因素之間的協同作用的變化；企業應對外部環境的變化以及企業應對戰略內容發生變化所做出的變革。這種變革可能體現為企業業務的變化，也可體現為企業組織層面的變化，甚至是兩者的綜合變化。

12.3.2 戰略變革的類型

（1）按企業變革的性質劃分

①戰略方向轉型——產業轉移

這種轉型模式是企業進入全新的產業或關聯度較低的行業開展經營，亦稱「產業轉移」，其典型是微波爐之王格蘭仕（從經營羽絨服轉向經營微波爐）、哥倆好集團（從經營採石業轉向經營精細化工業）。

②經營模式轉型——商業模式創新

所謂商業模式就是企業創造價值，賺取利潤的方式。如從外銷轉向內銷，從貼牌生產轉向創自主品牌，從製造型轉向服務型，從低端向高端升級，從粗放經營向精細管理升級，調整產品結構，研發新技術、新專利、開發新產品，拓寬或收縮經營業務，從單一業務經營轉向整合整個產業鏈，從公司化轉向集團化，拓寬或改變經營區域等。

（2）按企業變革的態勢劃分

①擴張發展型：如擴大企業規模，兼併、重組，從專業化到多元化、從公司化到集團化、從本土化化到全球化等。

②收縮撤退型：如縮小企業規模，精簡、出售，從多元化到專業化、從集團化到公司化、從全球化到本土化等。

12.3.3 戰略變革的過程

企業戰略變革是一項循環往復周而復始的系統工程，從開端、發生、到反饋整個過程形成了一個完整的企業戰略變革，是一個有明確目的性和配套政策的過程。在大量實踐經驗基礎上，我們將戰略變革的過程劃分為：準備、實施、跟蹤與改進三個階段。

(1) 變革前的準備

準備階段是企業戰略變革過程的最初階段。組織通過對內外部環境現狀的分析、評價和研究，發現對組織有利和不利的因素，分析目前組織存在的問題，確定是否作出戰略調整。企業戰略變革作為戰略發展的重要途徑，總是伴隨著各種不確定性和風險，任何企業的戰略變革都不可避免地會帶來各種各樣的阻力。如何克服變革的抵制或阻力，充分發揮促進因素的影響力，最終成功實施戰略變革，是企業戰略變革前準備階段要解決的十分現實和重要的問題。在變革前的準備階段，工作重點應放在加強溝通上。通過會議、討論等方式，將新使命的陳述和變革的原因傳達給組織的每個員工，幫助組織員工認識到變革的緊迫性，減少變革的心理障礙，促使全體員工積極參與到變革中，為變革打下堅實的基礎。

(2) 變革的實施

企業要依據內外部條件的變化，結合自身的發展狀況，開始推行一系列變革的方法與措施。在戰略變革實施階段中，組織要分析研究組織的生產、工作技術、管理技術、戰略與運作技術等方面的變革是否適應企業內、外部的資源和環境的變動。變革通常是由組織最高管理層由上至下推行的，擁有對組織的控制權，承擔了變革過程中的管理責任，是實施變革的有效力量。作為組織變革的推動者應具備一定的前瞻性戰略眼光，在問題處於潛伏期時，主動推行變革，促進企業更好、更快的發展。實施戰略變革過程當中，還應注意處理好行政管理方面的問題，考察評價組織和管理過程是否協調、企業政策和運作機制整合情況如何，員工參與變革的積極性怎樣等。

變革時期，也是新舊體制交接時期。在這個時期，舊的框架格局和運行秩序被打破，新體系和新機制還有待建設和適應，此時組織應特別關注組織成員的心理狀態，鼓勵全員積極參與到管理中，不斷改善人際關係，提高實際溝通的質量，戰略變革獲得成功是離不開組織成員的認同與支持的。上述幾個層面的問題，缺失任何一個都難以保證變革的成果。

(3) 跟蹤與改進

戰略變革是一個眾多變量進行轉換和不斷磨合的過程，企業的新戰略是否適應新的內外部條件，企業營運的實際狀況如何，還需要管理者對變革的結果進行總結和評價。評價指標有企業的財務資源、實物資源、技術資源、人力資源以及商譽等。對於取得理想效果的變革措施，組織應當給予有關部門或者個人以獎勵，這樣才能堅定變革的理想和信心，使企業永遠充滿活力。對於沒有取得理想效果的變革措施，要認真總結和分析，堅決放棄與企業遠景規劃不相適應的系統、結構和政策。

企業戰略變革對企業的發展而言是重要而又複雜的，它不是一成不變的，是隨著企業內外部環境的變化適時而動的，是一個連續不斷反覆進行的過程。從長遠來看，跟蹤與改進階段的實質就是將變革精神和追求卓越的思路不斷融入到企業文化中，確保企業可持續發展。

12.3.4 戰略變革應注意的問題

戰略變革已經成為一個企業實現其持續發展的一個必不可少的工具，為企業提供

了在競爭性市場上有效競爭的武器。雖然戰略變革對企業如此重要，企業也願意花大力氣進行變革，但成功的企業卻極少。究其原因，是因為企業進行戰略變革還存在許多問題。下面介紹企業在進行戰略變革時應注意的幾點：

（1）企業高級管理層的強力支持

戰略變革必須得到來自高級管理層的支持。變革的推動者必須是高級管理者，領導者對變革的持續高度關注是變革成功的前提條件。變革需要一個強有力的領導同盟，這一同盟的核心由企業的高層管理人員、諮詢人員和重要的客戶組成。並且，高層領導必須具備「領導者」的能力——發現變革的支持者並建立一個堅定的團隊，來協助自己推進改革。再由這些支持者向整個企業輻射，來影響所有員工支持改革。這樣，有了變革的團隊去整合企業各方面的力量和資源，企業變革的成功機率會大大增加。

領導者必須明確表明對維持現狀的不滿。領導者對改革意願的明確表述是員工判斷企業改革實施決心大小的標準。領導者改革意願的強弱決定了企業和員工配合的程度和主動性發揮的程度。除非企業領導明確表示了改革的決心和對現狀的不滿，否則員工不會輕易跟隨；除非形勢逼迫和推動，惰性使得員工不願意主動要求改變現狀。另外，領導者還要確定組織面臨的挑戰。組織面臨的挑戰就是改革的方向。領導者的主要責任就是保持清醒，及時發現來自組織內外部的挑戰，並清晰地表達出來，喚起全體員工的警覺。

（2）核心理念的穩定性

要明確企業的使命和核心價值觀。絕大多數的人都不喜歡整天生活在不確定性之中。在變革時，讓參與者明白什麼東西不變是非常重要的。對於一個企業來說，長期目標、短期目標、經營策略、組織結構、企業領導等都是可能頻繁發生變化的，但企業的使命和核心價值觀是不應頻繁變化的。當重大變革來臨時，它們會起到維護組織的作用。

核心價值是某個組織最基本、最恆久的信念。核心價值無須外在理由支撐，是一套指導原則；對於組織內部人士而言，核心價值具有實際的價值和重要性。核心志向不僅僅是描述公司的生產成果或目標顧客，它還能捕捉公司的靈魂。也許企業可以實現某個目標或完成某項策略，但不能真正實現志向，雖然志向本身通常不改變，但它會啟發變革。志向永遠無法真正實現，這一事實意味著企業組織也永遠無法停止激勵變革與進步。

（3）建立足夠的緊迫感

大多數成功變革在一開始時企業領導者總是認真審視公司的競爭態勢、市場地位、技術趨勢以及財務表現。成功變革的注意力主要集個在：某項重要專利到期所可能出現的營收下降，某個核心產業利潤連續五年下滑的趨勢；或某個人人都漠視的新興市場。然后，他們找尋方法，廣泛而戲劇性地傳播這些信息，尤其會強調這是個危機（或潛在危機），是個潛在的難逢的機會。這是必需的第一步，因為變革的發動要依賴於集體的合作。如果欠缺動機，眾人就不會共襄盛舉，改革也難有進展。

（4）不能過早宣布勝利

經過多年的辛勤耕耘之后，經理人看到第一次明顯的績效改善時，也許忍不住要

宣布勝利。慶祝有所收穫當然是件好事，然而，宣布打贏這場戰爭卻可能導致大災難。除非改革已經深深滲入公司的文化（其過程可能歷時 5~10 年），否則新的做法仍然很脆弱，隨時有倒退的可能。

切記不要輕易地宣告勝利，因為變革的反對者特別善於識別和利用一切阻礙變革的機會。他們會趁此機說，革命已經成功，我們不需再努力。有些疲憊的變革戰士也就相信他們，不願將變革進行到底。這時企業員工變革的熱情就會逐漸消失，老傳統便又捲土重來。

成功的做法是，企業領導者不急於去宣告勝利，而會借助一連串短程收穫所提供的可信度來處理更大的問題。針對一些與變革願景相矛盾，但從來未曾被提出來解決的制度與結構，成功的企業領導人會一探究竟，謀求解決之道。他們很注意誰應獲得提升，誰應被雇傭以及人力資源如何被開發這些問題。他們將一些比最初的變革計劃範圍更大的方案也囊括進來。他們深深地認識到，這場戰略大變革絕不是一朝之功，而是至少要花費幾年時間。

(5) 變革應以成果為導向，而非以活動為中心

以活動為中心通常打著「全面品質」或「持續改善」的旗號進行，提倡某種管理哲學或風格，如提倡部門合作、對中層管理者賦予權力、員工參與等，有些則把焦點放在績效評價上。公司引進這些活動基於一個錯誤的假設，假如實施足夠而正確的改善活動，實際績效改善就一定會發生。而這種邏輯的基礎就是，相信一旦經理人把競爭當作標杆來衡量公司績效，評估顧客期望，並訓練員工解決問題的技巧，銷售額就會增加，庫存就會減少，品質也會提升。公司的專家和顧問就會告訴管理層，不需要把焦點放在改善成果上，因為成果終究會自己呈現出來。但是以活動為中心的變革存在重大缺陷：一是沒有針對性的特定成果；二是規模過大，導致難以給出對某項改革措施與績效之間關聯度的認定；三是評價結果不真實；四是偏執於正統做法，缺乏實證精神。

以活動為中心的變革和以成果為導向的變革，其最終目標都是要讓組織的績效發生根本性的變化。以活動為中心的變革將焦點放在全面文化變革、大規模的訓練計劃以及大量流程創新上；而以成果為導向的變革則不然，它首先要找出最迫切需要改革的績效改善事項，然後設定漸進式目標，迅速予以達成。管理階層把漸進式計劃當作試驗廠，用以測試以成果為導向的新管理、評價、組織方法，從而逐漸創造經驗基礎，在這個基礎上建立全公司的績效改善。一般來說，變革能得到徹底貫徹的情況並不多見，在其體實施過程中會遇到這樣那樣的問題，因此，要尋求變革與穩定的最佳平衡點，既要避免出現大的震盪，又要確保變革的效果。

本章小結

1. 所謂戰略控制是指監督戰略實施過程，及時糾正偏差，確保戰略有效實施，使戰略實施結果基本上符合預期計劃的管理過程。戰略控制著眼於企業發展與內外環境

條件的適應性，通常有避免型控制、事前控制、事中控制和事后控制四種類型。戰略控制的的原則有漸進性原則、互動性原則、系統性原則、層次性原則。戰略控制的過程一般分為確定目標、制定戰略評價標準、衡量戰略實施效果、評價戰略實效差異、採取糾正措施五個步驟。

  2. 平衡計分卡是戰略控制的有力工具。平衡計分卡認為，組織應從四個角度審視自身業績：學習與成長、內部流程、顧客、財務。

  3. 戰略變革是企業為取得或保持持續的競爭優勢，在企業內部及其外部環境的匹配方式正在或將要發生變化時，圍繞企業的經營範圍、核心資源與經營網路等戰略內涵的重新定義，而改變企業的戰略思維以及戰略方法的過程。通常將戰略變革的過程劃分為準備、實施、跟蹤與改進三個階段。

思考題

1. 什麼叫戰略控制？
2. 戰略控制有哪幾種類型？
3. 戰略控制的一般過程是什麼？
4. 平衡記分卡的作用有哪些？
5. 什麼事戰略變革？
6. 戰略變革的類型有哪些？
7. 戰略變革的過程分為哪幾個階段？
8. 戰略變革過程中應注意哪些問題？

國家圖書館出版品預行編目(CIP)資料

企業戰略管理 / 宋寶莉 黃雷 主編. -- 第一版.
-- 臺北市：崧燁文化，2018.08

　面 ；　公分

ISBN 978-957-681-517-1(平裝)

1.企業管理

494　107013524

書　名：企業戰略管理
作　者：宋寶莉 黃雷 主編
發行人：黃振庭
出版者：崧燁文化事業有限公司
發行者：崧燁文化事業有限公司
E-mail：sonbookservice@gmail.com
粉絲頁　　　　　　　網　址：
地　址：台北市中正區重慶南路一段六十一號八樓 815 室
8F.-815, No.61, Sec. 1, Chongqing S. Rd., Zhongzheng Dist., Taipei City 100, Taiwan (R.O.C.)
電　話：(02)2370-3310　傳　真：(02) 2370-3210
總經銷：紅螞蟻圖書有限公司
地　址：台北市內湖區舊宗路二段 121 巷 19 號
電　話：02-2795-3656　　傳真：02-2795-4100　網址：
印　刷：京峯彩色印刷有限公司（京峰數位）

　　本書版權為西南財經大學出版社所有授權崧燁文化事業有限公司獨家發行
　　電子書繁體字版。若有其他相關權利及授權需求請與本公司聯繫。

定價：350 元
發行日期：2018 年 8 月第一版
◎ 本書以POD印製發行